U0128526

钱广荣伦理学著作集　第九卷

伦理沉思录 上

LUNLI CHENSILU SHANG

钱广荣　著

·芜湖·

图书在版编目(CIP)数据

伦理沉思录. 上/钱广荣著.— 芜湖:安徽师范大学出版社,2023.1(2023.5重印)
(钱广荣伦理学著作集;第九卷)
ISBN 978-7-5676-5814-1

Ⅰ.①伦… Ⅱ.①钱… Ⅲ.①伦理学-文集 Ⅳ.①B82-53

中国版本图书馆CIP数据核字(2022)第217849号

伦理沉思录·上　　　　钱广荣◎著

责任编辑:阎　娟　　　　责任校对:戴兆国
装帧设计:张德宝　　　　责任印制:桑国磊
出版发行:安徽师范大学出版社
　　　　　芜湖市北京东路1号安徽师范大学赭山校区
网　　址:http://www.ahnupress.com/
发 行 部:0553-3883578　5910327　5910310(传真)
印　　刷:江苏凤凰数码印务有限公司
版　　次:2023年1月第1版
印　　次:2023年5月第2次印刷
规　　格:700 mm × 1000 mm　1/16
印　　张:20.75　　　插　页:2
字　　数:326千字
书　　号:ISBN 978-7-5676-5814-1
定　　价:138.00元

凡发现图书有质量问题,请与我社联系(联系电话:0553-5910315)

不列颠简明百科全书
不列颠简明百科全书
辞海
辞海
中国大百科全书
中国大百科全书
中国大百科全书

出版前言

钱广荣，生于1945年，安徽巢湖人，安徽师范大学马克思主义学院教授、博士生导师，“全国百名优秀德育工作者”，国家级精品课程“马克思主义伦理学”课程负责人。在安徽师范大学曾先后任政教系辅导员、德育教研部主任、经济法政学院院长、安徽省高校人文社会科学重点研究基地安徽师范大学马克思主义研究中心主任。出版学术专著《中国道德国情论纲》《中国道德建设通论》《中国伦理学引论》《道德悖论现象研究》《思想政治教育学科建设论丛》等8部，主编通用教材12部，在《哲学研究》《道德与文明》等刊物发表学术论文200余篇。

钱广荣先生是国内知名的伦理学研究专家。为了系统整理、全面展现钱先生在伦理学和思想政治教育领域的主要学术成果，我社在安徽师范大学及马克思主义学院的大力支持下，将钱先生的著作、论文合成《钱广荣伦理学著作集》。钱先生的这些学术成果在学界均具有广泛而持久的影响，本次结集出版，对促进我国伦理学和思想政治教育学科建设与人才培养具有重要意义。

《钱广荣伦理学著作集》共十卷本：第一卷《伦理学原理》，第二卷《伦理应用论》，第三卷《道德国情论》，第四卷《道德矛盾论》，第五卷《道德智慧论》，第六卷《道德建设论》，第七卷《道德教育论》，第八卷《学科范式论》，第九卷《伦理沉思录 上》，第十卷《伦理沉思录 下》。这次结集出版，年事已高的钱先生对部分内容又作了修订。

由于本次收录的著作、论文大多已经公开出版或者发表，在编辑过程中，我们尽量遵从作品原貌，这也是对在学术田野上辛勤劳作近五十年的钱先生的尊重。由于编辑学养等方面的原因，文集难免有文字讹错之处，敬请方家批评指出，以便今后修订重印时改正。

安徽师范大学出版社

二〇二二年十月

总　序

一

第一次见到钱老师，是在我大学二年级的人生哲理课上。老师说，从这一年开始，他将在他的教学班推选一名课代表。这个想法说出来之后，几乎所有的学生都把头低了下去，教室里鸦雀无声。我偷偷地抬起头来，看到大家这样的状态，心里有些窃喜，因为我真的很想当这个课代表，只是不好意思一开始就主动说出来，于是我小声地跟坐在身边的班长说："我想当课代表。"没想到班长仿佛抓到了救命稻草一样，迅速站起来，指着我大声地说："他想当课代表！"课间休息时，我找到老师，一股脑儿把自己内心长期以来积累的思想上的小障碍"倾倒"给老师，期望他一下子能帮助我解决所有的问题，而这正是我主动要当课代表的初衷。老师和蔼地说："你的问题确实不少，可这不是一下子能解决的。这样吧，我有一个资料室，课后你跟我一起过去看看，我给你一项特权，每次可以从资料室借两本书带回去看，看完后再来换。你一边看书，我们一边交流，渐渐地你的这些问题就会解决了。"从此，我跟着老师的脚步，一步一步地走进了思想政治教育的领域，毕业后幸运地留在了老师的身边，成为思想政治教育战线上的一员。

转眼之间，我已经工作了三十年，从一个充满活力的青年小伙变成了一个头发灰白的小老头，本可以继续享用老师的恩泽，在思想政治教育领域徜徉，不料老师却在一次外出讲学时罹患脑梗，聆听老师充满激情的教诲的机会戛然而止，我们这些弟子义不容辞地承担起老师手头正在整理文稿的工作。

老师说："你把序言写一下吧，就你写合适。"我看着老师鼓励的眼神，掂量着自己的分量，尤其想到多年来，在思想政治教育领域学习、实践、深造，每一步都得益于老师的指点和影响，尽管我自己觉得，像文集这样的巨著，我来作序是不合适的，但从一个弟子的视角来表达对老师的尊重和挚爱，归纳自己对老师学术贡献的理解，不也有特殊的价值吗？更何况，这些年，我也确实见证了老师在学术领域走出的坚实步伐，留下的清晰印迹。于是，我坚定地点点头说："好，老师，我试一试。"

二

老师生于1945年的巢湖农村，"文革"前考入当时的合肥师范学院，毕业后在安徽师范大学工作。老师开始时从事行政管理工作，先后做过辅导员、团总支书记。1982年，学校在校党委宣传部下设立了思想政治教育教研室，老师是这个教研室最早的成员之一。后来随着教研室的调整升级，老师担任德育教研部主任。从原来的科级单位建制，3个成员，到处级建制的德育教研部，成员最多时达到13人，在老师的带领下，德育教研部成为一个和谐、快乐的战斗集体，为全校学生教授"大学生思想道德修养""人生哲理""法律基础""教师伦理学"四门公共课。老师一直是全省高校《大学生思想道德修养》教材的主编，在教师伦理学领域同样颇有建树，是当时安徽省伦理学学会第五届、第六届副会长。

受当时大环境的影响，老师从事科研工作是比较晚的，但是因为深知思想政治教育教学的不易，所以老师要求每一位来到德育教研部的新教师"首先要站稳讲台"。我清晰地记得，当我去德育教研部向老师报到的时候，老师就很和蔼地告诉我，为了讲好课，我得先到中文系去做辅导员。

我当时并不理解，自己是来当教师的，为什么要去做辅导员工作呢？老师说："如果你想讲好思想政治理论课，就必须去一线做一次辅导员，因为只有这样才能深入了解和认识教育对象。"老师亲自将我送回我毕业的中文系，中文系时任副书记胡亏生老师安排我担任93级汉语言文学专业60名学生的辅导员。正是因为有了这样的经历，我从此与学生结下了不解之缘，这不仅涵养了我的师生情怀，还培育了我的师德和师魂。

用老师自己的话说，他是逐步意识到科研对于教学的价值的。我最初看到的老师的作品是1991年发表在《道德与文明》第1期上的《"私"辨——兼谈"自私"不是人的本性》这篇文章。后来读到的早期作品印象比较深刻的是老师主编的《德育主体论》和独著的《学会自尊》，现在都通过整理收录在文集中。和所有的学者一样，老师从事科研也是慢慢起步的，后来的不断拓展和丰富都源于多年的教学实践。教学实践中遇到的问题逐步启发了老师的问题意识，从而铸就了他"崇尚'问题教学'和'问题研究'的心志和信仰"。与一般学者不同的是，老师从事科研后就没有停下过脚步，做科研不是为了职称评审而敷衍了事，而是为了把工作做得更好，不断深入和拓展研究的领域，直至不得不停下手中的笔。老师的收官之作是发表在国内一流期刊《思想理论教育导刊》2019年第2期上的《"以学生为本"还是"以育人为本"——澄明新时代高校思想政治教育的学理基础》这篇文章。前后两百多篇著述，为了学生，围绕学生，也诠释了老师潜心科研的心路历程。因为他发现，"能够令学子信服和接受的道德知识和理论其实多不在书本结论，而在科学的方法论，引导学子学会科学认识和把握道德现象世界的真实问题，才是伦理学教学和道德教育的真谛所在。"也正是这个发现，成为老师一生勤耕的动力，坚实的脚步完美注解了"全国百名优秀德育工作者"的荣誉称号。

三

一个人在学术领域站住脚并产生一定的学术影响力，大约需要多长时间，没有人专门地研究过。但就我的老师而言，我却是真切地感受到老师在学术之路跋涉的艰辛。如今将所有的科研成果集结整理出版十卷本，三百多万字，内容主要涉及伦理学和思想政治教育两个领域，主要包括伦理学、思想政治理论、思想政治理论教育教学、辅导员工作四个方面，如此丰厚的著述令人钦佩！其中艰辛探索所积累的经验值得我们认真地总结和借鉴。总起来说，有两个研究的路向是我们可以从老师的研究历程中梳理出来的。

一是以教学中遇到的现实问题为导向，深入思考，认真研究，逐个解决。

对于一个初学者来说，科研之路从哪里开始呢？“我们不知道该写什么”这样的问题几乎所有的初学者都曾遇到过。从遇到的现实问题入手，这是我的老师首先选择的路。

从老师公开发表的论文中，我们可以清晰地看到老师在教学过程中不断思考的足迹。就老师长期教授的“大学生思想道德修养”课程来说，主要内容包括适应教育、理想教育、爱国主义教育、人生观教育、价值观教育和道德观教育六个部分。从老师公开发表的论文看，可以比较清晰地看出老师在教学过程中的相应思考。老师在1997年《中国高教研究》第1期发表《大学新生适应教育研究》一文，从大学生到校后遇到的生活、学习、交往、心理四个方面的问题入手，提出针对性的对策，回应教学中面对的大学新生适应教育问题。针对大学生的理想教育，老师在1998年《安徽师大学报》（哲学社会科学版）第1期发表《社会主义初级阶段要重视共同理想教育》一文，直接回应高校对大学生开展理想教育应注意的核心问题。爱国主义教育如何开展？老师早在1994年就在《安徽师大学报》（哲学社会科学版）第4期发表《陶行知的爱国思想述论》一文，通过讨论陶行知先生的爱国思想为课堂教学中的爱国主义教育提供参考。而关于道德教育，老师的思考不仅深入而且全面，这也是老师能够在国内伦理学界占有一席之地的基础。对学生进行道德教育是“大学生思想道德修养”这门课程的主要内容之一，也是伦理学的主要话题。教材用宏大叙事的方式，简约而宏阔地将中华民族几千年的道德样态描述出来，从理论的角度对道德的原则和要求进行了粗略的论述，而这些与大学生的现实需要有较大距离。为了把课讲好，老师就结合实际经验，逐步进行理论思考。从1987年开始，先后发表了《我国古代德智思想概观》（《上饶师专学报》社会科学版1987年第3期）、《略论坚持物质利益原则与提倡道德原则的统一》（《淮北煤师院学报》社会科学版1987年第3期）、《"私"辨——兼谈"自私"不是人的本性》（《道德与文明》1991年第1期）、《中国早期的公私观念》（《甘肃社会科学》1996年第4期）、《论反对个人主义》（《江淮论坛》1996年第6期）、《怎样看"中国集体主义"？——与陈桐生先生商榷》（《现代哲学》2000年第4期）、《关于坚持集体主义的几个基本理论认识问题》（《当代世界与社会主义》2004年第5期）。这七篇论文的发表，为老师讲好道德问题奠定了厚实的基础。正如老师在他的《"做学问"要有问题意识——兼谈高校辅导员的人生成长》（《高校辅导员学刊》2010年第1期）一文中所说的那样："带着问题意识，在认识问题中提升自己的思维品质，丰富自己的知识宝库，在解决问题中培育自己的实践智慧，提升自己的实践能力，是一切民族（社会）和人成长与成功的实际轨迹，也是人类不断走向文明进步的基本经验（包括人生经验）。"正是因为这种强烈的问题意识，成就了老师在伦理学和思想政治教育两个领域的地位，也给予所有学人一条宝贵经验——工作从哪里开始，科研就从哪里起步。

二是以生活中遇到的社会问题为导向，整体谋划，潜心研究，逐步展开。

管理学之父彼得·德鲁克说："人们都是根据自己设定的目标和要求成长起来的，知识工作者更是如此。"根据德鲁克的认识指向，目前高校的教师群体大致可以划分为三类：一类是主动设定人生奋斗目标的人，他们大多年纪轻轻就能在自己从事的学科领域崭露头角建树不凡；一类是在前进中逐步设定目标的人，他们虽然起步慢，但一直在跋涉，多见于大器晚成者；还有一类是基本没有什么目标，总是跟随大家一道前进的人。从人生奋斗的轨迹看，我的老师应该属于第二类人群。从他公开发表的科研成果的时间看，这一点毋庸置疑。从科研成果所涉及的研究领域看，这一点也是十分明显的。这种逐步设定人生目标的奋斗历程，对于普通大众来说具有可借鉴性，对于后学者而言更具有学习价值。

老师在逐步解决教学实际问题的过程中，渐渐地开始着迷于社会道德问题研究。20世纪末，我国正处于改革开放初期，东西方文明交融互鉴的过程中，在没有现成经验的条件下，难免会出现一些“失范”现象。当时的道德建设在社会主义市场经济建设的大背景下到底是处于“爬坡”还是“滑坡”的状态，处在象牙塔中的高校学子该如何面对社会道德变化的现实，诸如此类的问题，都成为老师在教学过程中主动思考的内容，并且逐步形成了自己独特的科研方向和领域。这一点，我们可以通过老师先后完成的三项国家社科基金项目来识读老师科研取得成功的清晰路径。

其一，中国道德国情研究。社会主义市场经济建设新时期如何进行道德建设？老师积极参与了当时的大讨论。他认为，我国当前道德生活中存在着不少问题，其原因是中华民族传统道德与“新”道德观念的融合与冲突同时存在，纠葛难辨。存在这些问题是社会转型时期的必然现象，是由道德的历史继承性特征及中国的国情决定的。《论我国当前道德建设面临的问题》（《北京大学学报》哲学社会科学版1997年第6期）一文明确提出：解决问题的根本途径是建设有中国特色的社会主义道德体系。《国民道德建设简论》（《安庆师院社会科学学报》1998年第4期）一文进一步提出：国民道德建设当前应着重抓好儿童和青少年的学业道德的养成教育，克服夸夸其谈之弊；抓紧职业道德建设，尤其是以“做官”为业的干部道德教育；抓紧伦理制度建设，建立道德准则的检查与监督制度。接着，《五种公私观与社会主义初级阶段的道德建设》（《安徽师范大学学报》人文社会科学版1999年第1期）一文提出：当前的道德建设应当把倡导先公后私、公私兼顾作为常抓不懈的中心任务。做了这些之后，老师还觉得不够，认为这条路径最终可能会导致“公说公有理，婆说婆有理”，并不能为当时的道德建设提供有益的参考。受毛泽东思想的深刻影响，他认为只有通过调查研究，实事求是，一切从实际出发，才能找到合适的道德建设的路径。于是，他在已经获得的研究成果的基础上，提出了中国道德国情研究的思路，并深刻指出，我们只有像党的领袖当年指导革命战争和在新时期指导社会主义现代化建设那样，从研究中国道德国情的实际出发，才能把握中国道德的整体状况，提出当代中国道德建设的基本方案。几乎就是从这里开始，老师的科研成果呈现出一个新特点，不再是以前那样一篇一篇地写，一个问题一个问题地提出和解决，而是以“问题束”的形式出现，就像老师日常告诉我们的那样，“一发就是一梭子”。这“第一梭子”，“发射”在世纪之交的2000年，老师一口气发表了《“道德中心主义”之我见——兼与易杰雄教授商榷》(《阜阳师范学院学报》社会科学版2000年第1期)、《道德国情论纲》(《安徽师范大学学报》人文社会科学版2000年第1期)、《中国传统道德的双重价值结构》(《安徽大学学报》哲学社会科学版2000年第2期)、《关于中国法治的几个认识问题》(《淮北煤师院学报》哲学社会科学版2000年第2期)、《中国传统道德的制度化特质及其意义》(《安徽农业大学学报》社会科学版2000年第2期)、《偏差究竟在哪里？——与夏业良先生商榷》(《淮南工业学院学报》社会科学版2000年第3期)、《“德治”平议》(《道德与文明》2000年第6期）七篇科研论文。紧接着在后面的五年，老师又先后公开发表近20篇相关的研究论文，从不同角度讨论新时期道德建设问题。

其二，道德悖论现象研究。老师笔耕不辍，在享受这种乐趣的同时，也很快找到了第二个重要的“问题束”的线索——道德悖论。以《道德选择的价值判断与逻辑判断》《关于伦理道德与智慧》两篇文章为起点，老师正式开启了道德悖论现象的研究之路。有了第一次获批国家社科基金项目的经验，这一次，老师不再是一个人单干，而是带着一个团队一起干。他将身边的同仁和自己的研究生聚集起来，相互交流切磋，相互砥砺奋进，从道德悖论现象的基本理论、中国伦理思想史上的道德悖论问题、西方伦理思想史上的道德悖论问题、应用伦理学视野内的道德悖论问题四个方向或层面展开，各个成员争相努力，研究成果陆续问世，一度出现“井喷”态势。到项目结项时，围绕道德悖论现象，团队成员公开发表论文四十多篇，现在部分被收录在文集第四卷中。

这一次，老师也不再是“摸着石头过河”，而是直面问题：“悖论是一种特殊的矛盾，道德悖论是悖论的一个特殊领域。所谓道德悖论，就是这样的一种自相矛盾，它反映的是一个道德行为选择和道德价值实现的结果同时出现善与恶两种截然不同的特殊情况。”他明确地指出，自古以来，中国人对道德悖论普遍存在的事实及道德进步其实是社会和人走出道德悖论的结果这一客观规律，缺乏理性自觉，没有形成关于道德悖论的普遍意识和认知系统，伦理思维和道德建设的话语系统中缺乏道德悖论的概念，社会至今没有建立起分析和排解道德悖论的机制。因此，研究和阐明道德悖论的一些基本问题，对于认清当代中国社会道德失范的真实状况，促进社会和个人的道德建设，是很有必要的。老师自信满满地说：“道德悖论问题的提出及其研究的兴起，是当代中国社会改革与发展的实践对伦理思维发出的深层呼唤……是立足于真实的‘生活世界’的发现，表达了当代中国知识分子运用唯物史观审思国家和民族振兴之途所遇挑战和机遇的伦理情怀。”

从道德悖论问题的提出到现在编纂集结，已经过去十几个年头，道德悖论现象研究这一引人入胜的当代学术话题，到底研究到了什么程度呢？老师不无遗憾地说，至今还处在“提出问题”的阶段。不仅一些重要的问题只是浅尝辄止，而且还有不少处女地尚未开发。但是，老师依然充满信心，因为正如爱因斯坦所说，提出一个问题往往比解决一个问题更重要，解决一个问题也许是一个数学上的或实验上的技能而已，而提出新的问题，从新的角度去看旧的问题，却需要创造性的想象力，它标志着科学的真正进步。因此，要真正解决它，尚需有志的后学者们积极跟进，坚持不懈，不断拓展和深入。

其三，道德领域突出问题及应对研究。通过主持道德国情研究和道德悖论研究两个国家社科基金项目，老师不仅获得了丰富的科研经验，而且积累了更为厚实的学术基础。深厚的学养没有使老师感到轻松，相反，更增加了他的使命感。道德领域以及其他不同领域突出存在的道德问题，都成为老师关注的焦点。于是，通过深入的思考和打磨，“道德领域突出问题及应对”研究应运而生，并于2013年获得国家社科基金重点项目的立项。

与道德悖论问题的研究不同，“道德领域突出问题及应对”研究不仅涉及道德领域的突出问题，而且关涉不同领域存在的道德问题，所涉及的面远比道德悖论问题面广量多，单靠老师一个人来研究，显然是不能完成的。从某种程度上来说，老师是用自己敏锐的洞察力探得了一个“富矿”，并号召和带领一群有识之士来共同完成这个“富矿”的开采。因此，老师把主要精力用在了理论剖析上，先后发表了《道德领域及其突出问题的学理分析》（《成都理工大学学报》社会科学版2014年第2期）、《道德领域突出问题应对与道德哲学研究的实践转向》（《安徽师范大学学报》人文社会科学版2014年第1期）、《“基础”课应对当前道德领域突出问题的若干思考》（《思想理论教育导刊》2014年第4期）、《应对当前道德领域突出问题的唯物史观研究》（《桂海论丛》2015年第1期）四篇论文。在上述论文中，老师深刻指出：道德领域之所以会出现突出问题，首先是社会上层建筑包括观念的上层建筑还不能适应变革着的经济关系，难以在社会管理的层面为道德领域的优化和进步提供中枢环节意义的支撑；其次，在社会变革期间，新旧道德观念的矛盾和冲突使得社会道德心理变得极为复杂，在道德评价和舆论环境领域出现令人困惑的“说不清道不明”的复杂情况。正因为如此，社会道德要求和道德活动因为整个上层建筑建设的滞后而处于缺失甚至缺位的状态。老师认为，当前我国道德领域存在的突出问题大体上可以梳理为：道德调节领域，存在以诚信缺失为主要表征的行为失范的突出问题；道德建设领域，存在状态疲软和功能弱化的突出问题；道德认知领域，存在信念淡化和信心缺失的突出问题；道德理论研究领域，存在脱离中国道德国情与道德实践的突出问题。对此必须高度重视，采取视而不见或避重就轻的态度是错误的，采用“次要”或“支流”的套语加以搪塞的方法也是不可取的。

事实上，老师对存在突出问题的四类道德领域的划分，也是对整个研究项目的整体设计和谋划。相关方面的研究则由老师指导，弟子和课题组其他成员共同努力，从不同侧面对不同领域应对道德突出问题深入地加以研究。相关的理论和成果都被整理收录在文集中，展示了道德领域突出问题及应对研究对于道德建设、道德教育、道德智慧等方面的潜在贡献。

四

回过头来看，从道德国情到道德悖论，再到道德领域的突出问题及应对，三项国家社科基金项目的确立和结项，不仅彰显了老师厚实的科研功底，更是全面地呈现出老师作为一名教育工作者所具有的深厚学养。如果我们把老师所有的教科研项目比作群山，那么，三项国家社科基金项目则是群山中的三座高山，道德领域突出问题及应对研究无疑是群山中的最高峰。如此恢弘的科研成果，如此丰富的科研经验，对于后学者来说，值得认真学习和借鉴。

从选题的方向看，要有准确的立足点并坚持如一。老师一直关注现实的社会道德问题，即使是偶尔涉及一些其他方面的问题，也都是从道德建设、道德教育或道德智慧的视角来审视它们。这一稳定的立足点，既给自己的研究奠定了基础，也为研究的拓展指明了方向。老师确立了道德研究的方向，就仿佛有了自己从事科研的“定海神针”，从此坚持不懈，即使是退休也没有停下来。因为方向在前，便风雨兼程，终成巨著。正如荀子曰：“蚓无爪牙之利，筋骨之强，上食埃土，下饮黄泉，用心一也。”

从选题的方法看，从基础工作开始再逐步拓展，做好整体谋划。如果说道德国情研究是对当时国家道德状况的整体了解，那么，道德悖论研究则是抓住一个点，通过“解剖麻雀”的方式来认识道德的现状并提出应对策略。而“道德领域突出问题及应对”研究，则是从道德悖论的一点拓展到道德领域所有突出的问题。这种从面到点再到面的研究路径，清晰地呈现出老师在研究之初的精心策划、顶层设计。这种整体设计的方略对于科研选题具有很高的借鉴价值：不是“打洞”式地寻找目标，而是通过对某一个领域进行整体把握——道德国情研究不仅帮助老师了解了当时的社会道德样态，也为他后面的选择指明了方向；然后再找到突破口——道德悖论研究从道德领域的一个看似不起眼却与每个人都十分熟悉的生活体验入手，通过认真细致的分析、深入肌理的讨论，极好地训练了团队成员科研的功力；再进行深入的拓展式研究——“道德领域突出问题及应对”研究，从整体谋划顶层设计的高度探得道德领域研究的富矿，在培养团队成员、襄助后学方面，呈现出极好的训练方式。这种做法对于一个初学者来说值得借鉴，对于一个正在科研路上的人来说也值得参考。

或许是因为自己如今也已经年过半百，我时常回忆起大二时与老师相识的场景，觉得人生的相识可能就是某种缘分使然。如果当初没有老师的引领，我现在大概在某所农村中学从事语文教学工作，无论如何也不可能成为一名高校思想政治教育工作者。而每一次回望，我都会看到老师的身影，常常有“仰之弥高，钻之弥坚，瞻之在前，忽焉在后”之感。越是努力追赶，越是觉得自己心力不济，唯有孜孜不辍，永不停步，可能才会成就一二，诚惶诚恐地站在老师所确立的群峰之旁，栽下几株嫩绿，留下一片阴凉。

万语千言，言不尽意，衷心祝福我的老师。

是为序。

路丙辉

二〇二二年八月于芜湖

目　录

第一编　道德与德育

第二编　传统伦理与道德

第三编　现代伦理与道德

第一编 道德与德育

道德的基本问题*

道德的基本问题，在1961年冯友兰先生发表《关于伦理学的基本问题》之后的一段时间内，曾经有过一些讨论，20世纪70年代末恢复伦理学研究以来，这个问题也一直受到伦理学界的关注，但至今尚没有取得共识。

十几年来，伦理学发展很快，在指导现实的道德生活、参与社会主义精神文明建设方面发挥着不容忽视的作用。然而，毋庸讳言，面对生机勃勃又纷繁复杂的道德现实世界，伦理学还缺少令人信服的理论说明，发挥的作用与其学科的应有地位显得很不相称。这些问题之所以存在，从根本上来说与我们对伦理学的基本问题缺乏中肯的分析与研究密切相关。

一、伦理学基本问题的六种看法辨析

对于伦理学的基本问题，迄今学界大致有如下六种看法：

第一种认为是利益与道德的关系问题。它包含两个方面的内容：一是要回答利益与道德谁决定谁以及道德对利益有无反作用，二是要回答是个

* 原题为《伦理学的基本问题》，原载《安徽师大学报》（哲学社会科学版）1997年第1期，中国人民大学书报中心复印资料《伦理学》1997年第6期转载。今天看来，该文所论述的“伦理学的基本问题”，实则应为“道德的基本问题”。故调整了题目，将“伦理学”换为“道德”。

人利益服从社会集体利益还是社会集体利益服从个人利益。

第二种认为是善与恶的矛盾问题。因为善与恶的矛盾是道德生活中的特有现象，只有伦理学才研究善与恶。

第三种认为是“应有”与“实有”的关系问题。应有，即道德原则与道德规范所反映的价值取向；实有，即相对于“应有”的实际的道德活动和道德风尚。道德总是以“应有”作为尺度来衡量现实的道德活动和道德风尚，因此“应有”与“实有”的矛盾总是客观存在的，研究和阐述这个矛盾，就成为伦理学的基本问题。

第四种认为是人的生存发展需要与其所承担的义务问题。它是区分两种不同的道德观的分界线：从自己生存和发展需要出发者，便是唯心主义的道德观，从义务与责任出发的则是唯物主义的道德观。

第五种认为是道德主体的意志自由与道德规范的必然性的关系问题。其主要理由是：道德问题总是发生于这种关系。

第六种认为是道德与社会物质生活条件的关系问题。因为，社会存在决定社会意识，经济基础决定上层建筑，“这些生产关系的总和构成社会的经济结构，即有法律的和政治的上层建筑竖立其上并有一定的社会意识形式与之相适应的现实基础。”①

为了分析与鉴别上述六种看法是否抓住了伦理学的基本问题，必须要首先讨论一下我们应当在什么意义上来讨论伦理学的基本问题，或者说界定伦理学的标准是什么。

一门学科的基本问题，至少应当具备三个方面的特征：(一)作为实体范畴，基本问题与学科对象在本质上是一致的；作为观念，对基本问题的回答应是学科理论体系的逻辑起点或理论基石。(二)从学科的科学属性来说，对基本问题的不同回答是区分学科内不同派别的根本标准。如思维与存在的关系问题是哲学的基本问题，对其不同的回答便产生了不同的哲学派别。因此，学科的基本问题也是学科的最高问题。(三)从学科的价值取向来说，一门学科的价值大小，归根结底要看其对基本问题的理

①《马克思恩格斯选集》第2卷，北京：人民出版社1995年版，第32页。

解。不言而喻，伦理学的基本问题同样应当具备上述三个方面的特征。用这些标准去分析前文关于伦理学基本问题的六种看法，它们在理论思维方面的缺陷便显露出来。

第一种看法所阐述的第一方面内容，没有揭示伦理学在理论和实践上的特殊性。因为，在人的社会活动中，并不仅仅是道德才与经济利益发生关系。在历史唯物主义看来，“每一个社会的经济关系首先是作为利益表现出来”[①]，一切社会的上层建筑和意识形态之所以发生，初始的原因和服务的对象（“反作用”的对象）都是经济利益，道德作为一种意识形态与经济利益发生的关系，只是这种“关系系统”中的一个方面。经济利益与道德的关系是唯物史观的一个问题，应属于哲学基本问题的范畴。伦理学关于道德问题的其他意见，如道德规范、道德教育与道德修养等，与关于经济利益与道德“谁决定谁”“谁对谁具有反作用”的回答并无直接联系，甚至相去甚远，因而在伦理学体系中充当不了逻辑起点的作用。第二方面的内容，用“谁服从谁”来表达个人利益与集体利益的关系，未免太简单化了，不能说明个人与集体之间的关系的全部内容。第一，个人与集体之间的关系除了利益因素以外还有别的什么，如集体的荣誉、个人的尊严等，它们在有些情况下甚至比利益更为重要。第二，仅就利益关系来说，个人利益与集体利益的关系除了存在着“谁决定谁”的问题以外，尚有一个两者可否“和平共处”“协调发展”的问题，后一个问题显然更为普遍，更引人关注。第三，“谁决定谁”不能用来作为区分伦理学的不同学派的标准。要求集体利益“服从”个人利益固然是资本主义伦理学的典型特征，那么要求个人利益服从集体利益是不是就是社会主义伦理学的典型特征呢？不一定。因为，“集体”，在历史上曾长期以其“虚幻”“虚妄”的特质把个人压挤在可有可无的地位。即使在社会主义制度下，在个别官僚主义和腐败作风盛行的地方，集体也形同虚设、名存实亡，“集体”常被那里不称职的领导者们用作以权谋私、中饱私囊的工具，在这种地方简单地倡导个人服从“集体”显然是不合适的。

---

①《马克思恩格斯全集》第18卷，北京：人民出版社1964年版，第307页。

第二种看法，没有看到伦理学的基本问题首先应当是实体范畴，仅从观念层面上提出问题，实际上只是在理念的王国里构建了一对矛盾。诚然，善与恶是伦理学的重要问题，但不是最基本、最简单的问题，因为什么是善和什么是恶，为什么会有善与恶等，本身都需要用一些更“基本”的伦理思想加以说明。再说，作为观念形式的善与恶在伦理学的功用，是道德评价。道德评价的对象除了道德活动本身所体现的善恶取向以外，还有其他包含道德因素或善恶倾向的社会活动，如法律活动、文艺活动、企业的生产和经营活动等。如果把善与恶看成是伦理学的基本问题，那就无疑是将这一基本问题泛化到道德活动之外的广泛领域，这样的基本问题就不“基本”了。

第三种看法，认为实有的道德活动与应有的道德规范之间存在着绝对的矛盾性，这两个领域被看成是只存在对立而绝无重叠吻合的平行线，这是不符合道德世界的实际情况的。道德世界中的“应有”与“实有”本来就是辩证统一的关系。道德原则规范既高于实际的道德状况，又是实际道德状况的反映，在现实的道德生活中总是大量地存在着现行的道德原则规范的“物化现象”。如忠于职守作为职业道德的一项原则，它是“应有”的，而作为现实的职业活动中普遍存在的职业行为和风尚，它是“实有”的。把“应有”与“实有”的矛盾看成伦理学的基本问题，显然是没有看到这种一致性，它给人的印象是：道德就是找“问题”的，伦理学就是以“问题道德”为对象，这显然失之于偏颇。不错，道德的“应有”与“实有”之间确实存在差距或问题的一面。但这种差距和问题，既可能是不同的道德价值体系之间的差距或问题，如应有的“先公后私”与实有的“损公肥私”的差别，也可能是同一道德价值体系内部的差距或问题，如应有的“大公无私”与实有的“公私兼顾”之间的差别。这两种类型的差距或问题，前者是绝对矛盾的，后者在多数情况下则可以一致起来。可见，把“应有”与“实有”在某些情况下存在的矛盾性普遍化、绝对化，并将其作为伦理学的基本问题来看待，是有悖于道德世界中的实际情况的。

第四种看法，存在着与第一种看法中“谁服从谁”相似的弊端。首先，用唯心主义与唯物主义来划分两种不同的道德观，就方法论来说是关于道德根源的认识论方法，不是关于道德的价值论方法，仍是一个“纯粹”哲学问题而不是伦理学问题。其次，把从自己需求出发的道德观归于唯心主义，把从义务与责任出发的道德观归于唯物主义，缺少具体分析，从逻辑上来看也是不能成立的。本来，个人需要不论是内容还是动机都是比较复杂的，需要衣食住行之条件、需要读书、需要成才、需要充分展示自己的人生价值，既可能是为了社会集体也可能是为了个人，不可一概而论。即使是抱有为了自己的动机的人，他在认识上也不一定就漠视社会集体所赋予的义务和责任，行动上也不一定与社会集体相抗衡。这种情况无须特别的证明，生活中人们早已司空见惯。

第五种看法，理论思维的缺陷显而易见。“主体意志自由”与“道德规范必然性”及其相互关系，都是伦理学的重要问题，但却不是伦理学的基本问题，因为伦理学从基本问题起步走了很长的一段路程之后才接触到它们。一幢大楼的高层部分虽然重要，重要到没有它们便没有大楼的实际价值，但它却不是大楼的基础部分、起点的部分。

第六种看法的失误与第一种看法所阐述的第一个方面的内容一样，没有反映伦理学的特殊性。如果可以将道德与“社会的经济结构”的关系当作伦理学的基本问题，那么一切社会科学都可以将其对象与“社会的经济结构”构成的关系作为自己的基本问题，试问：这样的“基本问题”还有什么意义呢？

概言之，上述六种观点都没有真正抓住伦理学的基本问题。从方法论上来看，它们或者用哲学问题代替伦理学的问题，用哲学的认识论、方法代替伦理学的价值论方法；或者只是抓住伦理学的一些需要用基本问题加以阐明的第二位、第三位的问题。我们需要指出的是，伦理学的方法与哲学的方法有着重要的不同。哲学是系统的世界观，所论涉及自然、社会、思维领域中最一般的问题，因此要以思维与存在这种最一般的关系作为基本问题。伦理学是系统的道德观与人生观，所以从一开始就立足并始终围绕社会与个人及与此相关的某些自然领域和思维活动中的问题。它所研究的对象也是“关系”，但是这个关系不是事实关系，而是价值关系，一开始便带有关于“需要”与“功用”的价值倾向，虽然它要以事实关系为前提。这个关系作为现实的道德问题内含着两个永恒不变又相互要求对方在一定条件下作为自己的客体而存在的主体，这就是：个人与集体。人类自从诞生那一天起就需要道德，一切道德问题都是在个人与集体之间发生的，个人与集体的关系之外不存在任何道德问题；而一切关于道德问题的伦理思考都是在这个基点上生发、形成并力争走向成熟的；对个人与集体的关系问题的不同回答，便构成了不同的道德观，形成了不同的伦理学派别。纵观人类道德文明史和伦理思想发展史，难道不是这样的吗？

需要说明的是，个人与集体的关系是一个系统，是人的现实世界一切社会关系的最高概括形式，而作为伦理学基本问题的个人与集体的关系，只是那种依靠社会舆论、传统习惯和主体内心信念来评价与维系的关系。这也就是所谓的道德关系。

因此，伦理学的基本问题就是依靠社会舆论、传统习惯和人们的内心信念来评价和维系的个人与集体的关系，也就是人们通常所说的公与私的关系。如此定位伦理学的基本问题，便真正给了道德以伦理学对象的学科地位，找到了伦理学体系的基石。

二、个人与集体关系的八种形态

我们没有用“利益关系”的形式来表达作为伦理学基本问题的个人与集体的关系。其所以如此，鉴于这样的道德事实：个人与集体之间或公与私之间所发生的道德问题并非都是缘于利益，“利益是道德的基础”，但不是道德的全部。从人类道德文明史尤其是近现代文明史来看，许多个人与集体的关系并不是在利益关系的意义上发生的，在人的尊严与价值、人的情感需要和投向的意义上所发生的更多。

另外，我们也没有把个人与个人或曰私与私的关系特别地提出来归入伦理学的基本问题，这不是什么疏漏，而是出于对个人与个人或私与私的关系的深入思考。总的来说，公私关系的内在结构含有本体与变体两种不同形态。

所谓本体形态，是指由公与私两个不同的范畴直接对应而构成的公与私的关系。本体形态有四种。

一是公利与私利的关系，也就是社会集体利益与个人利益的关系，伦理学界通常所说的利益关系指的就是这种公与私的关系。公利与私利的关系是公与私的关系最一般、最普遍的形式，也是整个公与私的关系的物质基础，普列汉诺夫关于“利益是道德的基础”的著名见解，就是从这个意义上说的。

二是公义与私利的关系。公义，包含社会的道德原则与规范、社会集体的尊严与价值、具有善恶价值取向的风俗习惯等，属于社会意识形态范畴。公义与私利的关系，可以理解为社会的道德原则与规范、社会集体的尊严与价值与个人利益的关系。中国历史上久辨不明的义利之争，其实就是公义与私利之争。关于这一点，程颐曾经说得很明白，义与利只是公与私。在人们的现实生活中，公义与私利的关系最具有道德意义，最能引发道德问题和伦理思考。

三是公利与私欲的关系。私欲，即个人欲望，包含个人对物质利益的需要，对于情感的需求，对于尊严与价值的维护和追求等。私欲人皆有之并生来即有，伴人终生。私欲有正当与否之分，合理与否之别。当不正当不合理的个人欲望与社会集体利益发生关系时，道德问题便发生了，道德之所以会成为“问题”“课题”，常常是因为公共利益受到不正当不合理的私欲的侵害或挑战的结果。

四是公义与私欲的关系。中国历史上的“理欲之辨”，如朱熹所主张的“存天理，灭人欲”，就是从公义与私欲关系的意义上说的。今人所说的个人生存和发展需要与对社会集体承担义务和责任的关系，说的也是公义和私欲的关系。公义与私欲的关系始终存在于人们的伦理思维与道德活动中，个人与集体之间发生的道德上的冲突，总是以公义与不正当不合理的私欲之间的矛盾为心理背景的。同样，个人道德上的净化和升华，也是

公义克服不正当的私欲、制约不合理的私欲的结果。

在公与私关系的变体形态中，公与私两个不同的范畴不是以直接的形式构成对立关系，却又具有对立的性质。它也有四种形式。

一是公利与公利的关系。在伦理思想史上，公的含义是相对于私即个人而言的，道德俗文化常说的“一人为私，二人为公”，说的就是这个意思。分析起来，公的内涵有着不同的层次，二人为公、三人也为公，以此类推公的内涵就出现了差别，简而言之，这种差别可以用大公和小公来表示。殷周实行井田制，凡井田皆属国家所有，由诸侯驱使奴隶耕作，中间称“公田”，收获归天子，其余8块称“私田”，收获归诸侯。既然都属国家所有何以又要作“公田”与“私田”之区分？说明古人已意识到“大公”与“小公”的对应具有公与私对立的性质。就价值比较来说，公与私的差别本质上也是价值量的大与小的差别，“小公”对于“大公”来说本身就具有“私”的特性或内倾性的价值取向。从实践上来看，“小公”与“大公”或曰局部与全局、地方与中央发生矛盾和对立的事是常有的，当这种情况出现的时候，往往与局部和地方那里的本位主义、个人主义盛行有关，或者与那些“小公”的代表人物私欲膨胀有关。正因为如此，凡是公利与公利关系即小公与大公之间关系处理得不大正常，或曰局部与全局、地方与中央的关系处理得不大正常的时候，社会道德问题就比较多。

二是私利与私利的关系。个人利益与个人利益之间会发生矛盾，产生道德问题，这不难理解。问题在于，如何理解私利与私利的对立何以会具有公与私相对立的性质。理解这个问题的关键在于，要把每个人看成是在现实社会生活中活动的主体。一个人与另一个人打交道，总是将他人看成是与“我”有别的“另一个”，是社会公众的一分子，在“我”的感官直觉和心理体验上，“另一个”总是站在社会的背景或立场上，或者说总是被“我”推到社会的背景或立场上，因而具有“公”的性质。事实也是如此，一个人在与他人发生利害关系时，总是自觉或不自觉地将其对象作为与“我”相区别、相对立的公众一员来看待的。这种特征，即使在一般的私人交往、家庭生活中也并不鲜见。正因为如此，个人与个人的关系才具有社会意义，能够正确处理私利与私利的关系的人，一般也能正确处理私利与公利的关系。

三是公义与公利的关系。孟子拜见梁惠王，王曰："老人家，不远千里而来，给我国带来什么好处?"孟子曰："您为什么要讲利呢? 有了仁义就足够了。"这里，孟子与梁惠王的分歧，就涉及对公义与公利及其相互关系的不同理解。今天，我们关于道德进步与经济发展的讨论，实则也是关于公义与公利的关系的探讨。不过，一般说来，只有在公利为"小公利"的情况下，才具有公与私相对立的性质，这也就是局部利益与社会共同道德准则之间的关系。当一地的利益背离了"公义"，这种"小公利"自然具有"私"的性质，这一点我们在前面已经指出过。有些地方为了小集团的利益，公然不顾国家的法律规定和社会公认的道德标准，生产和经营假冒伪劣商品坑蒙消费者，当受到查处时又采取地方保护主义，这种公义与"公利"相冲突的情况，显然就具有公与私相对立的性质。

四是私欲与私利的关系。这种变体形态所包含的公与私相对立的性质更为隐蔽，然而其存在也是真实的。一个人的私欲有正当与否之别，正当的私欲即正当的个人需要和追求，其包含的价值观念具有社会公认的性质，实际上是社会公认或推崇的价值标准在个人心理上的反映。个人对于物质生活和精神生活"上档次"的需求，对于自尊心的重视，对于功名的渴望等，属于私欲却又都是"公欲"，是社会所赞许和期待的。当私利不能足以满足正当的私欲的时候，两者的矛盾便产生了，这种矛盾往往具有公与私相对立的性质，并非是"纯粹个人的事情"。从主体的心理体验来说，这种矛盾常常表现为"心有余而力不足"，调整得不好会给主体带来消极影响，形成诸如消沉自卑、自暴自弃的不良心理。有些道德上堕落的人和心理疾病患者，往往就是因为处理不好私欲与私利这种含有公与私相对立的性质的矛盾而造成的。当然，并不是所有私欲都带有"公欲"的性质，因此也并不是所有私欲与私利的关系都具有公与私对立的性质，这一点也是需要注意的。

综上所述，个人与集体的关系具有八种形态，前四种属于本体形态，后四种属于变体形态。如果说本体形态直接体现个人与集体的关系，那么变体形态则以间接的方式反映了个人与集体的关系，八种形态都可以在个人与集体的关系中得到说明。

这就是作为实体范畴的伦理学基本问题的内在结构。它表明，将个人与集体的关系或公与私的关系作为伦理学的基本问题，可以从最一般的意义上概括道德现象世界的一切问题。

三、道德权利与道德义务关系

伦理学对其基本问题的回答，产生了一系列的理论形式，其中最直接、最基本的理论形式便是关于道德权利与道德义务及其相互关系的学说。

个人与集体的关系，说到底是权利与义务的关系；换言之，权利与义务的关系是构成个人与集体的关系的纽带。上文列举的关于伦理学基本问题的第四种观点，合理性在于看到了个人需要与个人对于社会集体的义务是一种具有权利与义务相对应的性质的关系，但将其作为伦理学的基本问题来看待，则又失之于偏颇。道德权利与道德义务只是关于伦理学基本问题的基本的理论形式，并不包含更不等于作为伦理学基本问题实体范畴的个人与集体的关系。

权利与义务，不应只是法学的范畴和专用术语。伦理学意义上的道德权利是指主体在利益、尊严与价值方面要求得到满足的权利，道德义务则是主体以道德行为的方式尊重作为客体的另一个主体在利益、尊严与价值方面的需要。权利与义务在法学与伦理学两个不同学科的区别仅在于：前者以国家的强制力量和手段来保障，后者以社会舆论、传统习惯和主体的内心信念的方式来维护。

与法律情况一样，对等性是维系道德权利与道德义务对应关系的纽带。在个人与集体的关系中，个人与集体是以互为主客体的方式体现道德权利与道德义务的对等性关系的。从一般意义或理想状态来说，这种对等性表现在：个人对于社会集体承担了什么样的道德义务，就应相应地获得什么样的道德权利；同样，社会集体在获得某种道德权利的情况下，就应承担对于个人的道德义务。就是说，个人的道德权利只有在履行维护社会集体的利益、尊严和价值的道德义务中才可能获得。片面地讲权利或义务，个人将失去集体的关心和自我发展的保障，因为“只有在共同体中，个人才能获得全面发展其才能的手段，也就是说，只有在共同体中才可能有个人自由”[①]，集体则将失去其成员的广泛支持而变成一盘散沙，名存实亡，虽然这样的集体在社会主义制度和在剥削制度下有着重要的区别。

人类道德文明发展的前景将会是道德权利与道德义务逐步走向一致，或真正的对等。个人与社会的关系是一个历史范畴，归根到底受到社会的经济与政治条件的制约。在生产不发达的古代，个人对于社会集体来说，更多地只能是义务与责任，只能是服从，社会的稳定和发展更多的是依靠个人的让步和牺牲来取得，在奴隶社会和封建社会里道德其实只是不平等政治的婢女。过去长期存在着只讲个人的道德义务而不讲个人的道德权利的现象，有些人甚至认为道德没有个人权利可言，讲个人权利也就没有道德了。他们的逻辑是：每个人都为人人，人人也都为自己，因此个人没有必要讲权利，只需讲义务就行了。这种思维方式的前提是：每个人都具有或通过宣传教育都能具有全心全意为别人尽义务而唯独不考虑自己权利的道德自觉。这显然只是一个假设，在实际生活中并不存在，只讲或注重讲个人的道德义务而不讲或漠视个人的道德权利，本来就是历史的局限。道德权利作为个人在个人与社会集体的关系中应当得到确认的“自我”形式，我们提出的时间并不长，这是经济体制改革及思想解放运动的一种产品，无疑是一种进步，对它进行责难是没有道理的。不过，从另一方面看，提出道德权利主张的人没有将它与道德义务相对应，并归入反映伦理学基本问题的初级的精神产品，没有揭示它与伦理学基本问题的本质联系，则是其受责难的重要原因。

在道德实践上，如何处理道德权利与道德义务的关系，便产生了关于

---

①《马克思恩格斯选集》第1卷，北京：人民出版社1995年版，第119页。

道德的基本原则的伦理学说。道德原则是回答伦理学基本问题的最高理论形式，也是区分不同的伦理学派别的最高标准。

人类早期，个人在能力与“觉悟”上尚不能把自己与集体区分开来，个人与社会的关系在人们的观念中还是一个整体，在现实生活中也没有什么需要调整的矛盾，道德要求在更广泛的意义上还是一种风俗习惯，因此不可能形成关于道德原则的伦理学说。后来，私有财产出现，私有制度诞生，个人与社会集体之间出现“裂痕”——差别与矛盾，于是，关于公与私双方各自的道德权利与义务及调整这种权利与义务的道德原则便产生了。

人类至今关于道德原则的伦理学说大体上有四种，即奴隶社会的大公主义、封建社会的禁欲主义、资本主义社会的个人主义、社会主义社会的集体主义。

公与私的关系产生矛盾，形成道德问题，是在周代末年。在中国，“公”比“私”出现得早，甲骨文中便有“公”。“私”出现在周末，意为胳膊肘朝里弯，属于个人的粮食。这表明，公与私的关系产生矛盾，形成道德问题，是在周代末年。调整公与私关系的大公主义主要有两个方面的要求：（一）在处理公利与私利的关系，主张公为大私为小，即“大公小私”；或公为先私为后，即“先公后私”。《诗经·豳风·七月》有章曰：“言私其豵，献豜于公。”意思是说狩猎得兽，大者献于“公家”，小者留为己有。《诗经·小雅》有章曰：“雨我公田，遂及我私”。朱熹对此注得明白：“言农夫之心，先公后私。”（二）在处理公义与私情的关系问题上，主张“以公灭私”。《尚书·周书·周官》曰：“以公灭私，民其允怀”。蔡沈注曰：“以天下之公理，灭一己之私情，则令行而民莫不敬信怀服矣。”这与我们今天所倡导的“大公无私”，意思相近。作为奴隶社会推行的道德生活的基本原则，大公主义思想一直延续到封建社会早期，影响到整个中国伦理思想发展史。像《礼记·礼运》篇所说的“大道之行也，天下为公”那种“不以天下之大私其子孙”的思想，后来许多仁人志士所提倡的“公而忘私”“先天下之忧而忧，后天下之乐而乐”的思想等，都发端于远古时代大公主义思想。从当时的历史条件和文化背景来看，大公主义思想调整的范围，其实只是奴隶主阶级内部个人与阶级整体的关系，还不属于“全民道德”，这是我们在研究古代大公主义道德原则时需要注意的。

道德原则的调整范围从统治阶级内部走向全社会，起步于封建社会的禁欲主义。禁欲主义强调君主本体，朕即国家、天下在朕。理论上的特征，首先是禁欲，承认个人对于利益和尊严的“正当”占有，反对人们对个人利益和尊严的“过分”追求。在这一点上，朱熹曾用清晰的语言作过表述：“饮食者，天理也；要求美味，人欲也。”他的“存天理，灭人欲”基本上是在这个意义上阐发的。其次是专制，强调个人对于社会整体的绝对服从，漠视个人道德上的权利。可以说，封建禁欲主义是一种建立在漠视个人道德权利基础上的道德原则。第三是与政治要求联姻。“三纲五常”既是道德要求又是政治要求，违背了道德要求常被视为同时违背了政治要求，纠正的方式不只是一般的社会舆论和个人的心理调适，还带有强制性的惩戒。强调个人禁欲、个人服从，并以政治惩戒的手段给予保障，这是封建禁欲主义道德原则的基本特征。中国历史上曾经有过几千年的封建专制统治，禁欲主义的影响不可小视，“文革”中的“割资本主义尾巴”“狠斗私字一闪念”等，其实都是它的影子。

个人主义强调个人本位，是一种高扬个人权利即个人利益、尊严与价值而漠视个人对于社会集体的义务与责任即社会集体的利益、尊严与价值的道德原则。个人主义者为了个人甚至不惜牺牲社会集体和他人，或损人利己，或损公肥私。个人主义是对封建禁欲主义的抗争和背叛。在西方资产阶级革命早期，一些思想家公开打出个人主义的旗帜向历史宣战。霍布斯确认“人对人是狼”，这种只讲个人绝对的自由与权利，不讲个人对于他人的义务与责任的极端利己主义道德原则论，可以看作是当时的代表。后来出现功利主义，重视“最大多数人的最大幸福”，把个人的道德责任与义务放到了突出的位置，具有利他的倾向，但同时又明确反对提倡必要的个人让步和牺牲。密尔甚至提出使个人利益与社会共同利益“合成”起来的主张，因为“世界的利益就是个人利益合成的”。再后来，又出现了以爱尔维修、费尔巴哈等人为代表的合理利己主义。认为每个人的目的只能为自己，却又不可能单独依靠自己来为自己，而必须依靠社会，通过利他的手段达到利己的目的。就是说，个人是目的，社会集体是手段，个人与社会的权利与义务关系，是目的与手段的关系。不难看出，功利主义、合理利己主义本质上并没有超出早期的个人主义，它们只不过是在新的历史发展时期对早期刻薄的个人主义作了一些修补而已。迄今为止，中国还没有出现过作为道德原则的个人主义伦理学说。在封建专制社会里，小生产的汪洋大海为自私自利思想提供了温床，但是在封建禁欲主义的控制下，自私自利思想始终没有像西方个人主义那样获得道德原则的地位。它只是作为一种自发的自私自利的道德观念，弥漫在平民社会生活的各个角落。这种抗争与西方的情况显然不同，它是不自觉的、孱弱的，对封建禁欲主义形成不了摧毁性的冲击。中国古代根植于小农经济基础上的自私自利的道德观念，表现为“事不关己，高高挂起”“各人自扫门前雪，休管他人瓦上霜”，是自立、自保式的，一般不表现出主动“损人”“损公”的特征，不具有攻击性，这一点与西方的个人主义是不一样的。

说起中国的道德传统，不少人总要论及重整体精神这一条，这当然没有错。但是在我看来，当前还是要特别提醒人们注意克服自私自利的“小农意识”的不良影响。如果说实行解放思想、改革开放以来，禁欲主义的影响受到根本性的冲击的话，那么自私自利的旧道德观念却因此而获得了某种“新生”，它正在与舶来的西方个人主义道德价值观发生着相互认同，以“结盟”的方式污染着中国人正常的道德生活。因此，我们需要正确地阐发和倡导作为社会主义道德原则的集体主义。

集体主义是一个老话题。毋庸讳言，社会主义希望把集体主义作为自己的道德原则，而实际上众多的国民们还没有真正将集体主义作为自己行动的基本准则。其原因与我们过去阐发与倡导的集体主义存在理论上的严重缺陷有关：一是不能从伦理学的基本问题出发，也就是说不能从社会主义制度下的个人与社会集体的关系这个逻辑起点出发，这样就使人感到集体主义脱离了社会主义的经济制度与政治制度的现实，脱离了社会主义道德生活的现实。二是不能真正用平等的眼光来看待社会主义制度下的个人与社会集体的关系，存在讲集体理直气壮，讲个人则轻描淡写的偏向。我认为，要讲清集体主义道德原则，从价值思考来说最重要的是要抓住两点。首先，要承认个人与社会集体之间的绝对价值，也就是说要看到个人与社会集体之间是互为主客体的平等关系，集体作为主体要求作为客体的个体为之提供各种需要，个人作为主体同样可以要求集体作为客体为之提供各种需要。换言之，个人与集体之间存在着互为对方的目的价值和手段价值的内在联系。正因为如此，个人与集体的关系的合道德状态一般应当是和谐共存、协调发展，而不是什么谁服从谁。具体来说就是：集体保护个人应有的道德权利，并且同随意侵害个人道德权利的不道德行为作斗争，不管这种侵害是来自一个集体的内部还是来自这个集体的外部；同样，集体也维护自己应有的道德权利，同侵害集体道德权利的任何不道德行为作斗争，并且热情鼓励和高扬个人对于集体履行不以谋求个人道德权利为前提的道德义务的行为。

其次，要看到个人与社会集体之间的相对价值。在集体主义的旗帜下，个人与社会之间在道德权利与道德义务方面是对等的，这种对等不能理解为均等，因为个人无论如何只是集体的一个部分，集体总是大于部分。这种以平等为前提的绝对价值条件下的价值相对性，主要表现在：当个人与集体发生矛盾而又必须牺牲一方才能解决矛盾的时候，集体有权利要求个人服从和牺牲，而个人却没有权利要求集体服从个人，为个人作出牺牲。就是说，社会主义的集体主义道德原则含有个人服从与个人牺牲的伦理要求，同时又认为这种个人服从与个人牺牲不是绝对的，而是相对的，有条件的。

我认为，这样来阐发集体主义道德原则，才在逻辑上体现了社会主义制度下个人与社会集体的关系的特殊本质，在理论上与奴隶社会的大公主义、封建社会的禁欲主义和资本主义社会的个人主义划清了界限。

综上所述，伦理学的基本问题是根源于特定社会的经济关系的个人与社会之间的道德关系，回答伦理学基本问题的理论有两个基本层次，初级的（或直接的）是关于个人与社会集体各自的道德权利与道德义务的伦理学说，高级的（或间接的）是关于道德基本原则或行为准则的伦理学说。伦理学学科体系的基本框架应当是阐明个人与集体之间的道德关系——道德权利与道德义务及其相互关系，提出道德的基本原则。其他伦理思想，如个人品德形成与发展的问题，道德评价、道德教育、道德修养的问题等，都应当围绕这个基本框架来构建。

德育主体论

主体问题，曾是我国哲学研究的一个热点问题，也曾是学校德育的一个热门话题。不仅学生们常以“我们是主体”引为自豪，作诗、演讲时口中常不离“主体”，就是德育教师在上课或与学生谈话时，也常说到“主体”，甚至于一些领导者本来并不知道“主体”当作何理解，在做报告时也生吞活剥地用“主体”来润色，以表示自己思想的解放。1989年以后，“主体热”迅速降温，主体问题被不少人看成是一个与资产阶级自由化有着内在联系的问题，甚至连“主体”这个词也一度成为一些人讳莫如深的字眼，不仅自己不敢用，而且好心地劝诫别人也不要用。但是，正如后来的事实所表明的那样，关于主体问题的许多困惑依然存在，这个问题所包含的认识和实践价值，仍然吸引着许多人。也许正因为如此，大约是从1990年上半年开始对主体问题的研究又升温，在学校德育中，主体问题又被重新提了出来。

然而，究竟什么是主体与主体性？人们仍然说法不一，甚至各执一端。由于它是理解和把握德育主体问题的基本前提，所以首先还得从哲学上的主体问题说起。

一、主体是一个具有多元含义的价值范畴

"主体"这个概念，人们在社会生活的各个领域经常使用，但在不同的对象性关系中使用时所表述的含义却不尽相同，因此，要弄清楚主体含义，有必要首先对各种不同含义的"主体"做出哲学上的概括。

概括起来看，人们经常使用的"主体"概念，具有两个方面的基本含义。一是关于物的含义，多是指在同类事物中居于主要地位，起着主导作用的某种事物。如："铁路是交通运输的主体""社会主义经济关系以公有制为主体"，等等。二是关于人的，这种含义的主体比较复杂，除了认识论的含义之外至少还有四种：

本体论的含义。这种含义的主体，指的是对象的"本体""本原"，即对象的存在根据。在这里，对象不是作为认识和实践的客体，而是作为主体的"派生物"，主体与"派生物"的关系是"主宰"与"属从"的关系。给主体的人作本体论解释，这是人本主义哲学尤其是萨特存在主义哲学的理论基石，如萨特说："世界就是人，人心的深处就是世界。"[①]

政治学的含义。这种含义的主体与"主人"相通。它在现实世界中是"统治者"的代名词，指的是在国家政治生活中处于决定和支配地位的一类人，被支配者既可能是人——被统治者，也可能是社会制度、职业活动场所、一切形态的财物等。一般来说，谁获得了国家政权，谁就获得了政治学含义上的主体地位。我们常说的"人民群众是国家的主体""工人是工厂的主体"等，都是基于对主体作"主人"的理解。

管理学的含义。这种含义的主体，指的是"管理者"。管理学认为，在一个系统工程中，起决定作用的是管理者，管理者是系统工程运行机制的"中枢"和"主脑"，从根本上决定了系统工程的效应。毛泽东关于"政治路线确定之后，干部就是决定的因素"[②]的观点，实际上就是从这个

①[法]让·保罗·萨特:《存在与虚无》,陈宣良等译,北京:三联书店1987年版,第35页。

②《毛泽东选集》第2卷,北京:人民出版社1991年版,第526页。

意义上说的。在社会主义制度下，管理学意义上的主体与其对象的关系，既不是政治学含义上的统治与被统治的关系，也不是本体论含义上的“主宰”与“属从”的关系，就其本质来说，是管理与被管理、领导与被领导的关系，换言之，是一种由职业分工而形成的“工作关系”。在实际生活中，管理学含义的主体与政治学含义的主体最易发生混淆，并由此造成思想上的混乱和工作上的失误。比如在有些学校，“校长的主体地位”与“教职工的主体地位”总是说不清楚，理不顺当，究其原因，就是把校长作为“主脑”的主体与教职工作为“主人”的主体混为一谈了。

系统论的含义。这种含义的主体与关于物的含义的主体，基本上是相通的，指的是在一个群体系统中居于主要层面，起着主导作用的一类人。如：“工农是人民群众的主体”“陆军是人民军队的主体”“德育教师是德育工作者队伍的主体”等。

不难看出，关于人的不同含义的主体，有一个共同的特征：具有明确的价值取向，在其对象面前总是要表明自己是最重要的，必须居于主要地位，发挥主导作用。关于物的含义的主体，其实不过是作为人的主体对其所期望达到的某种价值事实所作的陈述而已。如公有制作为社会主义经济关系的主体，就是作为社会主义国家的“主人”的广大劳动人民群众，对其所希望实现的经济关系的价值事实所作的陈述。不与人的需要和价值取向相联系并由此而为人的认识或实践活动所理解、把握或改造的物质世界，在人看来，是无所谓“主体”的。正因为这样，我们把主体规定为价值范畴，而不规定为认识论范畴，其特定内涵是指在各种对象性关系中，居于主要地位，起着主导作用的最重要的认识者和实践者。

在主体问题上认识论有一个似乎无须争辩的看法，这就是：人作为认识者和实践者是当然的主体，永恒的主体。因为人只要一接触外部世界就构成了与外部世界的对象性关系，人在这种关系中理所当然是主导方面，因而理所当然是主体。这种看法忽视了一个基本事实：人在与外部世界构成的对象性关系中不论是认识还是实践，如果没有居于支配地位，或者虽居于支配地位却不能发挥支配——主导作用，那他就不可能成为主体。这种情况，就经验证明来看并不少见。大而言之，在剥削制度下，广大劳动人民群众在国家政治生活中不能充当主体；小而言之，当一个人的思想政治水平和业务能力不能足以使其在外部环境面前成为最重要的角色时，他就不是主体，甚至只是听任外部环境摆布的奴隶。人之所以成为主体，或者被看成是主体，总是因为人在认识和实践中显示出自己属于"最重要的"，因而是最有价值的角色。实际上，"主体"一词，本身就包含着"主要""主导"这些价值取向和价值判断。由此可见，主体不是一般的认识者和实践者，而是在事实上居于主要地位，起着主导作用的认识者和实践者。因此，把主体归于认识论范畴是不确切的。

价值论所揭示的主体内涵要比认识论所描述的主体内涵，更符合人的本性，因而更为科学。因为，人总是为了实现某种有价值的目标，才去认识和改造客观世界的，人的一切认识和实践活动都与价值有关，价值取向是人一切认识和实践活动的第一位的真实原因。也就是说，人不是为了遵循客观规律才去认识和改造世界的，而是为了满足自己的需要，实现自己的价值才去遵循客观规律的。在这里，人们关于遵循客观规律的真理认识，总是服从于他们关于主体自身的价值认识，正如恩格斯所说的那样，"在社会历史领域内进行活动的，全是具有意识的、经过思虑或凭激情行动的、追求某种目的的人；任何事情的发生都不是没有自觉的意图，没有预期的目的的。"[①]当我们说某（些）人是主体的时候，那同时也是在说，他（们）的认识和实践活动带有明显、自觉的价值取向，对价值问题有了合乎理性的把握。总之，价值追求是一切认识和实践活动得以发生和延续的前提和轴心，不是认识论包含价值论，而是价值论包含认识论，价值论是一个比认识论宽广、丰富、深刻得多，因而更具有认识和实践价值的哲学领域。

因此，把主体归结为价值论范畴而不归结为认识论范畴，或者主要不是归结为认识论范畴，是合乎逻辑的。这是我们思考整个主体问题的立足点。

---

①《马克思恩格斯全集》第21卷，北京：人民出版社1965年版，第341页。

二、主体形成的内在根据是主体性

人类并非从来就是主体。最初的人，虽然与动物之间已经发生了“最后的本质的区别”[①]，但是，还很少具有主体的本质特性。原始社会早期的图腾崇拜和宗教信仰，以及原始人个体对于群体须臾不可分离的依赖方式，都证明了最初的人还没有真正获得主体地位，他们甚至还不情愿在外部世界面前充当主体，而甘愿受自然力量的支配，觉得这样才安全，才获得关于“我”的真实存在。

不仅如此，单个的人也并非生来就是主体。

1920年，在印度加尔各答东北的一个叫米德纳波尔的小城，人们常常一到晚上，就看到两个“像人的怪物”用四肢走路，尾随在三只大灰狼的后面。人们为了揭开这个谜，打死了大灰狼，在狼窝里发现那两个“像人的怪物”原来是两个裸体的女孩。其中大的七八岁，小的约四岁，人们将她们送到孤儿院抚养，给大的取名卡玛拉，小的取名阿玛拉。第二年阿玛拉死了，卡玛拉长到16岁，也死了，这就是曾经轰动一时的“印度狼孩事件”。这个偶然发现充分说明，就单个的人来说，并非生来就是主体。人呱呱坠地时，一切靠父母，虽然天真可爱但还是一个“小动物”，如果让其离开父母，离开人类的怀抱，他就只能像“狼孩”那样，与野兽为伍，根本说不上什么主体地位。人在整个哺乳期间，除了体态特征和遗传基因之外，其他方面与动物几乎没有什么本质的差别。人大约在周岁以后，在亲缘、地缘所提供的文化氛围和各种人际关系中，特别是在有目的、有计划、有系统的教育过程中，才逐渐产生意识，形成与动物相区别的人性特征。但是人在整个幼年期主要的不是作为主体的人而存在，人在幼年期可能是家庭生活的“太阳”，但这“太阳”的地位正好说明他还不是主体。因为，他还很难离开父母的怀抱，他在家庭生活中这个“最重要”的位置，并不是凭借自己的力量，作为认识者和实践者的角色造就

①《马克思恩格斯全集》第20卷，北京：人民出版社1971年版，第518页。

的，而是由亲属——他的外部环境“捧”出来的。

人，不论是群体还是个体，能够作为主体存在，发挥主体价值，是在形成主体性之后。

主体性的形成是一个漫长的历史过程。古人在适应大自然变迁的生存抗争中，被迫改变着自己的生活习性，如学会直立行走，学会制造工具并用工具觅食。在这个过程中，人逐渐形成区别于其他动物的内在特性，即人性。

人性在人类生产不断发展、社会不断变革的历史进程中，不断得到丰富和发展。人性，尤其是人的思维属性的丰富和发展，标志着人不断地远离动物，越来越像“人”。“人离开动物愈远，他们对自然界的作用就愈带有经过思考的、有计划的、向着一定的和事先知道的目标前进的特征”①。人的这种自觉能动地向着既定目标前进的特性，是人性的核心部分，是人之为人的基本标志，这就是主体性。人只有在具备了这种人性特征之后才有能力在外部世界面前显示出自己是“最重要”的社会角色，理当居于主要地位，发挥主导作用。可见，主体性是带有明确的价值取向的自觉能动性。

主体性，作为主体的人所具备的本质特性，不同于一般意义上的人的本质特性。马克思认为，人的本质特性只能从其现实的社会关系的“总和”中去阐释。人的主体性本质则是在承认人的这种普遍本质的前提下所揭示的人的特殊本质。人的普遍本质，人人都具备，而人的特殊本质即主体性则不一定人人都具备。社会生活无时无处不在证明：只有那些既看到“社会关系的总和”，又能观照自己在这种“总和”中的特殊地位，主动积极地发挥作用的人，才具有主体性，才可能成为真正的主体。

如果说，人性和人的本质主要反映的是人与动物之间的本质区别，那么，人的主体性所反映的则主要是有自觉能动性的人与无自觉能动性的人的本质区别，或者说，反映的是有价值自觉的人与无价值自觉的人的本质区别。由此推论，人的主体性是人性整体结构中最能说明“人的价值”和

①《马克思恩格斯全集》第20卷，北京：人民出版社1971年版，第517页。

"人生价值"的部分。因此，把人的主体性等同于一般意义上的人性和人的本质，就犹如把作为主体的人等同于一般意义上的人一样，无疑是降低以至于抹杀了人作为主体存在的价值，而这一点恰恰是研究主体问题的人们时常忽视的一个问题，也是我国学校德育研究特别是关于德育对象的研究普遍忽视的一个问题。

这里有必要指出，有些人常把主体与个体、主体性与个性相提并论，这是不对的。诚然，"任何人类历史的第一个前提无疑是有生命的个人的存在"①，人作为主体与其对象构成的特定的主客体关系，多是以个体的方式实现的。同样，主体性与个性之间也并非毫无联系。但是，主体与个体、主体性与个性毕竟是有着重要区别的。主体与主体性，同属于哲学价值范畴，而个体与个性主要属于心理学的范畴。主体除了个体形式以外，还有集体乃至整个人类的形式。主体性是人性的核心部分，在人性结构的高层次上反映人的特殊本质。而个性一般来说则并不反映人的本质特性，更不反映人的特殊本质。如一个爱说爱笑的人与一个沉默寡语的人，在个性方面截然不同，但他们在主体性方面则不一定存在差别。主体性与个性的区别还表现在：有多少个人就可能有多少种个性，但不能说有多少个人就可能有多少种主体性。梁山108条好汉，彼此个性各异，但体现他们的思想和行为特征的主体性本质，则多是相近的，正因为如此，他们才可能聚义水泊，风风火火干了一番大事业。总之，个性并不反映"个别"人的本质，只有主体性才揭示"个别"人的本质。毫无疑问，忽视主体与个体，主体性与个性之间的联系，固然是一种错误，弄得不好这种错误还会造成离开价值主体谈个体、漠视个体作为主体的价值存在这种情况发生，结果使关于主体问题的理论变成封建整体主义也可以接受的东西。但是，看不到它们之间的区别则更为错误。因为，这样就把主体与主体性这样高度概括的"主体问题"的研究，变成纯粹的"个人问题"的研究，使得关于主体问题的理论成为资产阶级个人主义也可以接受的东西，最终把关于主体与主体性问题的研究引入歧途。

① 《马克思恩格斯全集》第3卷，北京：人民出版社1960年版，第23页。

三、德育主体及其本质

德育与智育、体育一样，都是“面对面”的教育活动，如何理解和把握德育的主体问题，直接影响德育活动的效果。哲学关于主体问题的研究，为德育解决这一根本性的问题提供了可靠的理论根据，它给我们的启示是，德育要实现科学化，就必须从理论和实践的结合上阐明德育主体问题。所谓德育主体，简言之，就是在德育过程中居于主要地位并发挥主导作用的人。德育主体应当包括三个方面的人，即：德育教师、学生、德育管理工作者。这三个方面的人在德育过程中应如何认知和实现自己的主体价值，本书将在后面有关部分逐一阐述，此处我们只想着重指出三点：

第一，并非参加德育过程的所有德育教师、学生和管理工作者，都理所当然地是德育主体。其所以如此，是因为构成德育主体的内在根据是参与者的主体性，也就是参与者对自己的主体地位和作用所具备的自觉意识和主动精神。有人或许会提出德育的外部环境问题，认为德育过程的参与者的地位与作用如何，最终还是要看他们所处的环境。在我们看来，环境是重要的，良好的社会环境，固然有助于教师、学生、管理工作者形成对于环境和自身的积极态度，产生“当家作主”的愿望和情感，但也可以产生对于环境和自身的消极和颓废情绪。同样，不好的环境，虽然易于使教师、学生、管理工作者发生“主体的沉沦”，但也可以激发他们的上进心，形成对于环境和自身的积极态度。这就说明，德育过程的参与者能否成为德育主体，决定的因素不是德育的外部环境，而是他们自身的条件，也就是他们能否理解和把握各自的“德育角色”，能否在自我价值与德育环境之间做出“我（们）最重要”的明晰判断。“沧海横流，方显出英雄本色”，从一定意义上说，环境不利，才更显示出德育主体的价值。我们党在领导中国人民进行新民主主义革命斗争的过程中，面对的是强大的敌人。当时的环境对于党内、军内从事思想政治工作的人来说，可谓十分不利，但不正是因为如此，才显示出我们党的思想政治工作极为重要的地位和作用，显示出从事这项工作的人的主体价值吗？所以，德育环境对于德育过程参与者确立主体地位，实现主体价值来说，始终只是外部条件而不是内在根据，内在根据是参与者的主体性本质。

第二，相对于学生来说，只有德育教师和德育管理工作者，才可以充当德育主体。那么，什么是德育教师？回答这个问题，首先涉及“什么是德育”这个问题。目前，从事德育工作和德育研究的人对德育含义的界定大体有两种：一种是狭义的理解，特指对学生进行思想品德教育，包括道德观和人生观两个方面教育的活动。另一种是广义的理解，泛指对学生进行世界观、政治观、人生观和道德观教育的一切活动。后一种含义的德育，亦被称为“大德育”，我们持这种看法。因为，德育是相对于智育、体育而言的，而智育、体育以外的教育活动，或者说非智力、非体力因素以外的教育活动，都应归于德育范畴。按照这种理解，德育教师是指直接向学生实施世界观、政治观、人生观和道德观教育活动的那些教师。他们应当包括这样三部分人：政治理论课教师、思想品德课教师、学生政工干部（中小学的班主任、高等学校里的政治辅导员)。只有这三种人才可以作为德育教师，充当德育过程中的主体。德育过程中教师的主体地位和作用是由他们体现的。近几年，大中小学都在广大智育、体育教师中倡导教书育人，要求从事专业课、文化课和体育课教学活动的教师，能够在教学过程中自觉地根据教学内容所提供的可能，对学生进行思想政治和道德品质方面的教育。实践证明，教书育人活动的开展，对于塑造学生的灵魂起到了积极作用。但是应当指出，“育人”对以“教书”为职业活动主旨的智育、体育教师来说，其作用是有限的。这首先是因为，德育本身是一门科学，有其自身的理论要求和操作规律，不是任何人都可以掌握的。正因为如此，多年来德育主管部门一再强调从事德育工作的人必须经过专门的学习和训练，许多高等学校和一些党校，还为此专门辟有培训德育教师的专业或短期训练班。其次，教书育人要变成广大智育、体育教师的自觉行动，必须作为一项政策与他们的切身利益如晋职晋级挂起钩来。但是，由于种种原因，现在要真正把教书育人作为一项政策导向稳定下来，还很困难，它在很多地方实际上多是一种装潢门面的口号，并不能在加强德育、实现德育科学化方面发挥多少作用。再次，不少智育、体育教师对教书育人存有根深蒂固的误解和偏见，认为“育人是德育教师们的事，与己无关，他们的天职就是‘教书’”。因此，要求广大智育、体育教师成为德育过程中的主体，发挥所谓“骨干”和“主力军”的作用，这种愿望虽然很好，但实际上只能是一种幻想。如果我们不是这样来认识问题，把智育、体育教师的教书育人的作用强调到不恰当的地步，那么在思想上就势必会“解除”德育教师的“武装”，在客观上势必就要削弱德育教师的主体地位和作用，从而在根本上动摇德育在学校整体教育中的应有地位。

德育管理工作者的主体地位，是相对于其他教育管理工作者而言的，他们主要是这样两部分人：一是党和政府机关内分管学校德育工作的专门机构中的人员，如各级党组织中的宣传教育部门、各级政府教育委员会中的有关部门中的人员。这类人是关于学校德育方针、政策的制订者，在德育中起着掌握全局的“主脑”作用，他们能否发挥应有的主体价值，在根本上影响着德育的地位和作用，影响着其他德育主体的地位和作用。二是学校党组织的领导者、校长及主管德育工作的部门中的人员。相对于第一类人来说，他们是德育方针和政策的执行者，既起着桥梁和纽带的作用，又起着“指挥所”的作用，所以，其主体价值发挥得如何，直接影响着一个学校德育的全局。在有些学校，德育的科学化至今仍是停留在口头上而不是体现在行动上，原因就在于这类管理工作者发生了“主体沉沦”。为了加强德育，国家号召政府各部门、各行各业乃至全社会都要关心德育，帮助学生健康成长。有些人还呼吁建立全社会性的德育管理工作的大系统，这些无疑都是必要的。但这绝不意味着，德育管理人员可以放弃或削弱自己的“主管”地位与作用。实际上，正如试图仅仅依靠广大智育、体育教师的教书育人来加强德育、实现德育科学化是一种幻想一样，仅仅指望依靠建成社会性的德育大系统来加强德育、实现德育科学化，也是一种脱离实际的理想化的东西，以此为立足点来构想德育管理的系统工程，无异于放弃党和人民政府对德育的领导。由此观之，加强德育、促进德育科学化的根本途径，是要立足于现实，从实际出发，确立起德育过程参与者的主体形象。

第三，确定德育过程中的主体地位是相对的、有条件的。我们把德育过程看成是师生双向作用的过程，从教师方面说，是教育过程，即教师的实践过程，在这个过程中教师是作为实践主体出现的，客体是作为教育——实践对象的学生。从学生方面说，是接受教育的过程，即学生的认识过程，在这个过程中学生是认识主体，客体是教师及其所传输的文化知识信息。在教师的教育过程中，客体学生在接受教师教育以后，还要经过一个自我教育的过程。自我教育过程与教育过程的区别在于：在自我教育过程中，学生既是教育的主体——实践主体，也是受教育的客体——实践对象。可见，自我教育是主客体统一于学生一身的过程。当然，自我教育要以教育为前提，学生作为自我教育过程的实践主体，要以作为教育过程的认识主体为前提，客体是作为接受教育——认识对象的教师。本书把学生作为德育主体来研究，就是从学生在德育过程中作为认识主体以及作为自我教育过程中的实践主体所处的特殊地位与特殊作用这个角度着眼的。同样，我们确定德育主管部门的管理人员的主体地位，也是从相对意义上说的。他们在德育过程中的主体地位与作用，主要是通过制订德育方针和政策，发出关于德育目标和要求的指令实现的。这些指令通过教师的传播发挥作用。因此从学生的角度看，他们同样是学生认识的对象，是一定意义上的客体。总之，德育主体地位的确定、其价值的实现，都是相对的、有条件的，而不是绝对的、无条件的。我们在研究德育主体问题的时候，应当始终注意这一点。

德育主体的本质，即德育过程参与者所表现出来的主体性，是指德育主体对自己在德育过程中“最重要”的地位和作用的自觉意识和积极态度，或者说，是德育主体在德育过程中所表现出来的具有价值取向的自觉能动性。具体说来，德育主体的本质特性表现在如下几个方面：

自知性。德育过程的参与者作为主体存在的第一个标志就是自知。概括起来说表现在对德育在学校教育中的地位与作用的真切理解和确信无疑，对自己肩负的历史重任有着责无旁贷的使命感和责任心，对自己在德育过程中何时处于主体地位和何时处于客体地位，均有准确的判断和角色意识。需要强调指出的是，德育主体在自己处于主体的认识和实践对象即客体地位的时候，也能自知。就是说，具备了主体性本质的德育主体，其思维属性和角色意识是全方位的，既能充分把握自己的主体地位，也能正确把握自己的客体地位。当自己居于主体地位时，则“当仁不让”，绝不怕别人因此而发出“自命不凡”之类的指责和议论；当自己居于客体地位时，会以清醒的自我意识判明自己的客体角色，不会因不愿或不能“甘当配角”而被别人“小视”。因为他们深知，在这种价值取向上“甘当配角”以帮助主体实现其价值，正是在另一种价值取向上确定自己的主体地位，实现自己主体价值的必要条件。漠视或舍弃这个必要条件，自己的所谓主体价值就是靠不住的。所以，主体性反映在自知性这一点上，就表现出主体对主体与客体、责任与权利、索取与奉献、个人价值与社会价值等的全面理解和把握，表现出超越自我的价值特征。因此，把主体性当成一种以“我（们）为中心”的个人主义或本位主义，显然是一种错觉。

自为性。一切主体都具有自为的本质特性，德育主体亦是。自为性是德育主体本质特性的一个重要标志。具备了主体性的人，永远不会有苦闷和烦恼，不会向任何困难低头。因为他们相信只要遵循客观规律，任何努力都会成功，社会和人生从来都是在人不断奋击进取中走向文明的。因此，无所作为和骄傲自满的观点，都是缺乏主体性的表现。具体说来，自为性表现在三个方面：一是行为选择上的自主判断。德育主体在选择自己的行为方向和行为方式时，都会根据自己的理解和判断做出自主的抉择，不会轻易受到外在不良因素的干扰。20世纪80年代初，我国高等学校的德育工作者，为了适应改革开放新形势的需要，创建了一门新的课程——思想政治教育课。由于这门课不回避现实，坚持从学生思想实际出发，引导学生接受社会主义、共产主义的科学真理和价值观，授课形式又比较活泼，所以受到大学生的广泛欢迎。然而，这门课在其以往的发展过程中，曾屡遭刁难，在有些高校甚至出现要被取消的舆论。但是，创建这门课的德育工作者们，就是不信邪，他们相信这门课是加强高校德育、实现高校德育科学化的重要途径，因此不怕困难，坚定不移地走自己的路，终于使这门课从无到有，从弱到强，在高校德育整体中发挥着不容怀疑的积极作用。这些拓荒者所表现出来的品格，就是一种自主性。二是表现在对行为后果的评价能做出独立的判断。德育主体对待自己行为的后果，能够根据实际情况和社会公认的价值标准，做出独立性的判断，做出中肯的评价。他们对于取得的成绩，既不夸大也不缩小，而是实事求是地反映出来，既不会因此故步自封，也不会有意压抑自己喜乐的心情。对于出现的过失和损失，既不推诿也不掩饰，而是抱着敢做敢当、敢于负责的态度。德育的评价，一直是德育的理论研究和实际操作中的一个难题，很多人觉得不好把握。因为，德育本身有其“软”的一面，其成效如何主要是通过其他途径，如学习成绩、日常操行等体现出来的，这就给评价带来了困难。正是因为有这种特殊情况存在，所以校长们在总结学校教育工作成绩时，时常忘了德育这一块，即使写上几笔，说上几句，也不具体，缺乏量的分析和说明。但是，德育主体决不会因此而妄自菲薄，失去了信心，他们相信，自己的辛勤劳动已经融进学生的整个思想品质结构中，只不过是因为具体的评价方法有待于进一步研究而暂不能做出公正的量化评价罢了。三是表现在基本的生活态度上，能够自食其力，艰苦奋斗。伟大的人民教育家陶行知有首“自立歌”，说：“滴自己的汗，吃自己的饭，自己的事自己干，靠人靠天靠祖上，不算是好汉！”这首诗所表达的自食其力、艰苦奋斗的精神，就是一种自为的主体精神。德育主体，不论是德育教师、学生，还是德育管理工作者，都应当具有这种自立自强的“好汉”气概。从这一点来看，那些投机取巧、以占有他人劳动和公有财产为快事的人，贪图安逸、害怕艰苦、一心只想过舒服日子的人，都是缺乏主体本质特性的表现。需要注意的是，在实际操作中应防止将高扬德育主体性的自为性特征与服从德育管理指令对立起来。高扬德育主体性的自为性特征，是有前提条件的，这就是尊重德育管理的客观规律。脱离或无视德育管理的客观规律，所谓“自为”也就变为“妄为”，变成“各自为阵”，变成闹独立性，这样势必会造成德育主体角色失当。德育管理的指令正是对德育管理客观规律的理性陈述，因此，从根本上来说，它与德育主体高扬自己的自为性恰恰是一致的。

主动性。具备主体性的教师、学生和德育管理人员，都具有主动性的特征。当他们作为主体角色出现时，他们是主动的、积极的。教师会根据德育目标和要求，主动积极地对学生进行教育，认真进行独立思考，理解和把握德育目标和要求，并将此内化为自身的素质。德育管理工作者也会主动积极地掌握全局，不时发出各种指令和评价信息。当他们作为客体角色出现的时候，他们也都会主动积极地配合主体去实现主体的价值，并在这种配合中实现自身的价值，不会因为自己是客体角色而被动地应付教育和管理，表现出来就是：教师会主动接触学生，尊重学生思想品质发展的客观规律；学生会虚心地听取老师的教诲，不会在未经思考和消化之前，就对老师的教导妄加评论，加以排斥；德育管理工作者会自觉克服官僚作风和文牍主义，深入基层，了解情况，善于集中教师和学生的正确意见，接受教师和学生的批评与监督。

自知性、自为性、主动性，作为反映德育主体本质特性的三大特征，彼此之间是相互联系、互为条件的，由此而构成了德育主体的内在规定性。具体来说，自知性是自为性、主动性的基础和前提。自知性没有形成，自为性即缺乏内在根据，主动性也很难激发，即使被激发也多呈现盲动性的特征。主动性是自为性合乎逻辑的延伸，自为性在自知性的基础上生成后，也就自然而然激发出主动性。由此看来，德育主体的本质特性，是一个有着内在逻辑结构的整体。

四、关于德育主体障碍

在德育过程中，当教师、学生和德育管理人员在特定的主客体关系中，应当居于主体地位、发挥主体作用的时候，不论其是否意识到，他们已是应然意义上的德育主体。但是，应然的主体并不等于实然的主体，实际情况总是这样的：有些人虽居于主体地位却不能发挥主体作用，他们在事实上还没有成为主体，德育主体对于他们来说，只是徒有虚名的形式。有些学校所存在的“软弱涣散”“被动应付”等现象，就是这种情况的反映。这种居于主体地位却不能发挥主体作用的现象，我们称之为“主体障碍”。德育“主体障碍”的症状主要表现在如下几个方面：

一是对德育的社会功能及其在学校教育整体中的重要地位和主导作用缺乏明确的认识，内心深处并不承认加强德育的必要性，不希望德育应当成为一门科学，或者不相信德育可以成为一门科学。表现在教师和管理工作者身上，是缺乏职业的光荣感和责任感。他们显得很“虚心”，在其他教师面前，缺乏“当家作主”的主人翁气概，遇事畏畏缩缩，不敢当仁不让，实际上只是把德育当作谋生手段。有的德育教师和德育工作者，在别人面前甚至还羞于“暴露”自己的职业身份，生怕“丢人现眼”，被人奚落。表现在学生方面则是认为教师说的那一套都是些空洞的“大道理”，缺乏科学性，没有实际用途，因而不愿积极主动地以认识主体的角色参与德育过程，也不愿以实践主体的身份进行自我教育。他们之所以还愿意到马列主义理论课、思想政治教育课的课堂上听课，还愿意听德育教师的个别教育，那是出于不违反学纪、应付考试以为毕业增加砝码和与老师搞好人际关系的考虑，并不真的相信老师讲的东西所包含的科学价值。因此，他们对接受德育是被动的、消极的，甚至感觉是“痛苦”的。总之，不论是教师、学生还是管理工作者，发生了主体障碍的一个典型症状就是认为德育是无用的、多余的。

二是胸无大志，无所作为，人生价值平平，却又爱把原因归于“气候不好”“生不逢时”“机遇不多”，或者是自己的智商不高，能力不强。以前，有人主张“改造”思想政治工作时，他们以“上面不重视，下面有什么办法”为托词，为自己的无所作为辩解。1989年后，德育开始受到重视，他们又埋怨“社会风气不好”“党内、政府内存在腐败现象”，“抵消”了德育的效果。1992年春改革开放步伐加快，大力发展社会主义市场经济的新形势出现以后，更是感到德育和思想政治工作没有奔头，“干不出名堂”。总之，他们习惯于找外部环境的毛病，以此来开脱自己的碌碌无为。学生在这方面的障碍，表现为缺乏理想和信念，对学习对生活缺乏热情，看重金钱，讲究实惠，大学生在选择毕业分配志向时，首先想到的是到挣钱多的单位去。因此，在校读书期间，只是被动地应付考试和升学，或者只求60分，能混张毕业文凭就行。

三是缺乏主动性和创造性，遇事左顾右盼，行动迟缓。德育要加强，要实现科学化，是需要从事这项工作的人具备开拓创新精神的。不少德育工作者对这个道理似乎并未真正领会。须知，研究花草虫鱼之所以可以成为一门科学，那是研究花草虫鱼的人们乐于在这个领域内开拓创新、孜孜不倦地追求的结果。德育作为一门科学，其对象是活生生的人，比花草虫鱼显然要复杂得多，没有开拓创新精神是根本不可能有所作为的。我们从事德育工作的人，应当从对“研究花草虫鱼可以成为一门科学”这个经验中得到有益的启示，确立我们的自尊心和自信心，主动积极地去开创和发展我们的事业，而不应当只是抱着“不平则鸣”的情绪在那里空发议论。从人类的科学史看，没有一门科学是通过某种行政手段“授予”的，它们都是献身于科学的人坚持不懈、前赴后继地奋进的结晶。

四是性格冷漠，不与人群。这种主体障碍的典型症状是“唯我独尊”。总以为自己是从事“首位”和“统帅”工作的，高人一等，瞧不起从事智育体育和其他学校工作的人。他们的头脑里甚至还时常保持着某种“警惕性”，表示出对从事德育工作以外的人的某种不信任。实践表明，凡是发生这种主体障碍的德育工作者，他们的人际关系就比较紧张，他们就成了一批令人“敬而远之”的特殊的人。他们的工作往往得不到广泛的支持，打不开局面，陷入一种“孤军作战”的被动状态，而他们则不以此为忧，反以此为乐，认为别人多是政治上思想上有问题的落后分子。

五是个人主义和风头主义。个人主义者，爱出风头的人，表面看起来都是具备了主体性的人，其实不然，他们都是角色失当、发生主体障碍的人。德育主体发生这种障碍的主要表现，就是时刻不忘突出个人的地位、作用和价值，忽视乃至抹杀别人特别是处于客体地位的人的价值与作用。

个人主义者干工作带有明显的个人功利倾向，工作爱讲形式，不求实效，追求表面上的轰轰烈烈和“有声有色”。为此，甚至报喜不报忧，夸大成绩，文过饰非，工作刚布置就准备总结经验“打出去”，以期得到表扬，受到重视。爱出风头的人，往往也有较严重的个人功利思想。他们喜欢做表面文章，缺少脚踏实地的苦干实干精神，他们喜欢跟着“风头”跑，却又从不问“风源”来自何处，所刮的是“正风”还是“邪风”。他们喜欢在德育同行中充当“排头兵”，创造“新鲜经验”，把自己主管的德育工作变成一块让别人学习的“试验地”，若是水平能力达不到，便若无其事地弄虚作假，如此等等。表面看起来，爱出风头是主体性的一种表现，其实不然，它是一种变态的创造心理。爱出风头的人，多是一些“主动性”“创造性”有余而自知性不足的个人主义者，他们常常把德育工作弄得本末倒置，声名狼藉。

以上我们从五个方面简要地列举了德育主体障碍的表现，主要是从作为个体的主体这个角度进行考察的。如果从群体的角度来看，德育主体发生障碍，集中表现为人心涣散、缺乏凝聚力，主体的主导作用不能发挥。在国家和民族问题上，主体发生障碍则表现为民族虚无主义盛行，殖民和奴化思想支配着人们的思想和行动。在一个学校，如果德育工作者队伍在整体上发生主体障碍，也就不能充当德育主体角色，那么这个学校的德育工作要想得到加强、实现科学化，是根本不可能的。群体形式的德育主体发生障碍的直接原因，往往是这个群体的成员即个体发生障碍，特别是作为群体的代表的领导者发生了主体障碍，他们没有尽职尽责，没有发挥榜样的作用。苏霍姆林斯基说：“集体是作为各种个性的财富而存在的”，“如果没有组成集体的人们的多方面的、丰富的精神世界，也就不会有集体存在”[①]。因此，矫正个体的主体障碍尤其是领导者的主体障碍，是克服群体的主体障碍的根本途径。

造成德育主体障碍的原因是多方面的。一是对新中国成立以来学校德育的历史经验缺乏客观的、科学的说明和总结。早在1949年10月1日国庆

① 转引自庄青：《教育的主体性与主体性的教育》，《思想教育研究》1989年第1期。

大典前，我国一些地区（主要是京津地区）的学校，特别是高等学校，就正式建立了以马列主义为指导的学校德育。新中国成立以后，学校德育发展很快，至1956年社会主义改造基本完成，新中国学校德育的格局初步形成。这段时间的学校德育，像一棵幼苗，虽然稚嫩却生机勃勃，得到了健康、正常的发展。后来，由于众所周知的原因，学校德育的地位被抬到"可以冲击其他"的至高无上的境地，"首位"固然是达到了，但同时也走进了死胡同。实行改革开放以后，在相当长的时间里，学校德育受到来自另一个方面的冲击，被贬到山穷水尽、可有可无的地步，德育工作者也因此一个个被弄得灰溜溜的。德育重新回到比较正常的发展轨道，只是近几年的事情。不难看出，新中国成立以来学校德育所走的路是艰难曲折的，既有成功的经验，也有受挫的教训。这段历史对于今天的德育工作者和在校学生来说，既是一笔财富，又是一个包袱。但是，在过去一段时间内，人们对这段历史的态度是偏重于"丢包袱"而不注意"掘财富"，而且所"丢"的"包袱"中有的本来就是"财富"。这样，就在今天的德育工作者的心中蒙上了一层阴影，让他们感觉到他们所从事的事业，过去似乎是一片黑暗，一无是处，这样就难免会使一些人产生自卑心理，缺乏热情、事业心和使命感。

二是德育自身存在的弊端。毋庸置疑，过去的德育形成了不少优良的传统，如坚持马克思主义思想理论教育，坚持正面教育以及一把钥匙开一把锁的原则、方法等。但也应该看到，过去的德育存在一些弊端。其中最突出的弊端，在教师方面就是太注重于把现成的结论和看法教给学生，而不注意帮助和培养学生用自己的眼睛看世界的自觉性和能力素质，这就养成了学生的思维惰性和依赖习惯。所以，当他们走出校门，步入大千世界，从事某项职业活动时，他们要么是自命不凡、盛气凌人，显得浅薄和粗陋，要么是眼花缭乱、手足无措，感到无所适从。德育的这种弊端，使得德育忽视了塑造学生的主体形象，实际上成为一种无主体性的德育。现在在各级各类学校从事德育工作的教师，多是在这种德育条件下成长起来的，而学生正在接受这样的教育。这样，在他们身上发生主体障碍就不足为奇了。就培养目标来说，德育主要不应当是把一系列的现成结论教给学生，尤其是对大学生、高中生更不应当这样做，而应当是教给学生一系列的处世立身、观察思考和把握社会和人生的科学方法，把他们培养成为具有主体意识和主体精神的人。苏霍姆林斯基说："儿童是在惊奇和赞叹中认识世界的，少年是在怀疑和受到鼓舞中认识世界的，青年则是在取得信仰中认识世界的。"[①]"惊奇和赞叹"，表明儿童尚无独立认识世界的自觉能力；"怀疑"和"受到鼓舞"，表明少年开始形成用自己的眼睛看世界，用自己的脑袋想问题的主观要求；而"信仰"则表明青年在观察世界、认识社会和人生之前，已经有了自己的价值思考和判断，总是带有明显的价值取向。这就说明，德育在培养目标方面，必须从学生的思维特点出发，从小学生开始就要注意培养他们独立思考问题的能力和水平，使之逐步形成主体意识和主体精神。这样就可以避免学生在进入青年期以前，把赖以认识世界的"信仰"建立在非主体意识的基础之上，导致"信仰危机"或"信仰色盲症"的发生，出现主体障碍。从这一点来看，克服德育本身存在的弊端，就显得十分必要了。

三是主体自身存在的问题。人们非常高兴地看到，实行改革开放以来，学校德育出现了不少新气象。一些德育教师通过主观能力，把自己塑造成为名副其实的德育主体，成为当代中国学校德育的中坚力量。他们热爱社会主义学校的德育事业，以身相许，积极奉献，而又毫无怨言。如果说，论物质生活待遇，学校不如一些厂矿企业、商业、财政等职业部门的话，那么在学校从事德育工作的教师，则不如从事智育、体育和行政管理工作的教师和干部，可他们从不计较这些，把个人的得失丢弃一边，满腔热情、满怀信心地奋斗着，他们堪称教育战线上最可爱的人。人们还高兴地看到，越来越多的学生在他们的老师的教导下，非常积极主动地塑造着自己作为新的一代的人格形象。特别令人高兴的是，许多德育主管部门的工作人员，能够胸怀全局，高瞻远瞩，立足于中华民族在未来世界中的前

①［苏］苏霍姆林斯基:《关于全面发展教育的问题》,王家驹等译,长沙:湖南教育出版社1984年版,第159页。

景与命运，排除各种干扰，抓住德育工作不放，他们也是名副其实的德育主体。但是，人们同时也看到，也有相当多的德育教师、学生和德育主管部门的工作人员，发生了“主体的沉沦”。为什么生活在同一个时代，做同一件事情，不同的人之间会出现这个差距呢？原因就在主体自身。不论是从德育的认识过程还是从德育的实践过程来看，要充当德育主体，都必须通过自己的主观努力，获得充当主体的资格，也就是主体素质。主体素质的结构可以从两个方面来理解。一方面是如前所述的作为主体的特殊本质的主体性素质，即在观念形态上表现为主体意识和主体精神，如当家作主的主人翁责任感和乐于为国家民族奉献、建功立业的精神，当仁不让、审时度势、捕捉机遇、把握命运以及善解人意的勇气和见识，等等。另一方面，要具备非主体性素质，主要包括知识、才能、体魄等。如果说主体性素质是实现主体价值的主导因素的话，那么非主体性素质则是实现主体价值的基础条件。非主体性素质不强，主体会时常出现“力不从心”的心理症状，要实现主体价值也是非常困难的。因主体自身素质而发生主体障碍的人，总是与以上两个方面的素质不具备或不协调密切相关。

由此看来，德育主体克服障碍的根本出路，除了要科学地认识德育的历史经验，培养主体意识和主体精神以外，还要通过学习政治学、伦理学、教育学、社会学、法学等学科的知识，强化调查分析问题的能力等途径，使之具备非主体性素质。当然，提高后一种素质显得更有现实的必要性。

德育目标与德育内容*

德育的本质、德育的价值与功能、德育的现代性等都反映在德育的目标和内容中，对德育目标的理解将影响着对德育内容、德育课程、德育方法、德育管理等一系列问题的理解。这一篇我们将讨论德育目标、内容的一般理论及我国德育目标、内容诸问题。

一、德育目标、德育内容概述

（一）教育目标与德育目标、德育内容

按着既定目标行动，是人的本质特征之一。恩格斯在说到人与动物的本质区别时曾经指出："人离开动物越远，他们对自然界的影响就越带有经过事先思考的、有计划的、以事先知道的一定目标为取向的行为的特征。"[①]教育作为一种社会实践活动也是有既定目标的。教育目标即培养目标，是指某一级某一类学校教育对受教育者德、智、体等方面所要达到的质量规范的总体设想或规定[②]，它是预期的教育结果或教育期望。德育目

* 选自班华主编:《现代德育论》第四章,合肥:安徽人民出版社2001年版。

①《马克思恩格斯选集》第4卷,北京:人民出版社1995年版,第382页。

② 本书"教育目标"限指某一级某一类学校,以区别适合于各级各类学校的"教育目的"。

标是教育目标的组成部分，是教育目标在学生思想品德方面所应达到的规范要求。教育目标与德育目标是整体与部分的关系。教育目标是由德育目标和其他各育目标构成的整体。德育目标的确定和其他各育目标一样，以教育目标为直接的指导；教育目标的实现依赖于德育目标和其他各育目标的实现。教育目标与德育目标同时又是一般与具体的关系，即教育目标对学生德的要求作比较一般的规定，以更为概括的形式反映德的要求；德育目标则依据一般要求再作比较具体的规定。当然，这都是相对而言的，与实际德育活动更加具体的目标要求相比，德育目标又是相对概括的。

德育内容是德育目标的体现，是按德育目标要求，或者说为实现德育目标而用以教育学生的思想、政治和道德方面的知识、理论、思想、观点、准则、规范等。德育内容最直接地体现了德育目标，为实现德育目标服务。

教育目标、德育目标、德育内容是内在一致的，有其共同特征：①都是具有历史性、阶级性的。一定的教育目标、德育目标、德育内容都是反映了不同历史阶段社会的要求。不同的历史时期有不同的教育目标，也必然有不同的德育目标、德育内容，没有普遍适用于各个历史时期的德育目标、德育内容。教育目标和德育目标、德育内容都是一种社会意识，在阶级社会里具有阶级性，它们都是由人规定的，体现一定阶级的意志，反映一定阶级培养人的要求。②都是具有超前性或理想性的。教育目标是对培养人结果的设想或期望，德育目标是对受教育者未来思想、道德面貌的设想或期望。德育目标的确定、德育内容的选择既要立足于当前社会发展，又要面向未来社会要求。也就是说我们的德育是为未来社会培养人，在德育目标、内容方面，要求受教育者既能掌握当前现成的社会规范，适应当前的社会精神生活，又要为他们走向未来社会生活做准备，体现超前性。超前性也意味着在德育目标、内容要求方面略高于受教育者思想道德现有的发展水平。现代德育是促进受教育者德性发展的，只有高于受教育者现有发展水平的要求，才能促进发展。总之，德育目标、内容确立在现实基础上，又高于现实，经过努力可以达到，因而是超前的、先进的，又是现实的、可行的。

（二）德育目标在德育活动中的作用

一个自觉的清醒的教育者必然十分明确，通过德育促使受教育者成长为具有何种思想道德品质的人，这就是明确德育目标问题。此外，教育者还应以这种或那种方式，把德育目标要求转化为受教育者的自觉要求，即“目标内化”。德育目标应是教育者和受教育者全部活动的出发点和归宿，每一种德育活动措施都是为实现既定目标服务的。德育目标支配、调节、指导、控制着整个德育过程，具体说来有以下几方面作用。

1.对德育内容、方法的导向作用

人类创造的精神财富是极其丰富的，德育工作不可能把所有的知识、理论、思想、观念、规范等不论其性质和深浅如何都作为德育内容，只能以德育目标为导向，根据受教育者自身的特点，对已有的思想文化做出选择。吸收那些与德育目标要求一致的，符合一定教育程度的内容，纳入德育内容体系，这就是肯定性选择。对那些不符合德育目标要求的内容，或不切合一定教育程度需要的内容，加以删除，即做出否定性选择。德育目标、内容的性质，又制约着德育活动方法，制约着教育活动行为方式的选择和运用。德育目标指导着教育行为的方向，可使教育行为成为有意义的、有秩序的活动，避免教育行为、教育方法的盲目性、机械性。

2.对德育活动的激励作用

明确活动目的是人的主体性表现。教育者、受教育者是为实现既定德育目标而共同参与教育活动的主体。所谓目标，是人们的共同价值取向，人们认同它，向往它；为此，人们也就能为达到目标而付出应有的努力。因此，德育目标的价值性，决定了它对教育者、受教育者的行为具有激励功能，明确而适宜的目标能激发德育活动的动机，调动参与德育活动的积极性。

3.对德育实施的协调作用

现代德育不是由个别教育者实施的，甚至也不单是由学校中各种教育力量实施的，而是由学校、家庭、社会各方面教育力量共同实施的。现代德育作为系统工程，要求各方面教育者协同一致工作。现代德育的实施，不仅仅是教育者的参与，也要求受教育者积极参与、配合，即教育者的教育与受教育者的自我教育协调一致。德育目标就是各方面教育力量，包括受教育者方面协调一致努力的方向，即在德育目标指导下，各方面教育力量协调一致共同参与德育活动，以提高德育效果。

4.对德育评价的参照作用

德育作为教育工作、教育活动，其效果如何，需要测量和评价。德育目标是制定评价指标的基本依据，指导着整个评价活动，包括受教育者的互评和自评活动。一切德育工作、措施、德育活动是否有积极效果，归根到底要看受教育者思想品德面貌是否有积极的变化，德育是否促进了受教育者的发展，存在什么问题等。这些都需借助于受教育者思想品德的测评，而品德测评的指标只能以德育目标要求为参照加以设计。

（三）制约现代德育目标、德育内容的因素

德育目标、德育内容是德育指导思想的核心。制约德育目标、内容的因素很多，诸如学生利益、道德意向、公民素质、经济因素和职业因素以及对知识的追求等。这里我们就制约德育目标、内容诸多因素的几个主要方面加以说明。

1.社会的现代化发展

与现代德育目标、内容相关的社会因素十分复杂，这里只就社会发展的现代化趋势，从整体上认识它们之间的关系。“现代化是人类历史上最剧烈、最深远并且显然是无可避免的一场社会变革”[①]，是社会各个领域普遍的、深刻的变化，包括经济的、政治的、国防的、文化的、生活的，也包括教育的现代化。

教育现代化在德育上集中表现为德育目标、德育内容的现代化。德育

①［美］吉尔伯特·罗兹曼主编：《中国的现代化》，国家社会科学基金“比较现代化”课题组译，南京：江苏人民出版社1988年版，第4—5页。

作为一种相对独立的活动有其自身特点和发展规律，但它是社会大系统中的一个子系统，它不能离开社会大系统，它与社会大系统相互作用。现代德育（主要通过目标、内容）必然反映现代社会发展的要求，促进社会现代化。因此，确定现代德育目标、内容，就要研究现代社会的发展，研究社会现代化中最重要的方面，不要让受教育者学习、掌握50年前重要而现在和将来已不再有意义的东西。

2. 受教育者的发展

德育目标、内容与受教育者的思想道德发展是直接相关联的。人的现代化，包括思想道德素质现代化，是社会现代化的要求，也是人自身发展的要求，现代德育就应当满足受教育者的这一要求。

现代德育面临的主要教育对象是现时代的儿童和青少年。他们的心理发展和思想道德价值观都具有现时代的特征。现时代条件下，受教育者作为主体存在，不仅有物质生活需要，也有精神需要。在社会物质生产力高度发展、人们物质生活水平快速提高的情况下，他们对于自身在精神生活方面的需要变得更为迫切，更为重要。这一客观现实是德育目标、内容不可忽视的。德育一方面要以年轻一代现有发展状况为基础设定德育目标、内容，同时通过德育促进其进一步发展。

现代人的发展需要和现代社会发展需要是一致的。从社会方面看，人的需要是社会需要的主观形式；从人的发展方面看，人的需要具有客观的社会内容。因而德育不能离开社会需要讲人的需要，也不能离开人的需要讲社会需要。德育目标、内容致力于受教育者德性的发展，要同时体现着这两种需要。因此，从设计现代德育目标、内容的依据看，现代社会的需要、现代人的需要，归根到底可以看成是培养道德人格的需要。

3. 思想品德心理结构

思想品德心理结构，制约着德育目标、内容的组成部分。对思想品德结构，国内外学者做过不少探索，未形成共识，但不同的观点，从不同的侧面揭示了思想品德结构的某个层面，认真研究这些观点，对我们确定德育目标内容是有指导作用的。思想品德结构要素中包含认知的、情感的、

行为的成分,已为绝大多数学者们共同认识。这些品德心理成分是与德育目标、内容直接相关的,德育目标、德育内容的确立,必须充分注意思想品德心理结构。

4. 教育世界观的因素

德育目标、内容是制定和设计的,人有不同的理论认识,就有不同的教育价值观和教育世界观,于是就有不同的德育目标、内容的设计。教育价值观、世界观有以人为中心的,有以社会为中心的,有以文化为中心的,与之对应的教育目标的理论也相应不同①。

有的学者概括了当前西方德育导向与德育理论的发展,认为可分为三大类:全球本位德育理论、社会本位德育理论和个人本位德育理论②。全球本位德育理论是基于现代科技与生产提出的道德取向,从而形成了生态伦理学和科学的人道主义取向、学会关心的教育哲学。社会本位德育理论,包括斯金纳的新行为主义德育论、班杜拉的社会观察学习德育论和艾里克森的新弗洛伊德主义德育论。基于存在主义、人本主义心理学和认知结构心理学之上的德育论,均属个体本位德育理论。

① [日]筑波大学教育学研究会编:《现代教育学基础》,钟启泉译,上海:上海教育出版社1986年版,第126—127页。所谓教育世界观,是指关于教育的统一的综合的见解。形成这一见解的三个基本要素,就是人类观、社会观、文化观。在这三要素中,以人为中心的教育世界观叫作"自由主义教育观";以社会为中心的教育世界观叫作"社会主义教育观";以文化为中心的教育世界观叫作"文化主义教育观"。

② 王义高:《评当前西方的德育寻向与德育理论》,《比较教育研究》1994年第5期。几种德育理论:1. 全球本位德育理论:全球本位德育理论源发于当代科技革命和现代化生产所带来的负面后果,如全球生态遭到严重破坏,能源近于枯竭,核毁灭朝夕莫测,南北贫富日益悬殊,社会分化明显加剧,人口超经济增长,等等。由此提出了科技和生产的道德取向问题,并先后产生了:(1)生态伦理学;(2)科学的人道主义说;(3)学会关心的教育哲学。2. 社会本位德育理论:虽然当代西方各国教育界并不存在本来意义的社会本位德育理论,但仍不乏道德行为社会决定论,因此可相对地把它们划为社会本位德育理论之列。它们是:斯金纳的新行为主义德育论,班杜拉的社会观察学习德育论,艾里克森等的新弗洛伊德主义德育论。3. 个人本位德育理论:个人本位德育理论的最大特征是反对以社会为本而强调以个人为本。当代个人本位德育理论包括:基于存在主义哲学之上的极端个人主义德育论,基于人本主义心理学之上的德育论,基于认知结构心理学之上的德育论。

二、我国中小学德育目标与内容

（一）确立德育目标、内容的方法论原则

现代德育目标与内容主要来源于对现代社会发展的分析，来源于对现代社会条件下受教育者思想品德发展的分析，来源于对思想品德心理的分析。根据以上几方面设计德育目标和德育内容时，还受到人的认识因素制约。教育工作者在实施教育活动过程中，要将德育目标不断具体化，或者说，要制定一个阶段的或一次具体德育活动的德育目标时，除要掌握一些具体技术外，也是要依据一定方法论为指导的。

1.社会本位与个人本位的统一

在确定教育目标和内容上，历来有社会本位论与个体本位论的不同主张，前者主张教育目标应依据社会要求确定，后者主张教育目标应根据人的本性需要确定。社会主义条件下，社会发展与人的发展是一致的，在确定我国德育目标和内容时，应将社会发展需要与人的发展需要统一起来。

由我国社会主义初级阶段社会特点和国情决定的社会主义初级阶段的历史任务和党的基本路线，是规定和理解我国学校德育目标、内容的重要基础。

新时期受教育者思想道德心理发展特点、规律是我们确定学校德育目标、内容的最直接的依据。我们确定设计新时期德育目标、内容同时要依据这两个方面要求，这两方面是一致的。坚持党的基本路线，进行社会主义现代化建设，必然要求人的思想道德素质的现代化。人的自身得到了发展，思想道德素质提高了，就能更好地从事社会主义现代化建设。

2.适应性与超越性统一

适应性即德育目标和内容适应当前社会发展和人的发展的要求。我国经济体制的变更，社会生活的急速变化，要求人们在思想上、道德上适应这种变化，把占主导地位的社会思想规范、道德准则内化为自己的信念和

行为准则，成为行为选择的价值指针。

超越性表现为德育目标、内容，要有一种超越现实生活的内容，以先进的思想道德教育人。德育作为为未来培养人的社会实践，也应当走在社会实际生活的前面，走在人的发展前面，对社会和人的发展起导向作用。对现实社会中占主导地位的社会思想、准则和道德规范不仅有能力自主选择，并能对其进行批判性、创造性转化与发展。否定不合时宜的东西，补充、充实代表变革、代表未来的东西。当然，这种“超越”是建立在现实基础上的，不是脱离我国实际情况的超越。适应性与超越性相统一。倘不能适应，无立足之本，谈不上超越；但没有超越作为导向，随着社会快速变化，原有的适应将很快落后、过时，变得不适应。适应是超越的基础和前提，超越为形成新的适应准备条件。

3. 传统美德与时代精神有机结合

这是正确对待传统与现代的关系的体现。我国几千年历史文化传统积淀形成的中华传统美德是民族精神的体现，是中华民族赖以存在的根本。传统，只要能够与现实的客观需要融为一体，能体现人的现代化发展趋向，就要加以继承。当然我们更要重视当代思想道德价值观要求。我们的德育是社会主义学校的现代德育，要以社会主义现代化作为对传统进行文化选择的标准，融会新的时代精神。例如，把“国家兴亡，匹夫有责”与今天建设高度文明的、富强的国家结合起来；把“鞠躬尽瘁，死而后已”与今天提倡的奉献精神结合起来；把“自强不息”与今天的顽强拼搏、发展是硬道理结合起来，弘扬民族精神的精华，在社会主义现代化建设中发扬光大。

4. 民族性与全人类文化因素相融合

民族文化是人类文化的有机组成部分，对人类文化发展做出宝贵贡献，同时也不断吸取全人类文化中有益的因素，使民族性与全人类因素相融合。现代德育目标与内容应当注意既吸收民族传统文化中的精华，又吸纳时代精神，注视全球共同拥有的价值观、道德观。

除现代科技和生产带来负面后果，形成许多全球性问题外，世界各个民族、国家在道德文化方面都有不少共性的东西。从各国德育课程实践看，尽管要求千差万别，但是都注重培养团结协作精神，强调忘我的献身精神，强化爱国主义教育，注意法制观念的培养和时事政治教育，注重审美教育。亚洲太平洋地区教科文组织就提出过各国公认的12个核心价值观和5个工具价值观[①]。

（二）新时期中小学的德育目标

1.制定和理解中小学德育目标的根本指导思想

前面所述有关德育目标的理论，是我们理解我国新时期德育目标的重要理论依据和方法论依据。1978年以来，党和国家有关文献和领导人的有关讲话直接涉及教育目标和德育目标的内容，为我们理解新时期德育目标提供了更贴近的指导思想。如1978年邓小平在全国教育工作会议上的讲话重申了1957年毛泽东提出的教育方针；1979年3月30日邓小平在党的理论工作务虚会议上提出坚持四项基本原则；1980年5月邓小平为《中国少年报》和《辅导员》杂志题词："立志做有理想、有道德、有知识、有体力的人"；1985年邓小平在全国科技工作会议上的讲话中提出"四有"，即"有理想、有道德、有文化、有纪律"。有些文件直接论述了整个教育目的的指导思想，如1978年中共十一届三中全会《关于建国以来党的若干历史问题的决议》中有关教育方针的论述；1982年第五届人民代表大会第五次会议通过的宪法第24条、第46条的规定。邓小平关于"四有"的思想是我们制定理解我国教育目标、德育目标的重要指针。1985年中共中央《关于教育体制改革的决定》更加具体地提出了"四有"等精神；1986年颁布的《中华人民共和国义务教育法》提出义务教育要为培养"四有"人才奠定基础；1986年中共中央《关于社会主义精神文明建设指导方针的决议》提出培养"四有"社会主义公民等；1993年制定的《中国教育改革和发展

① 杨克祺、刘颖：《当代国内外德育发展的缺陷与超越》，《教育导刊》1995年第5期。12个核心价值观：关心他人，包括家庭和社会成员；关心社会，民族及人类的福利；关心环境；关心文化传统；自尊与自立；社会责任感；精神性或灵性；和平解决冲突；平等；公正；真理；自由。5个工具价值观：不屈不挠；勇气；合作；是非感；宽宏慷慨。

纲要》第28条对中小学德育目标作明确的表述，规定用马列主义、毛泽东思想和建设有中国特色的社会主义理论教育学生，把坚定正确的政治方向摆在首位，培养有理想、有道德、有文化、有纪律的社会主义新人，是学校思想政治和道德教育的根本任务。这些对我们全面理解德育目标精神极为重要。

2.中小学德育目标的规定

中小学教育工作者实施德育的直接依据是关于中小学阶段德育目标的规定。早在1988年《中共中央关于改革和加强中小学德育工作的通知》已作了规定："中小学德育工作的基本任务是，把全体学生培养成为爱国的具有社会公德、文明行为习惯的遵纪守法的好公民。在这个基础上，引导他们逐步确立科学的人生观、世界观，并不断提高社会主义思想觉悟，使他们中的优秀分子将来能够成长为坚定的共产主义者。"1995年国家教委正式颁发的《中学德育大纲》分别对初中阶段、高中阶段的德育目标作了明确具体的规定。

初中阶段德育目标：热爱祖国，具有民族自尊心、自信心、自豪感，立志为祖国的社会主义现代化而努力学习；初步树立公民的国家观念、道德观念、法制观念；具有良好的道德品质、劳动习惯和文明行为习惯；遵纪守法，懂得用法律保护自己；讲科学，不迷信；具有自尊自爱、诚实正直、积极进取、不怕困难等心理品质和一定的分辨是非、抵制不良影响的能力。

高中阶段德育目标：热爱祖国，具有报效祖国的精神，拥护党在社会主义初级阶段的基本路线；初步树立为建设有中国特色的社会主义现代化事业奋斗的理想志向和正确的人生观；具有公民的社会责任感；自觉遵守社会公德和宪法、法律；养成良好的劳动习惯、健康文明的生活方式和科学的思想方法，具有自尊、自爱、自立、自强、开拓进取、坚毅勇敢等心理品质和一定的道德评价能力，自我教育能力。

小学阶段的德育目标在"小学德育纲要"中作了如下规定：培养学生初步具有爱祖国、爱人民、爱劳动、爱科学、爱社会主义的思想感情和良好品德；遵守社会公德的意识和文明行为习惯；良好的意志、品格和活泼开朗的性格；自己管理自己，帮助别人，为集体服务和辨别是非的能力，为使他们成为德、智、体全面发展的社会主义事业的建设者和接班人打下初步的良好的思想品德基础。

3.对中小学德育目标基本精神的理解

中小学德育大纲关于德育目标的规定是在总结以往德育工作经验教训基础上，以教育学、德育学、德育心理学理论为指导而确定的，目标的设计体现了现代德育发展性精神即注重个体德性的发展。

（1）德育目标的组成部分更加完整。①改变了以往片面强调政治教育、思想教育，忽视基础文明教育和道德教育的情况；在重视树立公民国家观念，党的基本路线等政治教育、理想教育、人生观教育的同时，突出了公民的法制教育、社会主义道德品质的培养和文明行为习惯的养成等。②把心理品质的发展列入了德育目标要求，在中学阶段改变以往单纯规定思想、道德品质教育目标的状况，把学生具有自尊、自爱、自主、自强、诚实正直、积极进取、坚毅勇敢、不怕困难等心理品质作为德育要求。小学德育纲要则明确提出培养良好的意志、品格和活泼开朗的性格。③改变了以往只重现成思想准则、道德规范的教育与培养，忽视培养、发展道德能力的倾向。中小学大纲明确地把思想上分辨是非能力、道德评价能力、自我教育能力，列入德育目标要求。

这些变化更加适应了我国社会主义现代化要求，反映了社会主义市场经济发展的要求，同时也更符合现代德育发展性的要求。

（2）具有层次性。大纲中规定的德育目标，是总结了以往德育目标脱离我国社会实际和受教育者发展实际，要求太高、太空的状况，依据实事求是的思想路线确定的。如1988年《关于改革和加强中小学德育工作的通知》提出的“实事求是地确定中小学德育工作的任务和内容”，在德育目标要求上区分层次，把对全体学生的普遍要求和对其中优秀分子的要求区别开来。这是符合我国社会发展现状的，也是反映受教育者发展不平衡的情况的。我国的情况是社会生产力发展不平衡，以公有制为主体的多种所有制形式和以按劳分配为主体的多种分配形式并存。与此相应的，社会道德方面也呈现了以社会主义道德为主体的多种道德、多种价值观并存的情况[①]。就受教育者说，各个人的家庭、所处的社会地位、经济文化状况、所受教育不同以及个人主观因素的差异，在思想道德发展和对自己的要求上也必然呈现出多种情况，不能要求一律。因此，在德育目标上的多层次，既体现了德育目标从社会实际和受教育者实际出发，又体现了德育目标的引导性、超前性。大纲对德育目标要求相当具体，不是脱离实际的“高”与“空”，是立足现实的，又是面向未来的。

（3）注重按中小学生道德心理发展水平提出要求。现行德育大纲对德育目标的规定改变了过去忽视教育对象自身发展规律的情况，体现了基础教育的性质。在小学阶段，着重“五爱”教育、社会公德意识和文明习惯的养成教育，强调初步的良好思想品德基础的培育。初中阶段提出树立国家观念等思想政治教育的要求以及明辨是非、抵制不良影响能力的培养。而高中阶段在政治教育目标方面则提出了高的要求，如拥护党的基本路线，初步树立为建设有中国特色的社会主义现代化事业奋斗的理想志向，以及人生观、社会责任感等思想方面要求。此外还提出生活方式、思想方法以及道德评价能力和自我教育能力方面的要求。这些都表明，中小学大纲对德育目标的设计充分顾及了年龄特点的差异性。当然，如何依据年龄阶段特点合理地设计德育目标、内容有待进一步探讨。

我们的学校是为社会主义建设培养人才的地方。培养人才有没有质量标准呢？有的。这就是毛泽东同志说的，应该使受教育者在德育、智育、体育几方面都得到发展，成为有社会主义觉悟的有文化的劳动者。

（三）德育目标的贯彻实施

德育目标作为对未来人思想道德面貌的期望，是一种教育设想、教育

① 罗国杰主编：《伦理学》，北京：人民出版社1989年版，第468页。在我国目前的社会主义初级阶段，人们的道德境界大体上可以划分为四种类型，这就是：极端自私自利的境界，追求个人正当利益的道德境界，先公后私的社会主义道德境界以及大公无私的共产主义道德境界。每种道德境界的人，总是自然而然地凭借他们已经形成的好恶观念、情操和道德水平，来处理社会关系和一切道德问题。

理想。有了这种设想、理想不等于就能变成为现实。这里涉及应然的德育目标转化为实然德育目标问题，以及抽象的德育目标转化为具体的德育目标问题。

所谓应然的德育目标，是根据有关理论和实际设计的以“应有”的“价值判断”形式表述的，是成文的法律认可的德育目标，例如上述德育大纲中规定的德育目标。所谓实然的德育目标是存在于教育过程参与者的教育思想之中的，为参与者教育行为所实际追求的目标。“社会因素不是影响教育目标的唯一因素。个人——学习者（现有的和潜在的学习者）、教师、家长——有意无意地影响着人们去决定或改变教育的最终目的。”① 因而，教育活动参与者的实际追求的目标可能是由应然目标转化而来的，但也可能并非真正由应然目标转化而来的，而是自觉不自觉地按照自己的愿望价值观实施教育。例如，我们的德育目标力求培养的人，要富于时代精神，勇于开拓，具有创造性，但在实际生活中，教育者、受教育者真心推崇的是学习好、顺从听话的人格形象。富有个性、敢于说真话、勇于发表相反意见的人，往往受到师生的冷遇，不受欢迎。研究表明，有的学校中，受教师欢迎的学生，往往具有擅长交际的特点，但并不真正具备学习上、人格上的优势。再如，按教育目标要求，所有学生都应当是品德优良、个性全面发展的，但在中小学普遍存在着片面追求升学率现象，说明了追求升学率成为许多参与教育活动者的实际目标，因此，要使实际的德育目标体现应然性目标的精神，必须认真学习有关文献的规定，认真领会其精神实质，提高自己的素养，以科学的态度方法对待之，使应然目标真正转化为支配、指导教育行为的实际目标，这样才有可能使大纲所规定的目标得以实现。

应然德育目标转化为实然德育目标过程中，包含着把概括性的目标逐步分解，具体化为可操作、可检测的教育行为目标，为此，需要首先将总的目标化为分年级实施的目标，进而分解为某项德育活动或某单元德育课

---

① 联合国教科文组织国际教育发展委员会编著:《学会生存　教育世界的今天和明天》,上海:上海译文出版社1979年版,第200页。

程的目标，在这个意义上说，贯彻实施德育目标是一个再创造的过程。

(四) 中小学德育内容及实施体系

德育内容是依据德育目标确定的，反映社会发展和人的发展要求的。根据中小学德育大纲和有关文件精神，我们把德育内容系列分为以下几个组成部分。

1.基本的思想道德品质和行为规范教育

爱国主义、集体主义、社会主义，这是基本的思想道德品质，是德育内容的主旋律。这三方面包含有广泛的教育内容，如国家观念教育、民族团结教育、国际友好合作教育，关心他人、关心集体、关心家乡、关心社会的教育，正确处理个人与他人和集体与国家关系的教育，建设有中国特色社会主义理论教育，拥护中国共产党和社会主义初级阶段党的基本路线教育，社会主义共同理想教育等。主旋律的内容既是道德品质，又是思想品质、政治品质，是现代道德主体应具有的主要德性素质。

道德规范的内容包括学校生活、家庭生活、社会公共场所中基本的道德和文明修养，如中小学生行为规范所规定的。道德行为规范教育要与内在德性培养结合，而不能用条条框框去规范约束学生，抑制受教育者求索思辨的创造力，成为亦步亦趋的奴隶。要使遵守规范成为内在德性的外在表现，使对规范的服从发展到自觉执行，并在纪律中获得自由。

2.现代意识的培养

这是现代道德主体适应现代社会发展，特别是适应现代市场经济必须具备的精神素质，例如主体意识、科技意识、环境意识、竞争意识、时效观念、民主意识、公平意识、法制观念、创业精神等具有现时代特点的思想观念。当它内化为个体自觉意识时，将会极大地改变新一代的价值观念、人格心理和行为模式，促进人的现代化。

3.现代人心理素质的培育

中学大纲规定了培养学生自尊自爱、自立自强、诚实正直、积极进取、开拓创新、坚强意志、耐挫能力等现代人应具备的良好心理素质。小学德育纲要对小学生的意识、品格教育作了更具体的规定，即培养诚实、正直、谦虚、宽厚、有同情心、活泼开朗、勇敢、坚强、有毅力、不怕困难、不任性、惜时守信，认真负责、自尊自爱、积极进取的受教育者。

4.青春期性道德教育

青春期是确立科学的性道德观的重要时期，加强性道德教育，性生理、性心理教育要与性道德、性审美教育结合。尊重他人，学会自尊自爱，求得人格完善，理智支配感情，防止情感冲动误入早恋。指导少男少女分清友谊与爱情界限，学会处理与异性关系，清醒认识自己在集体中的地位，自己在社会中扮演的性角色。

5.培养、发展思想品德能力

现代德育是发展性德育，应把培养、发展受教育者的道德思维、道德判断、道德践行能力放在重要地位。提高思想政治辨析能力，识别、抵制错误的思潮。培养受教育者主体自我教育的愿望、能力和习惯。

道德建设的社会保障机制*

落实《公民道德建设实施纲要》必将有助于提高公民的道德素质，推动我国社会的全面进步，加速社会主义现代化建设事业的历史进程。然而，《实施纲要》所提出的道德要求究竟能在多大程度上成为现实的道德信条仍然无法确定。中国的道德进步和社会整体发展正为《实施纲要》所指出的“道德失范”问题所困扰。之所以存在这种情况，与我们一直没有建立相应的伦理制度和缺乏必要的道德建设的社会保障机制有很大关系。

一、建设道德保障机制的必要性

道德作为一种社会的精神理性，首先是以传统观念和习俗文化的形式存在的。对于现实社会的客观需要来说，这些东西既有适应的成分，也有不适应的成分。自觉的人们会承认、接受和遵循适应现实社会需要的传统，规避不适应的传统，而不自觉的人们则不然，这就使传统道德对现实社会人们的影响具有不确定性。所以，如果没有相应的社会保障机制，传统道德对现实社会究竟发生什么样的影响就只能全凭人们的自觉。

现实社会的道德理性，作为特殊的社会意识形式一般是通过社会提倡和推行的道德规范体系表现出来的，而道德规范总是以广泛渗透的方式存

* 原载《长春市委党校学报》2002年第5期，收录此处时标题有改动。

在于其他社会规范形式和人的思维活动中，其独立形式只具有相对的意义，社会规范系统中从来不存在什么“纯粹”意义上的道德规范。这一方面表明其他社会规范形式的价值实现离不开道德的参与和支持，另一方面也表明道德只有通过其他社会规范形式的价值实现活动才能发挥自己应有的社会作用。如“敬业奉献”如果离开职业纪律和操作规程方面的规范，“办事公道”如果离开公务员的政治准则，就都失去了各自存在的依据和价值实现的途径。就是说，道德“渗透”式的存在方式，决定其价值实现的途径必定是“搭车”式的，这是道德规范的特点和优势，也是其弱势所在。所以，一个社会如果没有形成承认和保护道德规范的机制，道德规范及其体系就会被其他社会规范淹没，形同虚设。

道德作为社会的精神理性最终表现为特定的道德关系，也就是人们通常所说的道德风尚，如家庭中的家风、学校中的校风、职业部门中的行风、公务员活动中的政风、公共生活领域里的社会风气等。马克思曾将全部的社会关系划分为物质的社会关系和思想的社会关系两种基本类型，后来列宁说思想的社会关系就是“不以人们的意志和意识为转移而形成的物质关系的上层建筑，是人们维持生存的活动的形式（结果）”[①]。不难理解，物质的社会关系是不以人们的意志为转移的，作为其上层建筑的思想的社会关系的形成也是不以人们的意志为转移的。道德关系是思想的社会关系的基本形式之一，其形成与道德规范相关却不是道德规范使然，道德规范只是道德的价值可能，道德关系才是道德的价值事实。追求道德的价值事实，营造某种道德风尚，正是有史以来人类社会道德建设的根本宗旨和最终目标，它的实现显然不能仅仅诉诸道德规范及其体系的完善，还要依靠促使道德规范的价值可能转化为道德价值事实的社会保障机制。这是人类社会道德建设的基本经验。

在个体的意义上，道德表现为人的“德性”。在人的发展进步和人的精神生活的意义上，个人的“德性”本身就是一种道德价值事实，同时它又是道德规范实现其价值、形成一定的道德关系或道德风尚的基础。个人

①《列宁全集》第1卷，北京：人民出版社1955年版，第131页。

的“德性”的形成是个体对于社会道德规范要求实行内化的过程，即“外得于人，内得于己”。道德建设的着眼点就是要促使这一过程的实现，以改造和提升人们的“德性”。那么，这一过程是怎么出现的呢？传统的解释方式是依靠主体的自觉性，主体自觉性的形成依靠的是社会的道德教育。这种解读方式，在学理上是没有任何问题的。但是实际的问题是，主体的自觉性是逐步形成的，已经形成的自觉性又总是有限的、可变的，因此接受道德教育应当是终生的；而我国现在的道德教育在许多地方早已落空，或者流于形式，或者有失科学，不仅对改造和提升人们的“德性”无益，而且在有些情况下还在起着某种反面作用，面对这种情况，人们又似乎束手无策。这表明，在主体对社会的道德规范要求实行内化以形成相应“德性”的过程中，仅依靠主体的自觉和不断加强的道德教育是靠不住的，必须建立某种社会保障机制。唯有如此，我们才能走出目前在自觉性和道德教育的关系问题上所陷入的悖论怪圈。

不论是在社会还是个体的意义上，道德建设都离不开相应的社会舆论氛围，两者犹如鱼与水的关系，没有社会舆论的托付和滋润，道德进步就会失去自己存在的基本条件。从内在的特性来看，如上所述，道德是以广泛渗透的方式存在于其他社会现象之中的，其社会功能的发挥依赖于其他社会调控方式主动“邀请”其“搭车”。同时，由于道德作为人的一种基本的精神生活需要与每个人的生活息息相关，人们总是习惯于从道德上评论自己、社会和他人的是非善恶，由此而必然养成从舆论氛围上看道德进步如何和道德建设成效如何的评价习惯。从这一点上看，从社会舆论上关怀道德进步，既是道德建设的需要，也是人的发展的内在要求。

要营造全社会关怀道德进步的舆论环境，首先必须要有全社会关怀道德建设的指导思想和舆论。舆论环境的营造在指导思想上离不开对于舆论环境的高度重视，离不开关于营造舆论环境的必要性、重要性的舆论。《公民道德建设实施纲要》第六部分“积极营造有利于公民道德建设的社会氛围”中明确指出：“一切思想文化阵地、一切精神文化产品，都要宣传科学理论、传播先进文化、塑造美好心灵、弘扬社会正气、倡导科学精神，大力宣传体现时代精神的道德行为和高尚品质，激励人们积极向上，追求真善美；坚决批评各种不道德行为和错误观念，帮助人们辨别是非，抵制假丑恶，为推进公民道德建设创造良好的舆论文化氛围。”这些要求，在指导思想上就是要营造一种全社会关怀道德进步的舆论。所以，如果“一切思想文化阵地、一切精神产品”都能做到这样，那么全社会关怀道德进步的舆论氛围就形成了，在这样的舆论氛围中，道德建设自然就获得了适宜的社会环境。现在的问题是，假如没有相应的社会保障机制和措施，能够营造出这样的社会环境吗？

由上可知，促使道德进步的道德建设需要有相应的社会保障机制，就道德进步谈道德进步，就道德建设谈道德建设，都背离了道德的存在方式及其价值实现途径。这种保障机制应是一种完备的制度系统。它主要包括经济、政治、法律、文化等方面与道德建设相关的制度，以及各种与道德建设相关的制度在实施过程中形成的默契与呼应，是一种综合的社会效应，这就是伦理制度。

（一）伦理制度在内涵上与道德规范既有联系，也有区别。伦理制度因道德规范而设置，其职能是督促、监督、保障主体遵循道德规范。道德规范是告诉人们应当怎样做，伦理制度是要求人们必须怎样做。道德规范不论如何得体、先进和完备，说到底都要依靠社会舆论、传统习惯和人们的内心信念起作用，它的基础是人的自觉性，而在不自觉的人面前则无能为力，在人们普遍缺乏自觉性的社会里更是这样。

（二）伦理制度与其他一切管理意义上的制度既有联系，又有区别。可以说，其他一切管理意义上的制度都是因“人性的弱点”而设置的，其立论的解读方式是“不相信人”，核心的价值理念是约束和惩罚。伦理制度的设置无疑也看到了“人性的弱点”，但它同时也肯定人性的价值，不仅看到了人缺乏履行道德义务的自觉性的一面，也看到了人能够履行道德义务的自觉性的一面，因此，其核心的价值理念应既有“惩罚”的一面，也有“鼓励”的一面。如吸烟有害健康，对谁都有害，有些地方就规定公共场所“不准吸烟”，这是道德规范，同时又规定“违者罚款”，这就是一项保障“不准吸烟”得以实行的惩罚性的伦理制度。再如见义勇为和拾金不昧是道德规范，广东等一些地方为使之行之有效便设立了“见义勇为”奖和“拾金不昧补偿办法”，对那些见义勇为和拾金不昧的人给予表彰，这就是一种鼓励性的伦理制度。如果没有这类伦理制度所确立的奖惩机制，“见义勇为”“拾金不昧”“不准吸烟”的风尚就不可能真正形成，已经形成的风尚也会渐渐地消退，同时对“见义不为”“拾金有昧”“就要吸烟”者也就无计可施。由此看来，所谓伦理制度，可以视作为倡导特定的道德规范而制定的“鼓励”与“惩罚”制度，本质上是一种与道德建设密切相关的社会保障和监督机制。

（三）就社会调控的方式看，在社会调控系统中，伦理制度是对法律规范和行政法规的补充，又不是法律、行政法规意义上的规范制度。伦理制度的确立，填补了道德规范体系与法律和行政规范留下的空白地带。这是它之所以必须成为一种独立形式的制度的又一逻辑依据。

二、道德保障机制的历史演变

建立当代中国的伦理制度，是一件史无前例的创举。它反映了社会主义社会道德发展与进步的客观需要，在道德建设上体现的是一种与时俱进的社会主义理性。

在我国封建社会，促使道德规范实现其价值的社会保障机制，主要是由专制政治、严酷刑法、严密严格的教化措施和要求及由此而形成的强大的社会舆论所构成的。在这种社会保障机制下，道德的规范被包容在政治法律的规范之中，充当着专制政治和法律的婢女，大部分缺损了它的价值本义。因此，在几千年的历史发展中，中国人的道德生活虽然是丰裕的，但真正的道德进步却是有限的。在新中国成立后的计划经济年代，在“左”的思潮的控制之下，社会的道德规范曾借助“集中统一”的政治干预和高涨的政治热情，展示过自己的价值魅力，所赢得的进步虽然含有滞后和“超前”的成分，但其对于革命传统道德的普及所起的作用却是无可置疑的。

在我国改革开放和发展社会主义市场经济的历史新时期，毫无疑问，社会制度已经决定着我们不必要也不可能像封建社会那样凭借专制政治和刑法来进行道德建设，促使道德进步。那么，能不能像资本主义社会那样仅仅依靠普遍推行宗教教化和实行法制呢？这是一个必须给予回答的问题。

资本主义社会促使道德进步的社会机制可简要表述为“软硬兼施”，即把人们的思想交给上帝而把人们的行为交给法治，用人身外的力量——上帝的精神强制力量引导人们的灵魂，用法制的外在的行为强制力量制约人们的行为。这是它的基本做法，也是它的成功经验。但须知，资本主义社会的道德进步始终只是相对于封建专制主义和其本身不可避免的个人主义而言的。个人主义在促使资本主义取代封建主义的历史过程中，曾是一种极为重要的道德进步力量，但个人主义就其本性来看与社会整体稳定和发展的需要却是背道而驰的，并不能真正反映人类社会道德进步的前进方向。在资产阶级革命早期，霍布斯曾确认“人对人是狼”，将建立在私有制基础之上的个人主义所具有的“狼”一样的残忍本性，看成是人普遍具有的“利己”的自然属性，极力鼓吹个人的绝对自由和权利，公开漠视个人对他人和社会的义务。这种极端的个人主义在资产阶级上台后不久，便为主张重视“最大多数人的最大幸福”、把个人对公众的责任和义务放到引人注目位置的功利主义所修正和取代。在此期间，密尔甚至还明确地提出要使个人利益、个人权利和公众的利益和权利“合成”起来的主张。再后来，以爱尔维修、费尔巴哈等人为代表的一批杰出的人文主义者又提出了合理利己主义的伦理原则，认为个人是目的，社会是手段，主张个人的存在与发展要以目的与手段的统一为基础。这种历史演变的轨迹清楚地表明，在伦理道德生活领域，资本主义社会的伦理思维一直在寻找“限制”个人主义的有效形式。在现代资本主义社会，一些西方学者甚至公开提出需要向个人主义开火，认为“个人主义可能已经变异为癌症”，“无论是对个人而言还是对社会而言，我们面临的一些最深层的问题，也同我们的个人主义息息相关。”[①]现代西方的正义论，从瓦尔策的社群主义到米勒提出的正义三原则（需要、应得和平等），其理论也都具有“限制”个人主义的明显倾向[②]。在社会的伦理道德生活领域，资本主义社会一直没有放弃“改造”和“完善”个人主义的努力。

于是，资本主义社会在对待个人主义的问题上，一直处在这样的道德悖论的情境中：一方面由于要实行资本主义制度，所以不得不实行个人主义的道德；另一方面由于要维护社会整体发展的客观需要，所以又不得不向个人主义作斗争。而向个人主义作斗争可供选择的社会机制，莫过于强化宗教的精神强制和法制行为强制，因为这两者更有效，更便于操作。这既是资本主义社会相对于封建主义的一种进步，也是资本主义社会维护自己基本秩序和基本文明的一种必然选择。

社会主义社会的道德进步所面临的主要课题，是要超越资本主义的文明，实现人类道德文明史上的一次新飞跃。在这个过程中，我们所要告别的恰恰是个人主义，在全社会提倡为人民服务和集体主义的新风尚，这与资本主义的文明已经有了本质的不同。成功的道德建设历来需要借用完备的强制力量。社会主义的道德建设，当然需要借鉴西方资本主义社会加强法制建设的经验，实行依法治国，但显然不能借助于某种宗教形式的精神强制力量。这就要求我们必须具备超越封建主义和资本主义的现代理性，遵循历史发展的逻辑走向进行与时俱进的创新，而建立当代中国的伦理制度正是实行这种创新的重要举措。这本身也是社会主义道德建设的一项重要内容。

三、建设道德保障机制的重要环节

我们的社会究竟应当建立什么样的伦理制度以形成保障道德建设有效

---

① [美]罗伯特·贝拉等:《心灵的习俗——个人主义及其在美国人生活中的表现》,美国加州:加州大学出版社1985年版,第142—144页。

② [英]戴维·米勒:《社会正义原则》,应奇译,南京:江苏人民出版社2001年版,第36页。

进行和促使道德进步的社会机制呢？我认为应当特别注意抓住以下两个重要环节。

（一）要在全社会相应建立道德建设的执行机制。道德建设主要不在说、写、贴，而在做。道德建设不仅仅是向人们宣布道德规范要求或者营造社会舆论就算完事。这种宣布和营造是必要的，但只是促使道德进步的前提和外部条件。道德建设一旦成了人人都可以说、可以写、可以贴，却又都可以不那样做的东西，也就成了空洞的说教和徒有其表的形式，也就无道德进步可言。中华民族有着重视道德建设的优良传统，但在道德建设上也一直存在着形式主义的陋习。后者的主要表现就是看重热热闹闹的虚假“繁荣”与“进步”。道德建设贵在执行，而要认真执行就必须坚决反对道德建设上的形式主义，反对这种形式主义的最有效办法，就是从伦理制度上建立相应必要的执行机制。道德建设的执行机制，是全社会关心道德进步和道德建设的伦理保障。就《公民道德建设实施纲要》来说，道德建设的执行机制应是关于贯彻落实《实施纲要》的严格制度和保障措施。仍以《实施纲要》第六部分的精神为例。理论、宣传、广播、电影、电视、报刊、戏曲、音乐、舞蹈、美术、摄影、小说、诗歌、散文、报告文学等思想阵地和大众传媒，怎样才能做到与加强公民道德建设的要求保持一致，这就必须要有一种与执行有关的制度性保障体系。否则，关于全社会关心道德进步的舆论氛围即使形成了，也不能从根本上解决《实施纲要》的贯彻与落实问题。具体来说，这种制度性的执行保障机制，应当体现在各行各业的目标管理和过程管理之中，体现在组织人事工作的章程和计划之中，应将道德建设的任务和目标具体列入各行各业的发展规划中。

（二）要健全道德建设和道德进步的社会评价机制。这是最具有“道德特色”的伦理制度，是道德建设的社会保障机制的中心环节。由于社会实践过程是一种开放的系统，过程本身的展示又受着自身诸种因素的影响，所以实践过程往往会出现偏离主体行动目的的问题。因此，任何一种社会实践过程的管理都需要借助健全的社会评价机制的控制和调节，道德建设作为促进道德进步的实践过程自然也是这样。如果说，立足全社会建立道德建设的执行机制是为道德建设创设了外部机制的话，那么，社会评价机制的建立则为道德建设提供了内部机制。没有健全的评价机制，道德建设的各种要求就不能落在实处。应当说，在建立道德建设的社会评价机制方面，我们过去做了一些工作，取得了一些成效，但离“健全”的要求还相差甚远。

健全的社会评价机制，首先应当是全面的，全社会各个方面的道德建设都应当有评价机制。其次应当实现制度化，具有“按章办事”的特质。再次，要形成一种内在的逻辑系统。这个系统应由督促、检查、评判三个基本层次构成。为了保证社会评价机制系统的有效性，督促、检查特别是评判都应当在“按章办事”的意义上体现一个“严”字。比如对生产经营活动中因不讲信誉而危害社会和消费者的问题，就应从严惩治，“治”得令其“下不为例”。在有些情况下，评判甚至可实行“一票否决”的制度。比如对选拔任用和考察干部工作中存在的严重的道德问题，对学校教育工作中存在的严重忽视德育的问题，就可以实行“一票否决”制度。如此等等，其实并不难做到，难就难在缺少这种严格评价的意识，难在没有健全这种评价机制。

道德意识形态的超验建构及其历史维度*

道德意识形态的建构方式历来是超验的。这种超验的建构方式，在不同的历史时代有所区别甚至有根本的不同，但是人类社会至今的道德意识形态基本上是在阶级社会里建构的，其超验建构的方式及历史维度都带有明显的“阶级社会烙印”。这种构建的历史在其逻辑走向上其实留下了一个属于全人类的当代课题：社会主义社会应当在什么样的历史维度里以超验的方式建构自己的道德意识形态？中国30多年来的改革和发展所遇到的所有伦理道德的理论的和实践的问题，聚焦起来多与这样的当代课题有关，甚至于可以说就是这样的当代课题。探讨和说明这种人类未曾相遇的当代课题，是我们对于后世炎黄子孙乃至整个人类的历史责任。

我们的改革开放和发展虽取得了辉煌成就，包括人的伦理观念和精神面貌也发生了巨大进步，但与此同时出现的一些较为严重的伦理道德方面的问题，也引起世人广泛关注。这些问题一言以蔽之：即“道德失范”及由此引发的“道德困惑”。20世纪80年代中期以来发生的诸如“爬坡”还是“滑坡′”等各种道德论争和纷呈于世的伦理学论著以及先后被引进国门的诸如“社群伦理”“正义伦理”“德性伦理”“道德学习”和“解构普遍性”等各种现代西方伦理思潮的学说主张，无不直接或间接地与试图厘清和阐明“道德失范”和“道德困惑”的问题相关联。然而，诚实的有良

* 原载《江海学刊》2010年第5期，收录此处时标题有改动。

知的学人都有这样的深切感触：我们离真正厘清和阐明“道德失范”和“道德困惑”的问题还相差很远，离建构适应当代中国社会发展客观要求的道德意识形态体系还有相当大的距离，社会道德生活中的无奈与无助情绪及由此蜕变的“道德冷漠症”仍呈一种蔓延之势且缺乏富有逻辑力量的道德价值导向。其所以如此，是因为我们还没有自觉地运用历史唯物主义的方法论原理，中肯地分析以往历史时代——阶级社会里的道德意识形态的超验方式及其建构纬度，并在此基础上提出社会主义的道德意识形态的超验方式及其合理的建构纬度。

一、阶级社会里道德意识形态建构的历史维度

关于意识形态以超验方式反映经济关系的精神生产的问题，马克思和恩格斯在一般社会历史观的意义上曾有一系列历史唯物主义的经典论述。在《德意志意识形态》中，他们为了同青年黑格尔运动彻底决裂，也为了清算自己过去的哲学信仰，“修盖好唯物主义哲学的上层”即“唯物主义历史观”[①]，曾用“不真实的”和“假象”等关键词批评了以费尔巴哈为代表的“德意志意识形态”，指出：“思想、观念、意识的生产最初是直接与人们的物质活动，与人们的物质交往，与现实生活的语言交织在一起的。人们的想象、思维、精神交往在这里还是人们物质行动的直接产物。表现在某一民族的政治、法律、道德、宗教、形而上学等的语言中的精神生产也是这样”[②]。在这里，马克思和恩格斯把精神生产的社会意识形式分为两大系列，即：“直接与人们的物质活动”相关的“最初”的“思想、观念、意识”和“表现”在“语言中”的“政治、法律、道德、宗教、形而上学”之类的意识形态。道德意识形式的这两个系列，前者是“伦理观念”，是在一定的“生产和交换的经济关系”的“物质活动”中自发形成

①《列宁选集》第2卷，北京：人民出版社1995年版，第225页。

②《马克思恩格斯选集》第1卷，北京：人民出版社1995年版，第72页。

的道德意识形式，属于道德经验范畴[1]，人们怎样进行生产和交换，就会自发地产生怎样的“伦理观念”，并自然而然地形成道德经验，与调节“生产和交换的经济关系”及其“物质活动”直接相联系，却一般并不与“竖立”在经济基础之上的政治和法律的上层建筑直接相联系[2]。后者，即人们通常所说的“特殊的社会意识形态”，它是道德以超验方式反映经济关系的产物，并不与“生产和交换的经济关系”直接相联系，却以观念的上层建筑与政治与法律等物质的上层建筑直接相适应。道德意识形式的这种结构模态，是分析道德意识形态特殊的超验方式的基本立足点，也是把握阶级社会里的道德意识形态建构之历史维度的方法论路径。

其一，阶级社会里的道德意识形态都不是直接为“生产和交换的经济关系”的“物质活动”服务的，而是直接从建设和维护政治和法律的实际需要出发并为之服务的。一个社会实行什么样的政治制度和法律制度就会提倡和推行什么样的道德意识形态，在维护和推行道德价值的问题上保持着政治原则、立法原则与道德原则的高度一致性。这种超验的价值特性，使得以往阶级社会里的道德意识形态多带有政治化（封建社会）、法制化（资本主义社会）的特性，在黑暗的中世纪曾成为政教合一的专制政权的婢女；同时也使那些在阶级社会中与统治阶级道德“并列”的被统治阶级道德带上浓厚的反政治统治的特色，正是在这种意义上，“我们断定，一切以往的道德论归根到底都是当时的社会经济状况的产物。而社会直到现在是在阶级对立中运动的，所以道德始终是阶级的道德；它或者为统治阶级的统治和利益辩护，或者当被压迫阶级变得足够强大时，代表被压迫者对这个统治的反抗和他们的未来利益”[3]。道德作为特殊的意识形态，在同政治法制联姻并为之辩护的过程中，同时得到政治和法制的庇护，因而

① 作为物质的社会关系的“生产和交换的经济关系”一旦形成，随之便会形成作为思想的社会关系的伦理（关系），进而“自发”形成维系伦理（关系）的“伦理观念”，这就是生产经营型的道德经验。

② “人们自觉地或不自觉地，归根到底总是从他们阶级地位所依据的实际关系中——从他们进行生产和交换的经济关系中，获得自己的伦理观念。”（《马克思恩格斯选集》第3卷，北京：人民出版社1995年版，第434页）

③《马克思恩格斯选集》第3卷，北京：人民出版社1995年版，第435页。

获得足够的生存和发展空间，这使得世界上绝大多数民族在专制时代都会经历一个“礼仪之邦”和“道德大国”的文明发展阶段。这种历史现象给今人产生一种错觉，似乎封建社会曾普遍实行过“道德中心主义”[①]。然而，它既不合乎道德意识形态的建构逻辑，也不符合中国道德文明发展史的实际情况。

其二，阶级社会里的道德意识形态对经济关系及“竖立其上”的上层建筑的“反作用”，在价值趋向上一般是与“伦理观念”和道德经验相左的。这种特性在人类社会还没有进入阶级社会之前就已经显露了出来：“原始共同体”的劳动合作关系自发产生的“伦理观念”是原始平均主义，而真正影响原始社会秩序的则是超验的宗教禁忌和图腾崇拜[②]。后来“相左”的情况更是一目了然：专制社会一家一户的小生产方式自发产生的“伦理观念”是“各人自扫门前雪，休管他人瓦上霜”的小农意识，而封建国家提倡的却是超越小农意识的“推己及人”的人伦主张——“己所不欲，勿施于人”[③]、“己欲立而立人，己欲达而达人”[④]、“君子成人之美，不成人之恶”[⑤]和“天下为公”的“大一统”的整体主义原则。资本私有制的生产方式“自发”产生的“伦理观念”是一切价值都以个人为中心，而资本主义社会提倡的则是合理利己主义和人道主义，主张观照他人和社会的利益，直至现代资本主义开始推崇貌似集体主义的社群主义和“正义论”主张。这种演变轨迹表明，道德意识形态与经济关系的关系不同于道德意识形态与政治和法律的关系，认为“一个社会实行什么样的经济关

① 如有的学者认为，中国封建社会“道德中心主义在政治方面最突出的表现是用道德代替政治，使政治道德化；在看待道德与法律对于治理国家的意义上，夸大伦理道德的作用，贬斥法律特别是刑罚的意义”，“长期以来，道德中心主义始终是阻碍中国社会向这两个方面（指的是民主与法制——引者注）前进的主要绊脚石。”（参见易杰雄：《道德中心主义与政治进步》，《文史哲》1998年第6期）

② 学界一般认为原始平均主义是原始社会推行的道德原则，这其实是不正确的。道德原则是道德反映经济的假定和超越的特定形式，属于道德意识形态的核心范畴，原始社会尚未形成从事这种精神生产的社会物质条件和思维能力，所谓原始平均主义其实只是与共同生产过程直接相联系的“伦理观念”，应归于道德经验或风俗习惯范畴。

③《论语·卫灵公》。

④《论语·雍也》。

⑤《论语·颜渊》。

系，就应当提倡什么样的道德”[①]，甚至以为作如是观就是坚持了历史唯物主义，这是将两种关系混为一谈、相提并论了，并不合乎道德意识形态与经济关系之间的逻辑关系及其演变的历史事实。就是说，在历史唯物主义视野里，我们只能在“归根到底”的意义上来解读道德意识形态与经济关系之间的逻辑关系。

阶级社会进入近现代以来，由市场方式支配和调节的“生产和交换的经济关系”及与此直接相关的生活方式，以其自发的价值冲动影响着国家和社会公共领域的传统秩序，动摇着人们对“伦理观念”和道德经验的传统信念和信心，触发和推动了应用伦理学的兴起。应用伦理学以“伦理观念”（道德经验）及与此相关的公共领域的“秩序理性”为研究对象，其道德理论和学说主张是否具有意识形态的超验特性一直是一个争论不休的问题。国内有的研究者指出：“在西方应用伦理学家看来，应用伦理学对行为的关注和对制度的关注是有内在关联的。”[②]如果说这一论断合乎西方社会的实际，那么这里所说的“制度”显然不应是指政治和法律制度，而是指制约和维系生产和交换活动中个人行为的基本道义和社会公共生活中的秩序理性的“制度”，属于所谓“普世伦理”和“底线道德”范畴，在价值取向上并不具有与道德意识形态相左的特性。

其三，阶级社会里的道德意识形态干预和调整社会生活包括人的行为和心态的形式——即道德社会职能——对经济及“竖立其上”的上层建筑的“反作用”形式，是假定（预设）的道德价值标准和行为准则，亦即人们通常所说的道德规范体系或道德体系，这与其他意识形态的假定（预设）存在明显差别。政治（包括法制）的干预和调整是国家颁布的强制性的规则，宗教的干预和调整是公之于世俗的偶像和信仰，文艺的干预和调整则是隐喻于形象和事件之中的美学形式等。因此，道德意识形态的“反作用”形式，既不可同于强势的政治和法律，主张实行所谓道德政治化或

① 如有种观点认为，市场经济崇尚个人和个性自由，因此在发展市场经济的历史条件下就应当提倡和推行个人主义、利己主义的道德和人生价值观。

② 卢风、肖巍主编：《应用伦理学概论》，北京：中国人民大学出版社2008年版，第9页。

法律化；也不可同于宗教那样的信仰，主张个人选择以各自的道德信仰或所谓的“德性伦理”为依据。道德意识形态发挥社会职能必须经由假定的道德规范，通过坚持不懈的提倡和推行，尤其是道德教育和道德建设，促使社会之“道”转化为个人之“德”，进而形成适宜的道德关系（“思想的社会关系”）和社会风尚（党风、政风、民风、行风、校风等），才能真正展现其社会职能，发挥其巨大的社会作用。

其四，阶级社会里的道德意识形态以上的超验特性，都以超验的本体论的形而上学为立论基础，通过哲学思辨的文本形式把现实社会的道德要求推到人之外的彼岸世界，或者追溯至人自身的内在“善端”，从而赋予道德意识形态如同政治和法制“君权神授”那样的绝对权威性和“不言自明”的绝对真理性，由此而形成中外伦理思想史上诸多形态的道德形而上学本体论的意见体系。这种缺乏真理内涵和基础、带有虚拟和假说特性的道德本体论和发生论学说，其实只是关于“统治阶级的意志”的目的论形式，不过是以主观目的替代客观本体的一种“历史误会”而已。所谓“善端”，不就是直觉式地为“推己及人”“为政以德”提供证明吗？所谓“天理”“天命”不就是为世俗的“三纲五常”形式的“地理”“人命”提供证明吗？把统治阶级的意志推到彼岸世界，运用精致的本体论和发生论进行论证，以提升其推行的道德价值的至上权威，这是阶级社会里一切伦理学说的共同特点。在阶级社会里，承担这种哲学思辨使命的一般是统治阶级的士阶层，他们中的很多人在建构形而上学本体论的道德意识形态及由此假定的道德标准和行为准则的同时，也养成了传为历史佳话的“士大夫精神”。

同政治法制联姻并为之辩护、与“伦理观念”和道德经验相左、经由道德价值标准和行为规范调节而引导社会生活、以形而上学本体论提升理论层级，四者构成了阶级社会道德意识形态超验方式的历史维度。人类社会几千年来的道德精神生产和道德发展与进步就是在这样的历史维度中进行的，由此而形成以往人类对道德理性近乎信仰的基本认识。

阶级社会里道德意识形态超验的历史维度，使得今人形成诸多关于道德意识形态的根深蒂固的“历史误会”，这直接影响了今人对道德意识形态科学建构的逻辑走向及由此产生的认知问题。

其一，以为道德就是与政治和法制密切相关、为后者辩护的意识形态，因而忽视与生产方式和生活方式密切相关的一般的道德意识形式即“伦理观念”和道德经验，仅在“崇高性”与“先进性”的意义上理解和把握道德文明。这是至今仍有影响的“道德（意识形态）决定论”“道德（意识形态）万能论”的认识论根源。这种“历史误会”集中表现在关于道德功能和道德评价的认知方面：重视崇高和先进道德的示范影响、笃信“榜样的力量是无穷的”，轻视“普世伦理”和“道德底线”的基础作用，没有形成道德文明发展和进步的根本动力在广大人民群众之中的历史意识。如果说在道德意识形态及由此假定的道德价值标准的教化下形成的道德人格可称为“君子”，在“生产和交换的经济关系”及其“物质活动”中形成的道德人格是“小人”，那么两者的关系本质上并不是“风”与“草”的关系，所谓“君子之德风，小人之德草；草上之风，必偃”[①]的逻辑是不存在的。实际情况是，“君子之德”与“小人之德”是“道德上层”与“道德基础”的关系，如果没有“小人之德”为基础，所谓“君子之德风”只能（会）是“空穴来风”。花之鲜艳，在于根深叶茂。仅仅指望以“君子之德风”来影响“小人之德草”的伦理思维方式推动道德建设和道德进步，已经不适应民主社会的客观要求了。

其二，以为传统道德文明史就是历史上士阶层以假定和超越的方式记述的道德文本学说史，不能区分文本史与现实史的界限。这方面的“历史误会”首先表现在不注意因而看不到传统道德文明史的真实情况。人类社会的道德文明史，既不是道德意识形态文本学说史，也不是“伦理观念”和道德经验史，而是两者在历史发展过程中交互作用最终整合的“平行四边形的对角线”。其次表现在不重视发现和剔除历史记述的道德“语言中”的阶级偏见和历史局限性，同时忽视历史上庶民阶层的“伦理观念”和道德经验的传统，使得代代后人在传承传统美德的问题上养成了著经立说、

① 《论语·颜渊》。

乐于在历史文本“语言中”寻找道德资源而不关注史上曾有的精神生活的实际过程和现实的精神生活的实际需要的陋习。再次，使得后世养成了以“正册”和“另册”相区分的思维习惯，忽视“另册”（如《山海经》以及浩如烟海的民间传说和神话故事等）中所记述和表达的伦理思想与道德观念。

其三，以为社会道德标准和行为准则的命令方式只是“应然”而不是“实然”，只是“应当”而不是“正当”，追求的只是理想目标而不是现实生活，因而视道德调节方式仅为指南针式的“引导”和“规劝”，无视道德调节同时应为尺子式的“评判”和“度量”。在这种误解之中，人们长期轻视属于“正当”范畴、同样具有普遍“实践理性”意义的“伦理观念”和道德经验，使得社会提倡的道德在多数情况下成为脱离“生产和交换的经济关系”及其“物质活动”的“纯粹理性”，也就成为难以让民众心动的宣传活动。

这些误会是道德教育和道德建设长期存在说教之风和形式主义的根本原因。

二、阶级社会里道德意识形态演绎的道德悖论

现代人类需要反思阶级社会里道德意识形态建构的历史维度内含的深刻矛盾。这种内在的深刻矛盾就是“道德悖论基因”。

从超越道德经验（“伦理观念”）方向来分析，有经验主义和德性主义两种理性。经验主义的逻辑基础是“人性恶”，其逻辑推理的程式是：人都是“自利”的（“小人喻于利”），但如果每个人都只是为自己，那么人与人之间在利益关系发生矛盾的情况下势必就会处于“人对人是狼”的“战争”状态，即所谓“人人为己，则天大乱”（《老残游记》），结果每个人都难以“自利”，因此必须要有“社会契约”，这就在社会经验的意义上合乎逻辑地推导出必须要以超验和假定的方式“讲道德”（包括“讲法制”）的结论来。这种超验的逻辑，在西方以霍布斯开创的近代以来的

利己主义——合理利己主义为代表。德性主义的逻辑基础是形上预设（先验而不是超验）的“人性善”，其逻辑程式是：人的本质都是善的，如果每个人都能做到“我为人人”，那么在全社会的意义上就会出现“人人为我”的道德盛况，一切不道德的问题都迎刃而解了。不难看出，经验主义和德性主义都会合乎逻辑地推演出逻辑悖论来，因为它们都内含“道德悖论基因”。不同的是，经验主义所超越的是人在特定利益关系中只关注一己私利的伦理缺陷，把个体由只关注“自利”引导到同时关注“他利”的社会道德价值标准和行为准则上来，实现有限的自我超越。德性主义超越的是人的“自利”的自然本性和社会生活实际，其逻辑推理是“自说自话”“自圆其说”的纯粹推理，是关于假定的假定的双重假定。如果说，建立在超越经验的逻辑基础上的社会道德意识形态及由此推定的道德价值标准和行为准则（包括法律规范），是将悖论基因的实践张力必然产生道德悖论现象的问题更多地排解在实践之前的理论说明之中，超验的是单个人的“自利”本性，那么，建立在超越人的“自利本性”基础上的社会道德意识形态及由此假定的价值形态，则是将悖论基因的实践张力必然产生道德悖论现象的问题遮掩起来并带进实践之中，超越的是人的实际生存之需和社会实际的道德水准，因而使得善果与恶果同时出现的道德悖论现象成为社会道德生活中必然普遍存在的客观事实。中国传统儒学伦理思想及由此推定的社会道德观念和价值标准，大体上是依照本体假定的立论逻辑建构起来的，直接体现了“大一统”封建政治统治要求和超越小生产者“伦理观念”的价值模型和趋向，在几千年的教化过程中一方面培育了无数济世救民的仁人志士，另一方面也培养了不少精于假仁义道德欺世盗名的势利小人。

假定和超越的道德意识形态及由其推定的道德价值标准和行为准则，一旦进入社会提倡和推行的实践活动中就会受到实践主体道德认知和德性水准、道德智慧和道德能力等当下的不变因素以及道德行为面临的对象、面临的环境和境遇等各种可变因素的影响，致使行为在推进过程中不可避免地会出现善与恶同时显现的情况，从而赋予道德意识形态以“道德悖论基因”。以先人后己为例。按照形式逻辑推理：道德具有示范作用，我如果做到先人后己，他人就会因为受到影响而做到先人后己，如此下去就会形成“我为人人，人人为我”的良好的道德风尚。然而，这种逻辑推理超越了人的“自利本性”和“自利能力”的假设，结果必然会产生道德悖论现象。其一，每个人面对的人生问题必须主要靠他自己解决，他也一般能够自己解决，因此他不可能把先人后己当成普遍的道德原则，就社会而论也没有必要要求人人做到先人后己。其二，当一个人实行先人后己的道德原则的时候，他面对的其他人可能是同样的先人后己的人，也可能是专门来享用选择先人后己的道德行为准则的道德成果的人。其三，人类至今尚没有一个社会能够建立真正实现和维护“我为人人，人人为我”的道义机制。但是，从道德发展和进步的客观要求和规律来看，任何社会都不能不提倡先人后己的道德标准和行为准则，这就决定了先人后己在社会提倡和推行之前就以预设的方式植下了“道德悖论基因”，在其价值实现的过程中会同时出现善与恶自相矛盾的结果。推而广之，一切以超越和假定的方式预设的道德标准和行为准则都内含这样的“道德悖论基因”，在社会提倡和人们的选择中都会演绎出善恶同现的道德悖论现象。

阶级社会里道德意识形态内含的道德悖论基因在实践过程中必然会演绎出普遍的道德悖论现象，这在道德教育和道德评价领域表现得尤其突出。诚然，人的优良的道德品质是接受科学的道德教育和体验科学的道德评价的结果，那么，人的不良的道德品质与接受科学的道德教育和体验科学的道德评价有没有关系？人们习惯于将人的不良的道德品质的形成归于三种因素，即道德教育（家庭、学校、社区）缺乏科学性、受到不良环境和品行不端的人的影响，总之与科学的道德教育和评价无关。然而，殊不知这种似乎无可非议的认知结论只要放进因果链中进行逻辑推导，就会陷入“先有鸡还是先有蛋”的迷茫之中。但是，如果我们运用道德悖论的方法来解读，问题就会迎刃而解。道德教育和道德评价，作为社会进行道德建设的价值选择，不论其是否科学，都内含一种在实践的层面上必然演绎出道德悖论现象的基因。这是因为，道德教育和道德评价的必要性和科学性的立论依据并不在自身，而在于对其自身可能产生有效性的假定和预设，这种虚拟的肯定来自对教育和评价的对象及其所处环境的“有效性”的确认，而对象和环境总是存在差别的，甚至是千差万别的。这就注定道德教育和道德评价的必要性和科学性都必然是相对的，正是这种相对性致使道德教育和道德评价在立论基础和实践起点的意义上具有两面性，且在实践张力的展现过程中必然演绎出善恶同现的悖论结果来。事实上，道德教育和道德评价历来具有产生道德悖论现象的两面性，如批评或惩罚，可以催人改过自新，也可能让人讳疾忌医；表扬或奖励，可以催人奋进，也可能诱人作假，如此等等。有位学者曾呼吁在中小学停止评选“三好学生”，认为这样会“过早给孩子贴上好学生与坏学生的标签”，有意识地引导一部分学生“学坏”，成为“坏学生”。这种意见虽然并不可信可取，但其指出表扬或奖励存在“副作用”的问题却是客观事实，给予重视是必要的。实际上，问题不在于表扬和奖励本身之错，而在于应当看到表扬和奖励作为道德教育和道德评价方式存在产生道德悖论的“基因”，要做的工作不是要取消表扬和奖励，而是要看到其在实施过程中必然会产生道德悖论现象的客观规律，同时在操作设计和安排上加以改进，尽可能缩小其负面（“恶”）影响①。

总之，阶级社会里的道德意识形态及由此推定的社会道德标准和行为准则，由于内含产生道德悖论的基因，所以在价值实现的过程中必然会产生道德悖论。若看不到这是一种普遍存在的客观事实，不仅会失去主动适应和驾驭道德选择和价值实现的客观规律，自觉地推动道德文明的发展和进步的机遇，甚至还会陷入“道德困惑”，渐而走向“道德冷漠”，最终动摇人们对道德价值和道德进步的信念与信心，诱发道德悲观主义，放弃道德进步和道德建设。而在现实社会，就可能会盲目地“加强”道德教育和道德建设，陷入虚假的形式主义的“道德繁荣”。

① 同样，按照诸如“助人为乐”等道德标准和原则选择的个体行为、“一方有难，八方支援”等道德标准和原则选择的群体或社会公益性的道德行为，都因其超越和假定的特性而预设了“道德悖论基因”，在其价值实现过程中都不可避免地会产生道德悖论现象，因此，都需要社会在坚持倡导的同时给予必要的说明和引导，并在操作设计和安排上提出遏制负面（“恶”）影响的相应措施。

如果说，道德意识形态及由其推定社会提倡的道德标准和行为准则体系以超越和假定的特殊范式反映社会经济已经成为人类精神生产和精神生活的一种源远流长的传统理性的话，那么这一传统理性无疑同样包含上述误解及由此产生的道德认知方面的先天性的缺陷。这种缺陷集中表现为看不清假定和超越的道德意识形态及由此推定的道德观念和行为准则内含着“道德悖论基因”，因而看不到社会道德提倡和推行的过程其实就是特定的道德意识形态演绎道德悖论的过程，人类道德文明发展史实际上就是自觉或不自觉地不断走出道德悖论建构的“奇异的循环”的历史。

人类进入20世纪60年代后，随着科技的极度发展和信息社会的快速形成，工具理性在给人类造福的同时又带来了空前的灾难，在以善恶同在或亦善亦恶的道德悖论方式解构着假定和超越的传统理性的过程中，使得“我们的时代是一个强烈地感受到了道德模糊性的时代”，难以“寻求一种从困境中逃离的出口”[①]，致使社会道德心理和评价活动中蔓延着对传统道德理性的抱怨和不信任情绪。这种情势，自20世纪90年代以来也渐渐在中国社会悄然出现，并迅速地蔓延开来。当代中国社会存在的道德悖论问题已经受到学界一些人的关注，但目前尚未进入我国主流伦理学研究的范畴体系。

近几年有的研究者认为，道德悖论是一种集合性的概念，是由道德悖论现象、道德悖论直觉、道德悖论知觉、道德悖论理论等不同层次的道德悖论问题构成的，人们对它的认识至今尚停留在揭示和说明道德悖论现象层次，也偶涉道德悖论直觉和知觉问题，远未经过缜密思考建立关于道德悖论的理论体系[②]。道德悖论现象，指的是道德价值实现过程同显同现善果与恶果的自相矛盾的悖论现象[③]。假定和超越以“内在根据”的逻辑力量，使得任何道德社会意识形态及其推定的道德规范体系在实践过程中都势必会合乎逻辑地演绎出是与非、善与恶同在的道德悖论结果，这就是道

① [英]齐格蒙特·鲍曼:《后现代伦理学》,张成岗译.南京:江苏人民出版社2003年版,第25页。

② 参见钱广荣:《正确理解道德悖论需要注意的学理问题》,《道德与文明》2008年第6期。

③ 参见钱广荣:《道德悖论的基本问题》,《哲学研究》2006年第10期;《道德悖论的本质与结构模态》,《光明日报》(理论周刊)2008年9月2日。

德悖论现象。尽管不同历史时代的道德意识形态所产生的道德悖论现象在广度和深度上有所不同，但这一现象的发生是不以人的意志为转移的，特定时代的人们只能在道德认知和实践的领域有限地发现和排解它，却不能完全地规避和消灭它。就是说，社会提倡的道德只要进入实践的领域，为人们所行动，其结果就必定是悖论性状的。这种客观必然性，在最抽象的意义上可视为“实践理性”的“两面性”——理性与非理性相比较而同时存在，它是由假定和超越使得一切道德意识形态及其推定的价值形态都内含合目的与合规律的矛盾导致的，我们称这种内在根据为产生道德悖论现象的“道德悖论基因”。

三、转变道德悖论基因的逻辑前提

无疑，合理维度是一种历史范畴，其核心价值是多种维度整合的伦理和谐。历史上，不论以何种方式超越和假定的道德意识形态，其直接的使命和功用就在于建构和维护当时代的伦理和谐。当代英国学者马丁·科恩曾系统梳理和叙述了道德生活中的“人生悖论”问题，他在《101个人生悖论》一书中开宗明义地指出：“伦理学关心的，是些重要选择。而重要的选择，其实是两难问题”，因而“伦理学的课题是如何将世界组织起来以达到最大的和谐，如何保证它‘恰当地组织起来’——也就是说，保证它的健康和良好状态”[1]。这是真知灼见。

构建超越和假定的合理维度，首先应当把握自古以来道德意识形态超越和假定的基本轨迹和发展演变的总趋势。历史地看，道德假定形式的程度和超越现实道德的水准受生产力水平和生产关系性质的根本性制约，随着生产力的发展和生产关系的进步而逐渐降低假定的水准，淡化超越的强度，这是基本轨迹，也是发展和演变的总趋势。在这种演变的过程中，道德进步与生产力的解放和生产关系的进步趋势是同步的，与人类重视个性解放和淡化社会本位理念的走向是一致的。这为社会主义道德意识形态的

① [英]马丁·科恩:《101个人生悖论》,陆丁译,北京:新华出版社2007年版,第1—2页。

建构提供了合理维度的一般方法论原则：道德意识形态超越和假定的，历来是当时代的经济关系及其“物质活动”，而不是当时代的政治（一般也不超越法制）等上层建筑。当代中国特色社会主义改革和发展进程中出现的“道德失范”及由此产生的“道德困惑”，深层的原因是以往提倡的道德价值体系在新的历史条件下受到挑战，需要在新的历史维度的前提下实行重新超越和假定。换言之，“道德失范”和“道德困惑”提出的问题，不是要淡化道德的社会主义意识形态超越经济关系“物质活动”的特性，而是要自觉地顺沿人类道德文明发展的历史轨迹和逻辑走向，立足于当代中国道德国情，建构既超越中国传统又超越资本主义文明、与改革开放和社会主义现代化建设相适应的道德意识形态体系。

其次，应当注意充分肯定、普及“伦理观念”和道德经验，并在此基础上建构两种道德社会意识形式之间的逻辑关系。“伦理观念”和道德经验是维系“物质活动”基本道义的道德底线，涉及面最广，拥有人数最多，又与生产和交换过程直接相关，因此无疑应充当从道德上说明和衡量一定社会的基本的伦理秩序和文明水准的最重要的标尺。试想，如果没有直接反映小农经济的“各人自扫门前雪，休管他人瓦上霜”的“伦理观念”和道德经验，会有中国封建社会几千年的稳定和几经繁荣，以至于形成泱泱大国的“礼仪之邦”吗？如果说，封建专制社会的道德意识形态超越和假定经济关系“物质活动”具有与“伦理观念”和道德经验相左的倾向，是合乎封建社会的“实践理性”的话，那么，在“生产和交换的经济关系”发生变革、新的“伦理观念”应运而生和需要肯定新的道德经验的当代中国，仍然以“相左”的方式来构建我们的道德意识形态，显然是不合理的。我们的首要任务应当是大力普及“自发”产生于市场经济生产和交换过程的“伦理观念”——公平及维护公平的正义观念，并在此基础上构建以社会主义的公平正义为价值核心的道德意识形态体系。因为，市场经济的生命法则就是公平及其维护机制，建立在市场经济基础之上的关于社会主义民主政治和法制的核心理念也应当以公平的“伦理观念”为轴心，整个社会生活的道德调节观念和机制也都应当依据社会主义的公平和正义原则作出新的解读（如提倡孝道应有“不孝则不公”的解释，提倡为人民服务应有“非如此则失之于公平”的解释，等等）。诚然，超越和假定及在此教育和培养下形成的优秀的道德人格具有示范性，在道德教育和道德建设中发挥其超越和示范的作用在任何历史时代都是十分必要的，但绝不可因此而忽视“伦理观念”和道德经验的梳理与普及。当大多数社会成员对“伦理观念”和道德经验缺乏应有的认同度的时候，道德榜样的超越示范作用不过是杯水车薪，不仅不能解决“面”上的问题，相反可能会在引导和培养一些优秀道德人格的同时，诱使更多的人以“假超越”和“做样子”的方式行沽名钓誉、欺世盗名之实，或者以冷漠的态度应对。在唯物史观的视野里，人民群众是历史的真正创造者和维护者，也是道德文明的真正创建者和承载者，社会道德的真实发展与可靠进步在最广大的人民群众之中，肯定和普及与社会主义市场经济直接相伴的公平正义的“伦理观念”与道德经验，及其对于社会主义道德意识形态的超越和假定的基础作用，其实也是肯定和尊重人民群众的历史主体地位。这应是当代中国特色社会主义道德建设的一项重要的基本任务。

再次，应当实行伦理学的理论创新，从三维向度重建中国特色社会主义道德意识形态的形而上学体系。前文说及，传统的伦理学理论惯于在本体论形而上学的一维路向的意义上为社会提倡的道德提供统一性证明，以此来提升道德超越和假定的毋庸置疑性，这种范式和传统实际上是由阶级和历史的局限性导致的“历史误会”，并不是永恒的法则。本来，道德的本体或根源就在现实的经济关系和利益关系之中，社会以超越和假定的方式提倡的道德无须运用形而上学的本体论加以逻辑证明，无须建构一种统一的精神现象世界。重建中国特色社会主义道德意识形态的形而上学体系是必要的，这样的工程应当在历史唯物主义视野里从三维向度展开。

其一，以人类为本，正确阐释人与自然的关系的道德性问题。人与自然之间的关系是历史范畴，其道义标准从来都不是抽象的，而是具体的、历史的，不能离开生产力发展水平及生产关系的时代要求来抽象地谈论人与自然的关系。马克思在《资本论》中说到宗教在假定和超越的意义上成为人的异己力量之不可避免性的时候指出："只有当实际日常生活的关系，在人们面前表现为人与人之间和人与自然之间极明白而合理的关系的时候，现实世界的宗教反映才会消失。只有当社会生活过程即物质生产过程的形态，作为自由结合的人的产物，处于人的有意识有计划的控制之下的时候，它才会把自己的神秘的纱幕揭掉。但是，这需要有一定的社会物质基础或一系列物质生存条件，而这些条件本身又是长期的、痛苦的发展史的自然产物。"[①]孔子主张"畏天命"，荀子鼓吹"人定胜天"，作为道德提倡都是当时代道德反映经济的特殊的社会意识形态，是非如何都应放到各自的时代去评论。现代社会一些人极力宣扬的"自然中心主义"的学说主张，其实多为超历史超现实的"纯粹理性"，旨在否认人在自然中的主体和轴心地位，这显然是不正确的。人类肯定自然是为了肯定自己，尊重自然也是为了尊重自己，提出所谓"自然内在价值"不是为了神化自然，而是为了在"实践理性"的意义上高扬人类自身的主体价值，以此为轴心构建人类与自然的和谐关系。如果不作如是观，而是恪守某种近似宗教的情绪和思维方式来假定和张扬"自然中心主义"，甚至以"自然内在价值"来贬低和嘲笑人类在自然面前的主体作为，那么，在认识和把握人与自然之间关系的道德标准和行为准则的问题上，我们除了高谈阔论"自然内在价值"的抽象原则还能有多少作为呢？

其二，以和谐为本，正确阐释个人与社会集体之间关系的社会道德标准。人类社会有史以来，关于个人与社会集体之间的道德标准和原则大体上有两种，一是以社会为本位，二是以个人为本位，前者是专制社会的道德体系特征，后者是资本主义社会的道德体系特征，均不可避免地带有阶级的偏见，因而不可能真正实现个人与社会集体之间的和谐。社会主义在整体上消灭了阶级和阶级对立，对于广大的劳动者来说，集体（马克思所说的"共同体"）不再因阶级统治而成为"虚假的共同体""虚幻的共同体""冒充的共同体"，个人不再作为阶级的成员而是作为"自由个体"参加"共同体"，这"使一切不依赖于个人而存在的状况不可能发生，因为

① 《马克思恩格斯选集》第2卷，北京：人民出版社1995年版，第142页。

这种存在状况只不过是各个人之间迄今为止的交往的产物”[①]。正因如此，“每个人的自由发展是一切人的自由发展的条件”[②]。这就为逐步真正实现个人与社会集体之间的和谐提供了最重要的社会历史条件，反映在道德原则上就是社会主义的集体主义。集体主义从社会主义制度的应有的伦理精神出发，主张在一般情况下把个人利益与社会集体利益结合起来，反对社会本位和个人本位，既超越了封建社会的整体主义，也超越了资本主义社会普遍实行的合理利己主义和人道主义。

其三，以现实为本，正确阐释传统道德与现实道德的关系的合理性问题。道德因其超越和假定而具有历史继承性的价值，现实社会建构其道德意识形态需要在传承优良传统道德的基础上进行，这是无可厚非的。但是，也正因为超越和假定，使传统道德存在着以往的阶级偏见和历史局限性，这是任何时代的人们在传承传统道德的时候都应当特别注意的。因此，构建现实社会的道德意识形态及由此推定道德标准和行为准则，应当立足于现实社会道德发展和进步的客观要求。

总之，在历史唯物主义的视野里，道德的超越和假定不能脱离生产力发展的水平和生产关系的时代属性来谈论人与自然的关系，不能脱离社会制度属性来谈论个人与社会的关系，不能脱离现实社会建设的客观要求谈论道德的历史与现实的关系。

20世纪60年代后，后现代伦理学随着后现代主义思潮迅速兴起，它以否认形而上学、解构世界的普遍联系和道德的普遍原则为己任。在此背景之下，齐格蒙特·鲍曼在《后现代伦理学》和《论后现代道德》中鼓吹“多元主义的解放”，希望给每个人一根走出“道德模糊性的时代”的拐杖。麦金太尔在《德性之后》中则极力崇尚德性伦理，认为唯有德性伦理才能解决当下的“道德危机”。事实证明，这些思想能够给现代人认识面临的道德问题提供诸多有益的启示，看到以往社会实行的道德超越和假定及其形而上学的支撑体系存在的弊端，但它在本质上是解构性的宣言，并

①《马克思恩格斯选集》第1卷，北京：人民出版社1995年版，第122页。

②《马克思恩格斯选集》第1卷，北京：人民出版社1995年版，第294页。

不是建构性的学说，缺乏“实践理性”的特质。它所“建构”的道德也是一种假定，没有应有的超越，不能真实反映现代社会对道德假定和超越的企求。它破坏了现实，却没有在被破坏的现实的基础上建构起新的道德形而上学体系，因此也就不能在假定和超越的意义上提出新的道德观念和行为标准体系。后现代伦理思潮试图引领人类走出“道德模糊性的时代”，却把人们带进另一种“道德模糊性的时代”。麦金太尔以其“宽广的道德视野和深沉的历史眼光”，试图通过重建“美德伦理”（the Ethic of Virtue）这一古老的道德文明样式，为当代西方道德危机和伦理思维困境寻求一条出路，引领人类走出“道德模糊性的时代”，但他实际上又提出了一个更令人困惑的问题：站在“普遍理性主义的规范伦理”的对立面，或者规避这种伦理的普遍性的社会内涵，个体的“美德伦理”或“德性伦理”何以建立？除了诉诸上帝或“善端”，难道还能有别的什么路径吗？

人类正生活在一种空前普遍的道德悖论时代，一切以抛开或偏执于传统的纯粹思维理性的努力都将无济于事。人类需要在历史唯物主义一般方法论的指导下，基于道德文化的本质特性，立足于当代人类社会发展的客观现实，重构道德意识形态超越和假定的合理维度，使社会提倡的道德在现时代发展的平台上展现其一般与特殊、同一和单一、历史与现实相统一的伦理精神。在这个重大的历史问题上，当代中国哲人尤其是伦理学研究者责无旁贷。

论道德文明发生与发展规律*

探讨道德发生与发展的规律，新中国伦理学研究者多坚持历史唯物主义的学说。人们熟知恩格斯的著名论断："人们自觉地或不自觉地，归根到底总是从他们阶级地位所依据的实际关系中——从他们进行生产和交换的经济关系中，获得自己的伦理观念。"[①]人们以往多限于从语表的层面去理解这个论断，荒置了一些需要深入探讨的重要问题。如："伦理观念"是否就是道德？如果是，社会提倡的道德是否就是"伦理观念"？就是说，经济关系决定道德的马克思主义历史唯物论的逻辑是否可以被解读为一个社会实行什么样的经济关系，就应当提倡什么样的"伦理观念"？如果可以，那么当如何解释为什么在汪洋大海式的小生产构筑的"实际关系——经济关系"中形成的"伦理观念"本是"各人自扫门前雪，休管他人瓦上霜""开门相望，老死不相往来"的自保自利的小农意识，而封建统治者却要推崇和提倡儒学的"推己及人"的仁爱精神和"天下兴亡，匹夫有责"的整体主义精神，并将此推崇到"独尊"的位置，以至于促其成为一种源远流长的以爱国精神为核心的中华民族传统美德呢？又当如何解释为什么在今天市场经济建构的"生产和交换的经济关系中"形成的"伦理观念"实则是崇尚自由和张扬个性，而我们却仍要坚持提倡共同理想和集体

---

* 原载《学术界》2008年第2期，收录此处时标题有改动。

①《马克思恩格斯选集》第3卷，北京：人民出版社1995年版，第434页。

主义精神？就是说，如果依照"一个社会实行什么样的经济关系，就应当提倡什么样的伦理观念"，逻辑地解读马克思主义的经济关系决定道德的理论原则，就不能在逻辑与历史相统一的意义上说明道德发生和发展的规律。如果不可以作这样的解释或可以不作这样的解释，中国的马克思主义者们在阐述道德的本质和意义、倡导道德的规范和标准等重大理论问题上，除了"离经叛道"难道还有别的选择吗？

笔者以为，要真正摆脱这种困惑和尴尬，就需要在伦理学的范畴体系中引进经验与假设这两个新概念，在经验的意义上说明道德文明发生的逻辑基础，在经验与假设的矛盾运动中追问道德文明发展的历史路向。

一、伦理观念：道德文明发生与发展的经验基础

马克思曾将人的全部社会关系分为物质的社会关系和思想的社会关系两种类型，后来列宁进一步说"思想的社会关系不过是物质的社会关系的上层建筑，而物质的社会关系是不以人的意志和意识为转移而形成的，是人维持生存的活动的（结果）形式"①。物质的社会关系，最普遍的形式无疑就是恩格斯所说的"阶级地位所依据的实际关系"或"进行生产和交换的经济关系"；思想的社会关系，最普遍的形式无疑是因"阶级地位所依据的实际关系"或"进行生产和交换的经济关系"而存在的伦理关系；"伦理观念"，正是直接反映和表现因"阶级地位所依据的实际关系"或"进行生产和交换的经济关系"而存在的伦理关系的道德经验。

所谓道德经验，简言之就是指人们在生产和生活的实际过程中形成的，用以维系生产和生活正常秩序的道德规则和个体品质。道德经验是"伦理观念"公认化和个性化的结晶，它的社会物质基础是生产与交换的经济关系及受其影响和支配的生活关系，社会思想基础是在生产与交换的经济关系和生活关系中形成的"伦理观念"。换言之，一定社会的生产方式和生活方式是道德经验形成的历史条件，直接来源于一定社会的生产方

①《列宁全集》第1卷，北京：人民出版社1984年版，第121页。

式和生活方式的“伦理观念”是道德经验形成的逻辑基础。

道德经验在规则化的发生过程中呈现“不传而有”的自发倾向，在个体德性结构中的沉积具有“不教而能”的自然倾向，这两种倾向易于给人一种错觉，似乎它是天（神）赐的，或是与生俱来的，由此而忽视道德经验属于后天的精神文明的事实，这是中外伦理思想史上一切唯心论的道德本体论和认识论的共同特点。中国历史上关于道德发生的“性善论”，如孔子确信的“天生德与予”、孟子鼓吹的“善端”和“良知良能”等伦理学说，西方生命哲学所推崇的似是而非的“社会本能”学说，其失误都与这种错觉有关。与之相反，唯物论和唯心论的道德经验论，在道德发生问题上都充分肯定经验对于人的道德知识和素养形成的巨大作用，但却又忽视或否定了道德经验的客观来源，无视经验的客观基础是现实的社会经济关系及其实践形式，看不到人在生产和交换的实践中建构的现实利益关系，把在实践过程中获得的经验本原化或本体化。中国伦理思想史一直没有形成唯物论的经验论传统，关于道德发生只有诸如先秦管子“仓廪实则知礼节，衣食足则知荣辱”之类的带有唯物论倾向的经验话语，而且还不能被列入经典和正册。究其原因，当然与儒学的唯心论的道德发生学说占据“独尊”地位有关。历史上那些目不识丁、无缘接受文本教育的庶人阶层，对道德经验形成的错觉则通常以血统观念和宿命观念的民俗形式表达出来，如“龙生龙，凤生凤，老鼠生儿会打洞”等，误把“龙教龙，凤教凤，老鼠教儿会打洞”的后天经验当成先天的命运安排。这种错觉又以唯心论的经验论的方式代代相传，与前述文本思想呼应汇合形成另一种传统。

作为一种后天文明，道德经验并非出自思想家和统治者的加工制作，而是在生产和生活的实际过程中，在看待和处理围绕因“与他者相遇”而发生的利益关系的经历中形成的。它不是思想的理性，而是经验的理性，有史以来极少被思想家们用文本的形式加以记载，因此鲜有以文本的形式传承下来。但是，道德经验由于是特定历史时代的生产和生活合乎逻辑的历史产物，在人的主观世界里真实地反映了道德文明与生产和生活的内在联系，所以它的内容是客观的，在人类道德发展的长河中都曾是一种真实可靠的文明形式。客观真实性是道德经验的本质特性。由此而论，道德经验作为道德的知识形态应属于道德真理的范畴，在社会基本标准上回答特定时代的“道德是什么”这个最简单又最会让人感到困惑的普遍真理性问题；作为道德的实践形式它是现实的，属于社会正当的价值体系，在每个社会都以“正当”的命令形式广泛地调整和干预社会生产和社会生活，因而多充当与法律体系相衔接和相协调的纽带。所以，在一定社会，道德经验既是道德文明最普遍的形式，也是法律的常规形式，许多实体法的条文换一个角度看正是对道德经验的确认，道德经验的历史叠加在铺垫一种道德传统的同时，也铺垫了人类法制文明的一种历史演进轨迹。西方资本主义文明的主流形态——人道主义传统和健全的现代法制，实质内涵正是对在资本主义“生产和交换的经济关系中”形成的“伦理观念”加以确认后的道德经验。这给今人一个启示：一个崇尚法制文明、重视建设法治国家的社会，应当花大力气营造尊重和重视道德经验的社会风尚。

在人类道德文明发展和演进的过程中，道德经验是最稳定的文明成分。一定社会的生产方式和生活方式会随着经济关系变革而发生变化，但在旧的生产和交换的经济关系中生成的“伦理观念”及在此基础上形成的道德经验不会随之发生变化，相反，它会以经验式的道德传统迈入新的生存空间，与产生于新的生产和交换关系中的“伦理观念”发生汇合和交融，并且顽强地影响着新的“伦理观念”，抑制新的“伦理观念”的生长。人类道德的稳定性主要体现在经验层次上，特定历史时代的道德批评所批评的主要是不合时宜的旧的道德经验传统，所继承的道德传统主要是优良或合理的道德经验传统。世界各国在市场经济发展的初始阶段几乎遇到了同样一个问题：人们普遍缺乏开放和公平意识，以在小农经济或计划经济时期形成的“伦理观念”和道德经验应对现实的各种挑战。一定时代的道德在经验层面上究竟应当如何建设，取决于人们对这一客观现象的理解和把握。这是一个非常艰难的认识与实践过程。事实表明，处在这样的历史阶段，人们所批评的往往并不是历史上旧的不合时宜的道德经验，所继承的也往往不是历史上优良或合理的道德经验，而是历史上的道德文本尤其是经典式的道德文本。这种批评和继承背离了道德文明历史发展的实际过程，实际上多为“纸上谈兵”，在有的时期和特殊情况下甚至沦为一种“文字游戏”，对于现实的道德发展和进步几乎没有什么益处。

在特定历史时代，道德经验是道德文明体系的基础和普遍形式。一方面，对于广大“庶民”来说，它是最重要的，能够为最多的人所信奉和遵守，因而在最为广阔的社会生活层面上反映和代表特定历史时代的道德文明的基本水准。在这种意义上完全可以推论，道德经验在任何一个历史时代都是维系社会生产和社会生活的最基本也是最重要的文明形式，只要人们能够遵循“从他们阶级地位所依据的实际关系中——从他们进行生产和交换的经济关系中，获得自己的伦理观念”，以及在此基础上形成的道德经验，生产和生活就会是有序的，人际关系就会是和谐的，国家就会是安宁的。中国封建社会的长期稳定乃至几经繁荣，首先是得益于小生产者“各人自扫门前雪，休管他人瓦上霜”“开门相望，老死不相往来”的“伦理观念”和道德经验。另一方面，由于它是关于生产和生活的基本道德，与属于上层建筑的政治道德、文化道德等不是那么直接相关，显得不是那么先进，只是所谓的“普世伦理”或“底线道德”，所以不能完全反映和代表当时道德文明的实际水平和发展的历史路向。

二、道德假设：引导道德文明发展的社会理想

一个社会不可能囿于经验文明取得不断进步，一个人也不可能仅仅凭借经验文明实现自己的人生价值，社会和人的发展在经验文明的基础上尚需思想观念和价值标准的假设文明的引导。道德的假设文明即道德假设，它是一定社会假设文明体系的重要组成部分，反映一定社会引导和推动道德进步的社会理想。一个社会的道德经验和道德假设，在表象层面上构成这个社会道德文明的总体面貌。

道德假设的社会物质基础不是一定社会的“生产和交换的经济关系”，

而是一定社会的政治适应经济的客观要求，它不是直接反映“生产和交换的经济关系”的产物，而是间接反映“生产和交换的经济关系”的产物，因此，道德假设不同于“伦理观念”和道德经验，它的命令方式不是“正当”，而是“应当”，属于上层建筑范畴，体现的是“统治阶级的意志”。在阶级社会中，“统治阶级的意志”虽然带有阶级的偏见，但当其处于上升的历史阶段时，是具有社会意志的真理内涵和价值倾向并引导全社会走向新的理想文明的功能的。正因如此，道德假设又属于“特殊的社会意识形态”，在价值趋向上作为社会理想引导全社会的人们向往、追问和追求适合的社会秩序和美好的生活前景。也正因如此，道德假设总是带有理想的成分，属于道德的可能价值形式，需要通过实践加以证明。中国封建社会的“三纲”作为政治伦理的假设形式，显然是以高度集权的专制政治统摄（适应）普遍分散的小农经济的产物。孔子所说的“克己复礼为仁。一日克己复礼，天下归仁矣”[①]、“为政以德，譬如北辰，居其所而众星共之”[②]，《礼记·礼运》所追述的“大道之行也，天下为公。选贤与能，讲信修睦。故人不独亲其亲，不独子其子；使老有所终，壮有所用，幼有所长，鳏寡孤独废疾者皆有所养；男有分，女有归；货恶其弃于地也，不必藏于己；力恶其不出于身也，不必为己。是故谋闭而不兴，盗窃乱贼而不做，故外户而不闭，是谓大同”，以及“榜样的力量是无穷的”“我为人人，人人为我”等，都是典型的道德假设形式，作为一种社会理想和意志它们在特定的历史时期曾引领人们痴迷地追求美好和崇高。这正是道德假设的意义所在。

一定社会的道德假设通常在两个方向上展开。一是假说作为伦理思想体系之逻辑起点的道德本体，二是预设作为行为规范体系之核心的主导价值。关于道德本体的假说，试图在本原的意义上假说“道德是什么”，旨在赋予道德以某种真理和信仰的力量，征服人的心灵。历史上每一种道德假设体系都曾拥有一种奇异的价值引导魅力，引导人去奉献自己既得的利

①《论语·颜渊》。

②《论语·为政》。

益直至献出生命。关于主导价值的预设，试图在“实践精神”的意义上设定“道德应当是什么”，旨在演绎道德本体的逻辑走向，规范人的行为，引导人们自觉地遵从道德规范体系的价值标准。一定社会的道德本体假设和道德主导价值预设构成这个社会的道德假设体系，前者是后者的逻辑基础，后者是前者的演绎方式。

如果说，以上方法使得道德本体的假设带有一种“游离”政治的倾向的话，那么，关于道德规范体系的主导价值的预设却一般是在政治直接干预下产生的。人类社会发展至今，立足于适应经济发展、国家安全和社会稳定的客观要求，政治一直凭借自己的特殊优势对道德主导价值的预设发生根本性的影响，从而使得特定社会的主导价值都带有某种程度的“政治伦理”特色，甚至带有明显的“政治化”倾向，不论是专制时代还是民主时代都存在这种现象。封建社会的“三纲五常”之所以既是封建社会的专制政治纲领，又是封建社会的道德原则，皆因专制政治所为。资本主义社会，政治对道德主导价值的预设干预不如专制时代那么凸显，但也不是了无痕迹的。关于这一点，我们可以从美国国会1978年10月通过的《美国政府行为道德法》、1989年4月通过的《美国政府行为道德改革法案》等法案中看得很清楚。中国共产党一直强调社会主义思想道德体系的建设要以为人民服务为核心、以集体主义为基本原则，并将这一思想写进2001年颁发的《公民道德建设实施纲要》之中，也正反映了这种历史现象存在的普遍性。

然而，毋庸讳言，人类进入以市场经济为经济发展的基本模式以来，预设的社会主导价值不再如同自然经济和计划经济年代那样具有“权威”和“魅力”了。本性自由开放的市场经济与分散保守的自然经济、高度集中的计划经济存在两点重要的差别。一是市场经济以主动的姿态要求实行民主政治和建设法制国家，以建立政治法制与自己相适应的逻辑关系。二是在市场经济生产与交换的经济关系中形成的“伦理观念”和道德经验，不仅活跃在经济活动领域，而且极力向政治、法制乃至整个社会生活领域内扩散和扩张，力图派生一个相类似于自己的“市场社会”。这就使得一切传统的道德主导价值都会受到空前严重的挑战，其价值引领职能和功用都会陷入“难以自圆其说”的窘境，社会道德生活的整体秩序也会因此而破裂为一块块的“碎片”。这为现代主义、后现代主义相继成为极有影响力的哲学和伦理学思潮提供了丰腴的土壤。

在伦理道德上，现代主义及其极端形式后现代主义视道德假设为神话，嘲弄一切关于道德本体的假设和道德主导价值的预设，人们因关于道德的真理和信仰的基石被松动而走向怀疑主义，因道德的主导价值方向被动摇而走向自由主义，或者变得无所适从、不知所措，或者变得自我中心，无视任何统一和权威。而在具有轻视以至贬低道德经验传统、一贯注重文本制作和推崇道德假设体系的国度里，这种从未有过的冲击会显得格外剧烈。但是，由于现代主义和后现代主义痴迷于“对新的迷信”，本质上属于怀疑主义和虚无主义的方法论，所以最终使自己合乎逻辑地陷入永远走不出由“新与旧”“过去与未来”“理论与实践”“大众与精英”“否定与肯定”构筑的如同“黑暗的明灯”这样的悖论之中①。事实证明，现代主义、后现代主义都不是拯救市场经济社会出现的“道德失范”的良方，它所内含的深刻的悖论危机，给市场经济社会的道德假设体系和必要的文明秩序带来的主要是混乱和破坏，而不是真实的变革和重建。它们的相继兴衰给予今人一种极为有意义的启示：经验总是不断流动的，新鲜的，在实行改革和发展市场经济的现代社会推动社会的文明进步固然不能依赖精心构筑的道德假设体系，但也不能没有假设。重要的是要对道德假设作科学分析。

假设是人类特有的思维品质，科学的认识和实践离不开假设。人作为现实的社会关系存在物的本性决定了人首先要把自己规定为价值主体，然后再将自己演绎为认识主体和实践主体，人是为了满足自身的生存和发展的价值需求才去认识和改造世界包括人自身的，这使得人的思维活动总是带有“假设特性”。恩格斯说：“在社会历史领域内进行活动的，是具有意识的、经过思虑或凭激情行动的、追求某种目的的人；任何事情的发生都

---

① [法]安托瓦纳·贡巴尼翁:《现代性的五个悖论》,许钧译,北京:商务印书馆2005年版。

不是没有自觉的意图，没有预期的目的的。”[1]这里的“意识”“思虑”“激情”“目的”等其实都是以特定的价值假设为实质内涵的。恩格斯当年批评杜林鼓吹“永恒真理”和“思维至上性”时，结合当时科学发展的实际情况对科学假设作了充分的肯定。他以赞美的语调说：“一向循规蹈矩的数学犯了原罪；它吃了智慧果，这为它开辟了获得最大成就但也造成谬误的道路。数学上的一切东西的绝对适用性、不可争辩的确证性的童贞状态一去不复返了”，又说：“而在物理学和化学方面，人们就像处在蜂群之中那样处在种种假说之中。”[2]在社会科学的研究中，人的“假设特性”表现得也很充分。马克思和恩格斯关于共产主义社会的设想、列宁关于社会革命可以在一国首先取得成功的预言、毛泽东关于抗日战争势必是“持久战”的预见、亚当·斯密关于“经济人”的假设等，都是社会科学研究运用假设的典型范例。逻辑学界一般认为，科学的假设应有两个基本标志，一是以一定的经验和事实为逻辑基础，二是凭借特定的概念、判断、推理、预测建构逻辑体系。依此推论，科学的道德假设必须要以一定的道德经验和一定社会道德文明的实际水准为基础，假设体系的概念和范畴都应当能够真实地反映一定社会政治适应经济的客观关系。罗素在谈论科学史上的假设时曾发表这样一个论断：“任何假说不论是多么荒谬，都可以是有用的，假如它能使发现家以一种新的方式去思想事物的话；但是当它幸运地已经尽了这种责任之后，它就很容易成为继续前进的一种障碍了。”[3]这种见解显然是不适合道德假设的，因为不论人们用何种“新的方式”去思考和实践，“荒谬”的道德假设都不能与道德经验保持必要的质的同一性，都不能真实反映政治适应经济的客观要求，因而是不可能转变为事实的价值形式的。假如，一种“多么荒谬”的“道德假设”真的“幸运地”实现了自己的价值主张，那么，它对于此后的道德文明的发展进步来说就不仅仅是一种“障碍”，而是一场灾难了。

---

①《马克思恩格斯选集》第4卷，北京：人民出版社1995年版，第247页。

②《马克思恩格斯选集》第3卷，北京：人民出版社1995年版，第428页。

③［英］罗素：《西方哲学史》上卷，何兆武，李约瑟译，北京：商务印书馆1963年版，第175页。

在道德假设的问题上，自古以来一直存在一种违背科学假设的假设主义的倾向。假设主义的特性是夸大道德假设的精神引导作用，不仅无视道德经验的基础价值意义，而且也无视假设道德在价值实现过程中实际存在的诸多矛盾，如假设的道德本体超脱人们的认知水平的矛盾、假设的主导价值脱离社会文明的实际水平的矛盾、选择主体的善良动机与接受对象的不良企图的矛盾、选择主体的能力和情绪与价值实现的必备条件的矛盾等。假设主义不注意追问“应当”何以可能即假设的真理性，即使追问也是以“自问自答”的假设方式作答：为什么会“我为人人，人人为我”“假如人人都献出一份爱，世界就变成美好的人间”？假设“我为人人”就会“人人为我”了，“假如人人都献出一份爱，世界就变成美好的人间”了！假设主义的危害在于，一旦被传播开来，被以文本的形式推进道德教化的程序，就会让人产生一种错觉，不仅视“应当”为“正当”，而且还会把“可能真”（可能价值形式）当作“一定真”（必定能够实现的价值形式），把假设的道德标准作为度量现实道德的尺子，或者以“可能真”（可能价值形式）遮蔽“一定真”（必定能够实现的价值形式），看不到现实存在的道德文明。如今的学生在道德教育方面普遍存在这样一种困惑：“老师，您讲的都是对的，但是外面的世界不是如同您讲的那样，按照您讲的去做走出校门就行不通了。”这种困惑击中了如今道德教育中存在的一种假设主义的要害。假设主义如果久行而得不到应有的纠正，就会形成一种思维定势，一种传统，一种风尚。结果，通过相关传播渠道获得家喻户晓的知名度，营造出一种道德繁荣的景象。但是，事实上这种繁荣多带有表面、虚假的成分，掩盖着诸多伪善和堕落的东西，如沽名钓誉、欺世盗名等。所以，经历了一种道德假设主义盛行的年代以后，人们往往会转而信奉道德虚无主义，以“热嘲讽”或“冷幽默”的方式回应社会意志和社会理想的道德期待，而忽视自己的道德责任。历史上，道德假设主义除了带来一时的虚假文明，并不能真实地促进道德文明的发展。

三、经验与假设之间：道德文明发展的历史路向

道德研究者一直试图要人们相信，一定时代道德文明的实际状态和人类道德文明发展的历史路向，就是不断完善道德假设体系，通过加强道德教育和道德宣传促使道德假设体系不断实现其可能的价值形式的过程。所以，他们在研究以往道德文明史的问题上，把主要精力放在发掘和叙述传统道德的文本知识上面；在推动现实道德进步的问题上，认为加强道德教育就能把道德假设的认知体系和价值体系不断“内化”为人们的道德意识和行为；与此同时，忽视道德经验及其文明价值的客观存在。然而，历史发展的实际过程表明，一定时代的占统治地位的思想特别是关于道德假设的思想观念和价值体系，从来没有完全占领那个时代；人类道德文明发展的历史路向并不是道德假设体系所描绘的理想图景的注解（当然也不会仅仅是道德经验铺垫的世俗之路），而是道德假设与道德经验交互作用的结晶。

在这个过程中，道德假设的走向是双向世俗化路线。一方面，它经由其营造的社会舆论环境和人们对于精神生活的需求而被广泛传播和接受，成为推动社会文明发展的精神动力和人们精神生活的内容，充当引领人们行为的社会理想和意志，并有限地转化为人们的道德品质。另一方面，它经由传统旧道德的消解和道德经验的制约而被人们拒绝或曲解，有限地蜕变为与道德假设的价值内涵和趋向不同甚至截然相反的东西。如中华民族传统道德价值结构中的推己及人、团结友善等传统美德和不讲原则、拉帮结派等不良习性，就是封建统治者推行和倡导的儒学的“己所不欲，勿施于人”①、“己欲立而立人，己欲达而达人”②、“君子成人之美，不成人之恶”③等道德假设的结果。在这里，道德假设推行和倡导的过程与结果并

①《论语·卫灵公》。

②《论语·雍也》。

③《论语·颜渊》。

不完全遵循“种瓜得瓜，种豆得豆”的规律。

在这个过程中，道德经验的走向更为复杂。一方面，由于它是在“基础”的层面上维系人们日常物质生产和物质生活的精神纽带，充填人们日常精神活动的基本内容，带有浓厚的“世俗”特性，所以受道德假设的影响是有限的，但在道德假设“纠偏”和提升的过程中，又不可避免地会使自己的内涵变得丰富起来，文明水平和质量得到一定的改善和优化，以至于不再那么“经验”了。这种演变，我们可以从中国传统社会一些“庶民”所践行的“各人自扫门前雪，也管他人瓦上霜”“开门相望，老死时常往来”的生活图景中看得很清楚。另一方面，由于受到不良的道德传统特别是不良的道德经验传统的牵制性影响，也会出现偏离其适应和维系人们日常物质生产和物质生活的精神纽带的价值取向。这种情况，我们可以从“打一枪换一个地方”的小农式经营观念是如何冲撞和破坏现代市场经济经验秩序的现象中，管窥一斑。就是说，一定的道德经验在其发挥适应和维系生产（交换）关系和生活关系的道德价值的同时，也会出现破坏生产（交换）关系和生活关系的“恶”果，同样具有悖论的特征。

恩格斯在《路德维希·费尔巴哈和德国古典哲学的终结》中，把被人们创造的“历史”归结为无数个人“按不同方向活动的愿望及其对外部世界的各种各样作用的合力”和“平行四边形”[①]。这一分析方法显然可用作分析和说明道德文明发生和发展的历史路向的方法。道德经验和道德假设在其演变过程中发生的正向交互作用正是一个“平行四边形”，其整合的结果——道德文明发生和发展的历史路向就是“平行四边形”的“对角线”。如图：

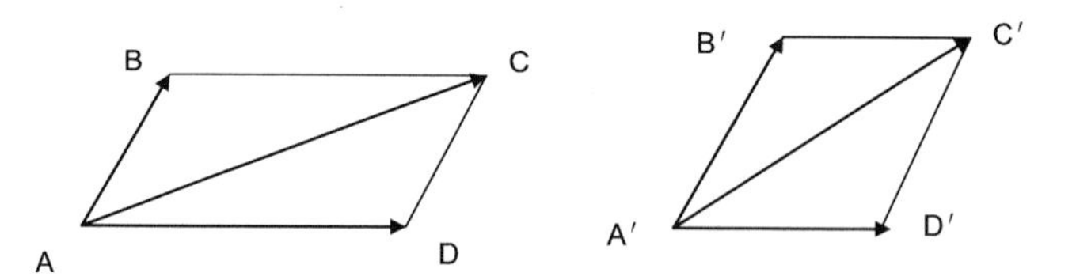

由此可见，人类道德文明发展的历史路向（A—C或A′—C′），是道德

①《马克思恩格斯选集》第4卷，北京：人民出版社1995年版，第248页。

经验（A—D 或 A′—D′）和道德假设（A—B 或 A′—B′）正向交互作用的“合力”和“平行四边形”的产物，是道德假设之善与道德经验向善的一面相互靠拢和叠加的结果。

就是说，人类道德文明发展的历史路向，既不是纯粹经验的，也不是纯粹假设的；道德经验不能真正代表一定时代道德文明的实际状态、体现人类道德文明发展的历史路向，道德假设虽然作为统治者的社会意志和道德理想反映了一定社会的人们对其道德文明发展的美好期冀，但其所指又往往难免同时带有虚假、虚幻的特性。因此，考察和评判任何一个时代道德文明的实际状态和人类道德文明发展的历史路向，不论是用道德经验还是用道德假设作为标准都是靠不住的。20 世纪 80 年代末到 90 年代中期，不少研究者曾一度热衷于以“滑坡”还是“爬坡”的不同见解来争相描绘当代中国道德文明的实际状态，并据此以不同的声音预测中华文明发展的前景，展开了一场引起全社会关注的争论。“滑坡”论者用的标准是传统的道德假设标准，“爬坡”论者用的标准是正在市场经济基础上生长着的新的“伦理观念”和道德经验，由于双方各执一端，又绕开了道德文明存在和发展的“中间状态”和“对角线”，最终谁也没有说服谁。如今回首，那场争论留给我们一个重要的启示：用社会科学的明晰语言来评判和叙述一定时代道德文明的实际状态和人类道德文明发展的历史路向，是一个相当复杂的问题。

其实，究竟应当用什么样的明晰语言来评判和叙述一定时代道德文明的实际状态和人类道德文明发展的历史路向并不重要，重要的是究竟应当用什么样的正确方法来评判和叙述这个问题。笔者以为，在这个重要的方法论问题上有三个思维向度是绝对不能忽视的：

其一，道德经验是每个社会最重要也是最厚实的道德文明基础，充分肯定道德经验是每个社会道德建设的首要任务和基本内容，当一种新的经济制度或体制正在建构之中或刚刚建立之际，尤其应当作如是观。前文说过，道德经验作为“正当”的道德文明形式，在“基础”和众多“庶民”的意义上维系着社会生产和社会生活的基本秩序，因此，它也是道德文明发展的基础。每逢社会处于变革的特殊时期，新生或正在赢得新生的“生产和交换的经济关系”就会急需与之相适应的道德经验，这时，生产和交换主体尚缺乏这种应有的道德经验，他们的道德经验和观念依然滞留在以往的秩序之中，而此时科学的道德假设实际上又很难被适时地提出来，于是社会就会出现既缺乏道德经验基础又缺失道德假设导向的“道德真空”的情况，道德失范问题随之就会大面积地乘虚而入。处在这种特殊的发展阶段，道德建设更应当高度重视梳理和阐发新的道德经验，从研究、肯定、阐发和传播新的道德经验做起。而在这个问题上人们容易犯一个认识错误，这就是匆匆忙忙地提出道德假设，试图用道德假设填补“道德真空”，纠正道德失范。这等于在疏空的沙滩上建造空中楼阁，其效果可想而知。就建设市场经济体制的社会而论，道德建设应当从充分肯定和传播公平观念做起。不论是从经验传统还是从假设传统看，刚从小生产社会走进市场经济社会的人们都缺少公平意识，习惯用平均主义和特权观念看待社会和人生，不懂得用公平的价值尺度看待和处理自己面临的人生问题是何等重要！于是，一些享用惯了平均主义“大锅饭”的人就会变得消沉起来，或以诅咒和嘲弄社会变革为能事，而一些惯于弄权和钻营的人则利用变革转型时期的空缝，疯狂地中饱私囊。从这种情况看，在全社会开展普及公平观念的教育是具有“扫盲”性质的，也是当代中国道德建设的一个基础性的历史性课题。诚然，由于受旧道德旧观念的影响，市场经济活动本身会出现一些违背公平的问题，但是，解决这一问题的道德建设仍然必须从充分肯定市场经济活动的道德经验做起，以讲公平对不讲公平，引导“经济人”树立公平观念，做具有依公平原则办事的“道德人”，而不能从理想的道德假设做起，或用平均主义和纯粹义务论对抗市场经济运作中出现的违背其自己生命法则的问题。不难设想，市场经济社会的道德假设体系及其建设与实践如果规避公平这种基本的道德经验和价值基础，势必会最终走进空洞的形式主义泥潭。

其二，道德假设是每个社会引领道德发展进步的精神力量，在主导价值的预设上必须保持与道德经验的基础同质性，也就是在“归根到底”的意义上必须保持与经济关系的内在一致性。如前所说，在阶级社会尤其是封建专制社会里，道德假设一般都具有为道德经验“纠偏”以至于与道德经验相左、替代道德经验的价值倾向。虽然它的价值内涵在一般意义上体现了社会整体对于个人需要实行统摄的社会意志和理想，但是，它的价值内核则是政治对于经济的“集中表现”，体现着“劳心者”对于“劳力者”的统治意志。在西方，关于持“长柄勺”的人们不能给自己用餐的通俗故事，所演绎的就是一幅活脱脱的用道德假设替代道德经验的图画。因为地狱里的人们可以凭借经验感悟到，只要将各自的“长柄勺”改为“短柄勺”（不过是举手之劳），就不仅解决了自己的食物问题，而且所面临的与己有关的善恶争端问题也就不复存在了。以儒学伦理思想为代表的封建专制时期的道德假设体系，在价值取向上就是与小生产者的道德经验相对立的，它以“纠偏”小生产者的道德经验为己任。“普天之下莫非王土，率土之滨莫非王臣”的政治伦理意识、“天下兴亡，匹夫有责”的政治伦理精神，“己所不欲，勿施于人”“己欲立而立人，己欲达而达人”“君子成人之美，不成人之恶”之类“推己及人”的人伦姿态，不就是针对小生产者的“开门相望，老死不相往来”的狭隘观念、自私自利的“各人自扫门前雪，休管他人瓦上霜”的道德经验提出来的道德主张吗？这是儒学在封建帝制确立之后被统治者推崇到“独尊”的地位的根本原因所在。

在整体上消灭了阶级对立、实现了人民群众当家作主的社会主义社会里，充分肯定道德经验也是充分肯定和尊重广大人民群众利益与精神生活方式的具体表现，道德假设对于道德经验不该再具有“纠偏”甚至相左的倾向，这是一个简单的问题。但人的“外向性”认识特点常使人面对“简单的问题”却易于陷落“不识庐山真面目”的窘境，不能正确作答。我们曾经为此付出了多么沉重的代价！今天，再没有必要沿用“纠偏”的传统思维方式来建立道德假设体系。我们的道德假设应当充分肯定道德经验，以道德经验为基础并包容和提升道德经验的内涵，在价值取向上体现群众性与先进性相统一的时代精神。台湾学者韦政通曾提出工业文明社会的人们需要树立十五种“价值观念”，即新的自然观、开放的人性观、新的文化观、社区意识、个性、自由、平等、民主、社会责任、正确的权威与地位观、正确的物质观、积极的工作观、积极的性观念、人类的相互依赖、形而上的或宗教的意识[①]。他提出的具体的“价值观念”及其体系建构是否科学，姑且另当别论，但他的构建工作在整体上体现了经验与假设相统一的方法，却具有一定的启发意义。

其三，市场经济条件下的社会道德建设，应当以健全的法制充分肯定道德经验的合理性和正当性，确认道德假设的科学性和价值引领地位。在专制社会里，统治者对“芸芸众生”拥有的道德经验一般不予问津，因为小生产者恪守的“各人自扫门前雪，休管他人瓦上霜”“开门相望，老死不相往来”不仅不会危害统治者的利益，相反还会给封建社会带来某种和谐和安宁。但是，封建统治者对道德假设体系却给予高度重视，凭借专制强权把封建道德（假设体系）变成直接为专制国家服务的婢女。人类进入以发展市场经济为标志的现代社会以来，资本主义以日益完善的法律制度充分肯定了以个人为本位的公平观——合理利己主义的伦理观念为核心的道德经验，实行道德经验的法律化，而把全社会道德假设的价值引领使命交给了宗教，政治不再直接干预社会的公共道德问题。这里提出了一个问题：产生于社会主义市场经济“生产和交换的经济关系中”的“伦理观念”和道德经验，是不是如同资本主义社会那样要以合理利己主义的伦理观念和道德经验为核心？中国学界很少有人涉足这个问题。但是，有一个基本事实是人所共知的：中国推动建设市场经济体制以来不断出台的与经济活动相关的法规，包括其立法理念已经对此作了充分的肯定，应当说这是一大进步，某些学科是否对此作理论阐发的问题事实上已经不是那么重要了。以法律的形式保障宗教的活动空间和人们的信教自由，是现代社会和人的一种客观需要。然而，不言而喻，社会主义不能让任何一种宗教教义充当引领全社会走向文明进步的主导价值，它在经验之上必须建立一个科学的道德假设体系，并且明确其中能够体现时代精神的主导价值和社会意志，因为我们最终要创建的是优于资本主义文明的新的文明体系。在我

① 韦政通：《伦理思想的突破》，北京：中国人民大学出版社2005年版，第141—146页。

看来，社会主义的道德假设体系及其实践方式应当得到法律的确认和保障，借助法律的威力加以推行和倡导；它的理论叙述方式不仅要有形而上的道德文本，也要有如同美国那样的必要的法律文本；它的实践方式不能仅仅是社会团体组织开展的活动，也要有执法和行政机构的直接干预。当其与市场经济情境中生成的新的道德经验渐渐形成正向“合力”和“平行四边形”时，我们社会的道德水准就必然会得到快速提升，构建和谐社会的思想道德基础也就必将最终形成。

第二编　传统伦理与道德

论我国古代德智思想*

一、德、智含义的演变

古代的德与智最初都具有多种含义。

德，由卜辞“值”演变而来，最初的基本含义有三种。（一）通“得”，适度占有的意思。如：“德，得也，得事宜也。”[①]在殷代，人们普遍认为心直者方能有所得，故把德写成“悳”，“外得于人，内得于己也”[②]。魏晋时期玄学代表人物王弼说得最明白：“德者，得也，常得而无丧，利而无害，故以德为名焉”[③]。（二）指“物性”，即物的“德性”，与“天道”相对应。古人有种看法，认为宇宙间有种“虚而无形”的“道”，万物的“德性”均由“道”化育而成，是“道”的具体体现，所谓“虚而无形谓之道，化育万物谓之德”[④]。因此，物之“德性”也是“道”居住的地方，“德者，道之舍，物得以生生”[⑤]。（三）指人的“德性”或曰

* 原载《上饶师专学报》1987年第3期，收录此处时标题有改动。

①《释名·释言语》。

②《说文解字》。

③《老子注》。

④《管子·心术上》。

⑤《管子·心术上》。

“人性”，即个人的道德品质，与“人道”相对应。这是古代德的主要含义，也是本文在下面讨论问题时对德的含义所用的界说。

智，比德出现得稍晚，起初与“知”不分，如“知者不惑”[①]、“择不处仁，焉得知”[②]中的“知”，都是“智”。大约到了墨子时代，“智”才作为独立的语词概念从“知”中分离出来。此后智的含义继续演变，在先秦时期泛指人的聪明才智，如墨子说的“智，明也”[③]，荀子说的“知之在人者谓之知，知有所合谓之智”[④]，强调智在“合”物，即认识客观事物。

二、德与智的关系

把德与智联系起来思考的方法，产生于春秋战国时期。当时，生产关系和政治制度急剧变革的潮流，触发起道德思考运动，形成道德思维领域“百家争鸣”的生动局面，促使人们重视知（智）识对于道德生活现实的作用，热心于对德与智的关系的探讨。关于德智关系的学说，当时曾出现两种根本对立的看法。

第一种看法的代表人物是老子。老子在社会大变革中看到了事物的矛盾性，但他又走向了绝对化，用绝对对立的观点看待不同事物之间的关系，对德与智的关系的阐述也是这样，如他说：“大道废，有仁义；智慧出，有大伪；六亲不和，有慈孝；国家昏乱，有忠臣。”[⑤]他对知美与知善的结果表示十分忧虑，“天下皆知美之为美，斯恶矣，皆知善之为善，斯不善矣”[⑥]。老子关于德与智的关系的绝对主义的观点，影响久远，特别是在魏晋时期，成了玄学的一根支柱，但在我国德智观发展史上始终没有成为主流。

①《论语·子罕》。
②《论语·里仁》。
③《墨子·经上》。
④《荀子·正名》。
⑤《老子·十八章》。
⑥《老子·二章》。

第二种看法以孔孟为代表，认为德与智同样重要，两者应当是并列统一关系。孔子伦理思想的核心是“仁”，围绕仁，他又提出忠、恕、孝、悌、信等项品德要求。但是孔子很重视智（知）即道德认识对于仁（德）的影响。《论语》中讲仁（德）有109处，讲智（知）有116处，而且许多处讲仁必定讲智（知）。如他说，“仁者安仁，知者利仁”[①]。意思是说，有仁德的人会保持自己的仁德，聪明的人会施行自己的仁德。孔子在周游列国，宣传他的主张时，常为自己才智不足而感叹，“吾知乎哉？无知也！”[②]孟子直接继承了孔子的上述思想，并有发展。他认为，人皆具有四种“善端”，即“恻隐之心”“羞恶之心”“恭敬之心”“是非之心”，说：“恻隐之心，仁也；羞恶之心，义也；恭敬之心，礼也；是非之心，智也”[③]。孔孟关于德智关系的思想得到了后世儒家的发展，如《中庸》说：“智、仁、勇三者，天下之达德也。”

汉初以后，中国封建社会开始进入稳定发展的历史时期。一部分知识分子为适应封建统治阶级政治上的需要，将德的地位与作用不断拔高，智逐渐变为德的一个条目，德与智由孔孟时代的并列统一关系转变为纲与目的统一关系。宋明理学的奠基者周敦颐就明确地将仁、义、礼、智、信统归于“德”之下[④]。程颢也说“义礼知（智）信皆仁也”[⑤]。朱熹则说得更具体，他认为仁不仅是“仁之本体”，而且也是“四端之首”，即礼、义、智、信的统帅[⑥]。

宋明以后，一部分具有革新意识的知识分子对德与智关系的传统思想，特别是“纲目”说进行了批判和改造。这方面的杰出代表是清代的戴震。戴震认为，德与智的关系既不是并列也不是纲目，而应当是一种“中和”的状态。他说：“仁智中和曰圣人”[⑦]。“中和”一语源于《中庸》“喜

①《论语·里仁》。

②《论语·子罕》。

③《孟子·告子上》。

④《通书·诚几第三章》。

⑤《二程遗书·语录》。

⑥《朱文公文集·答陈器之》。

⑦《孟子字义疏证·原善》。

怒哀乐之未发谓之中，发而皆中节谓之和”，意思是指一种不偏不倚、适时适度的道德修养境界。戴震借用“中和”来表述德与智的关系，显然是把德智二者看成一个高度统一的有机体，比起孔孟和朱熹等人无疑是一个进步。

应当看到，不论是“并列”说，“纲目”说，还是“中和”说，都主张德与智不可分割，两者应当统一。这是我国古代德智观关于德智关系学说的概括。

三、德智起源说

古代关于德、智起源的学说有不少派别，其中具有代表性的大致有三种，即：天赋说、性善说、生生说。

天赋说影响最大，其主要特点是将德与智的起源归于人之外的“天”。具体来看，天赋说又可分为三种不同的情况。第一种看法是把“天”当作德与智的本原，代表人物是孔子。孔子最为推崇“天”，“天”是他思想大厦的基石。他在宋国听说恒魋要杀他，不以为然地对弟子说“天生德于予，桓魋其如予何?”[①]第二种看法把“天神”当作德与智的创造者，代表人物是董仲舒。董仲舒是一个典型的神学目的论者。他认为，天是“百神之大君”[②]，“人之为人，本于天，天亦人之曾祖父也”[③]，把天看成是至高无上的人格神。在董仲舒看来，天不仅创造人的形体，而且塑造人的德性，“仁之美者在天，天，仁也……，人之受命于天也，取仁于天而仁也”[④]。不仅如此，他还认为，个人品德的差异也是“天意”所致。天在创造人类时，赋予人类三种不同的品性，即“圣人之性”“中民之性”“斗筲之性”。“圣人之性”不教自善，“斗筲之性”顽固不化。唯有多数人所具有的“中民之性”，会如同剿茧出丝、碾禾成米那样，可教而从善。这

①《论语·述而》。

②《春秋繁露·郊祭》。

③《春秋繁露·为人者天》。

④《春秋繁露·王道通三》。

就是由神学目的论直接推导出来的“性三品”说。第三种看法认为德与智起源于“天理”，主要代表人物是朱熹。“天理”论是对“天命”论与“天神”论的调和折中。天，在孔子那里是模糊不清，可敬可畏的自然之神，在董仲舒那里是形神皆具的人格神，在朱熹那里，与“理”相溶，成为理性主宰，实则是一种不具形体的神。朱熹说：“宇宙之间一理而已，天得之而为天，地得之而为地，而凡生于天地之间者，又各得之以为性，其张之为三纲，其纪之为五常，盖皆此理之流行，无所适而不在”[①]。意思是说，“理”是宇宙间无所不在的唯一的真实存在，人的德是由“理”派生出来的。

性善说的特点是将德与智的起源归于人的自身。此说自孟子到陆象山、王阳明一气贯通，认为人的德与智发于人自身的良心，即所谓的“良知良能”。“良知良能”是人生来具有的。孟子说：“人之所不学而能者，其良能也；所不虑而知者，其良知也”[②]。又说：“仁义礼智根于心”[③]，“非由外铄我也，我固有之也”[④]。陆象山、王阳明与孟子不同之处在于，既讲“良知良能”，也讲“理”，但陆、王认为“理”不在宇宙之间，而在人的心中，这又与程颢、程颐及朱熹相区别。陆象山说：“四方上下曰宇，往古来今曰宙，宇宙便是吾心，吾心便是宇宙。千万世之前，有圣人出焉，同此心同此理也。千万世之后，有圣人出焉，同此心同此理也。东南西北海有圣人出焉，同此心同此理也”[⑤]。在陆象山看来，“心之体甚大，若能尽我之心，便与天同”[⑥]，人之所以为愚为恶，就在于不明“此心此理”。所以他又说：“蒙蔽则为昏愚，通彻则为明智。昏愚者不见是理，故多逆以致凶，明智者见是理，故能顺以致吉”[⑦]。既然“良知良能”人皆有之，为什么人们德与智的品质会存在差距呢？王阳明解释道：“良知良

①《朱文公文集》卷七十。

②《孟子·尽心上》。

③《孟子·尽心上》。

④《孟子·告子上》。

⑤《陆九渊集·杂说》。

⑥《陆九渊集·语录》。

⑦《陆九渊集·易说》。

能，愚夫愚妇与圣人同，但惟圣人能致其良知，而愚夫愚妇不能致，此圣愚之所由分也”[①]。不难看出，性善说讲的“良知良能”，不是生物体的真实存在，也不是纯粹的精神现象，而是一种神秘的并不存在的“道德感官”。

生生说的特点是把德与智的起源归于某种自然规律。“生生”的思想本于《周易》的“生生之谓易”，认为人的德性和才智都是由一阴一阳变化而来的：“一阴一阳之谓道，继之者善也，成之者性也。仁者见之谓之仁，知者见之谓之知”[②]。就是说，一阴一阳发展变化而化育万物及人类，使之各具“德性”，有的人因此而获得仁德，有的人因此而获得智慧。“生生”思想在中国古代伦理思想史上影响很大，许多人都用它来说明德性与才智的起源。戴震曾热情赞美道：“生生者，仁乎！生生而条理者，礼与义乎”，“得乎生生者谓之仁，得乎条理者谓之智”[③]。认为人得到大自然的恩赐便有了德性，认识到大自然的发展规律就是智慧。

四、修德致智的原则和方法

上面，我们考察了古代关于德智起源的诸种说法。这里需要指出的是各种说法有共同之处：人的德性与才智只有通过后天修德致智的活动，才能不断趋向完善，才有可能成为圣贤。

这是我国古代德智观的又一个特色。但是，当具体论及修德致智的原则和方法时，就莫衷一是，甚至各执一端了。就总的倾向来看，基本上有两派不同的看法，一派主张“尊德性”，一派主张“道问学”。

“尊德性”派力主“内省”“体察”“反求诸己”的原则方法，认为如此内求于心是修德致智的根本途径。“尊德性”派最早的代表是老子。老子是在将德与智绝对对立的前提下讲“尊德性”的。他以“无为”即无任

①《王文成公全书·传习录》。

②《周易·系辞上》。

③《孟子字义疏证·原善》。

何欲望和追求为最高的道德标准，主张“为道日损。损之又损，以至于无为”，最终达到“众人昭昭，我独昏昏，众人察察，我独闷闷”[1]，“复归于婴儿”的道德境界[2]。在老子看来，圣人之治应当是“虚其心，实其腹，弱其志，强其骨，常使民无知无欲，使夫知（智）者不敢为也。为无为，则无不治矣！”[3]这其实是在推崇愚民政策。下面这段话说得更明白：“古之善为道者，非以明民，将以愚之。民之难治，以其智多。故以智治国，国之贼；不以智治国，国之福。”[4]王弼对老子的修德方法曾作过精彩的概括：“老子之书其几乎！可一言而蔽之，噫！崇本息末而已矣。”何谓“崇本息末”？“见素抱朴以绝圣智，少私寡欲以弃巧利，皆崇本以息末之谓也”[5]。孟子是先秦时期“尊德性”派的主要代表，他极力反对“问学”的修德致智方法，认为“人之患，在好为人师”[6]，提出反求诸己的三条原则。一是“求放心”。如前所述，孟子认为人的德性与才智发端于人自身的”良知良能”，亦即“良心”，有的人之所以为恶为愚，是因为放弃了这种“良心”，因此要修德致智就必须“求放心”。他针对当时人们只知道寻求丢失的财物，不知道寻求丢弃了的“良心”的现象，说：“人有鸡犬放，则知求之，有心放而不知求。学问之道无他，求其放心而已矣。”[7]。二是“善养浩然之气”。这是从积极方面提出的主张。“浩然之气”为何物？孟子说：“其为气也，至大至刚，以直养而无害，则塞于天地之间。”[8]如何“直养”呢？“集义所生者，非义袭而取之也”，就是说，“浩然之气”是由“良心”直接收集“义”进行培养而成的，不是“义”从外面“袭”进“良心”而成的[9]。三是“寡欲”。老子强调“无欲”，孟子主

①《老子·二十章》。

②《老子·二十八章》。

③《老子·三章》。

④《老子·六十五章》。

⑤ 北京大学哲学系编：《中国哲学史教学参考材料》（上），北京：中华书局1981年版，第337页。

⑥《孟子·离娄上》。

⑦《孟子·告子上》。

⑧《孟子·公孙丑上》。

⑨《孟子·公孙丑上》。

张“寡欲”，这是两者的区别。孟子认为，“心”是主思的，“心之官不思”是因为“蔽于物”[①]。就是说，对于财物的欲望妨碍了人们“存心”“养气”。他又认为，“寡欲”与“多欲”的人历来很少，多数人是处于一种中间状态。因此，他指出：“养心莫善于寡欲”[②]。

“尊德性”派在陆象山、王阳明那里形成高峰。孟子在讲到耳、目、心三官的功能时，认为心主思最重要，强调“先立乎其大”[③]。陆、王直接继承了孟子的这种思想，并将其推向极端，提出“自立自重”“简易工夫”的原则和方法，使修德致智活动走向简单化，内向性和闭锁性的主观色彩更为鲜明。陆象山说：“自立自重，不可随人脚跟，学人言语”，认为“收得精神在内时，当恻隐即恻隐，当羞恶即羞恶”；主张“人心有病，须是剥落”[④]。陆象山在与朱熹辩论时，自诩此种一“收”一“剥”的方法是“简易工夫”。后来，王阳明对这种“简易工夫”推崇备至，说：“减得一分人欲，便是复得一分天理，何等轻快洒脱，何等简易！”[⑤]

“道问学”派在中国古代德智观发展史上影响最大。该派的特点是主张外求于理或物，把后天的问与学看成是修德致智的基本原则和方法。《礼记·学记》“玉不琢不成器，人不学不知道”，“化民成俗，其必由学乎！”把学习看成是教化百姓，使之养成良好道德习惯的必由之路。

“道问学”派在先秦时期的代表是荀子。《荀子》三十二篇，首篇为《劝学》，其他篇章论及学习对于修德致智的重要作用，以及学习的原则和方法，亦有不少处。如他说，“我欲贱而贵，愚而智，贫而富，可乎？曰：其唯学乎！”“纵性情而不足问学，则为小人矣！”[⑥]不仅如此，荀子还强调要把“博学”与“参省”结合起来，说：“君子博学而日参省乎己，则知明而行无过矣”[⑦]。这种见解是难能可贵的。东汉王充也是一个主学派的

①《孟子·告子上》。
②《孟子·尽心下》。
③《孟子·告子上》。
④《陆九渊集·语录》。
⑤《王文成公全书·传习录上篇》。
⑥《荀子·儒效》。
⑦《荀子·劝学》。

代表人物，他认为“人才有高下，知物由学，学之乃知，不问不识”[①]，把学习看成是知物成才的根本。

“道问学”派最有影响的代表人物是朱熹。朱熹将问学看得极为重要，又将问学的方法说得十分玄妙。如他说，“高明之学，超出方外”，不可“以世间言语论量”[②]。他认为，修德致智的原则和方法就是要“明天理”，由于妨碍“明天理”的祸根是由“气质之性”派生出来的人欲，所以“明天理”的根本途径是“灭人欲”。在朱熹看来，“圣贤千言万语，只是教人明天理，灭人欲”[③]。“天理存，则人欲亡；人欲胜，则天理灭，未有天理人欲夹杂者。学者须要于此体认省察之”[④]。何为“人欲”？“人欲”是过分的物质欲望，他说，“饮食者，天理也，要求美味，人欲也。”[⑤]至于人间的“天理”，朱熹认为就是仁义礼智。可见，朱熹提倡的“明天理，灭人欲”，实际上就是要人们自觉按照封建道德要求压抑对美好生活的欲求，这是朱熹“道问学”主张的内容和实质。

戴震也是一个“道问学”的倡导者。他认为“去私莫如强恕，解蔽莫如学”[⑥]，提倡“君子慎习而贵学”[⑦]。在戴震看来，“人皆有不蔽之端”“人皆有不私之端”[⑧]。就是说，人人都具有修德致智的心理条件，善者与恶人，智者与愚夫并不是固定不变的。他并且认为，现实生活中智与愚的差别并非是天壤之别，“人虽有智有愚，大致相近，而智愚之远者盖鲜”[⑨]。在德智两者之间，戴震更看重智，强调致智（“去蔽”）对修德（“去私”）的重要影响，认为“凡去私不求去蔽，重行不先重知，非圣

①《论衡·实知篇》。

②《朱文公文集》卷三十六。

③《朱子语类》卷十二。

④《朱子语类》卷十三。

⑤《朱子语类》卷十三。

⑥《孟子字义疏证·原善》。

⑦《孟子字义疏证·原善》。

⑧《孟子字义疏证·原善》。

⑨《孟子字义疏证·绪言卷中》。

学也”[①]，“任其愚而不学不思乃流为恶”[②]，明确指出愚而不学习，不思考，必定做坏事，成为恶人。戴震与朱熹虽同属于“道问学”派的代表人物，但两人之间的分歧也是十分明显的，这主要表现在对待理与欲不同的看法上。戴震对人们的欲望和追求给予充分的肯定，认为“凡事为皆有于欲，无欲则无为矣，有欲而后有为，有为而归于至当不可易之谓理，无欲无为又焉有理？”[③]因此，他认为修德致智的根本不在于“灭人欲”，在于欲之“至当不可易”，即将个人的欲望和追求摆在恰当的位置而不轻易改变，正确看待“己欲”与“天下欲”“己觉”与“觉天下”的关系。他认为，“人之有欲也，通天下之欲，仁也；人之有觉也，通天下之德，智也”[④]。说到“问学”的具体要求，戴震提倡“贵化”，反对食而不品其味的“记问之学”，认为只有这样才能通达“心知”：“人之问学犹饮食，则贵其化，不贵其不化。记问之学，食而不化也。”[⑤]

五、德智统一观及其缺陷

通过以上初步考察可以看出，德与智相统一的思想是中国古代德智观的基本特点。在德与智的关系上，除老子外都讲统一，区别只是在于统一的形式有所不同。关于德与智的起源和发展的思想，都认为德与智不是凭空产生的，而是发端于某种本原性的存在；这种先天性的基础具有稳定性，但又不排斥后天的可塑性，通过“尊德性”或“道问学”的途径可以使之得到保持和改善。因此，多数“先天不足”的“小人”能够通过后天的修德致智，改善其德智结构状况。

古代这种以统一的眼光观察和思考德智全貌的思维方式，与我国古代伦理道德思维的总特点相关。我们知道，道德根源于社会的经济关系，我国

---

①《孟子字义疏证·卷下》。

②《孟子字义疏证·绪言卷中》。

③《孟子字义疏证·卷下》。

④《孟子字义疏证·原善卷下》。

⑤《孟子字义疏证·绪言卷下》。

封建社会小私有的生产方式，使广大劳动者养成了以“各人自扫门前雪，休管他人瓦上霜”为基本特征的伦理关系和道德生活习惯。它造成普遍的分散性的离心倾向，不利社会的安定和发展。这样，一方面必然促成封建国家政治的专制化，造成以专制政治控制分散经济的社会结构模式。另一方面，又必然会把整个哲学思维引向大统一的境地，去探索、寻求个人与社会，社会与自然的和谐统一。这就使我国古代道德思维逐渐形成用整体意识观察自然与社会的特点，古代德智观上的统一意识正是这个特点的折光。

作为一种道德观、道德教育的指导思想，古代德智统一观对于培养和训练一代代德才兼备的知识分子，继承和发展古代文明，无疑具有进步作用。在一定意义上甚至可以说，如果没有古代德智相统一的思想，也就没有中国古代灿烂的文化，没有东方世界的古代文明。但是，必须看到，由于时代和阶级的局限，古代德智统一观存在着一些严重的缺陷。这主要是：（一）把智的内容局限于社会历史观，其核心又是关于伦理道德方面的知识，这就使德智统一观局限在道德结构自身，阻碍了人们对于自然科学的开拓。我国古代文化之所以突出重伦理道德、轻自然科学这条主线，与这种畸形的德智统一观不无直接关系。（二）将智与行分割开来，把修德致智的着力点困囿在“圣贤之言”上面，否认了修养与实践的联系。在这个问题上，即使是一些杰出的唯物主义思想家也没有突破。如张载说：“德性所知，不萌于见闻”[①]，认为道德认识不产生于客观事物。上述两个方面的缺陷导致古人看不清道德知识与道德品质之间的距离，看不到作为道德知识的“智”转化为作为个人道德品质的“德”，必须经过道德实践。所以，古人讲修德，一般都以熟读经书，获得道德知识即“圣人之言”为目标，提倡“两耳不闻窗外事，一心只读圣贤书”。这样做的结果，固然也造就了不少“天下为公”的正人君子、志士仁人，但也塑造了不少只知注经立述的封建卫道者，甚至是伪君子。古代德智统一观这种精华和糟粕相混杂的现象，应当成为今天进行道德活动的镜子。

①《正蒙·大心篇》。

论中国早期的公私观念*

亘古至今，如何看待公与私的关系问题一直是人们道德生活的基本课题，凡道德问题无不直接或间接与公私观念相关。因此，研究中国早期的公私观念及其对今人的启示，对于今天的道德建设来说是很有意义的。

一、“公”“私”概念的早期含义

在中国，“公”字比“私”字出现得早。殷甲骨文中便有“公”字。由于当时“私”字尚未出现，公无私与其对应（立）而并不具有道德上的意义，不属于道德范畴。“公”发生道德意义是在“私”字出现之后。“私”是在周末出现的，意思是胳膊肘朝里弯，属于个人的粮食，一出现便具有道德上的意义，便是道德范畴。就是说，作为一般文字概念，是先有“公”字后有“私”字，而作为道德范畴则先有“私”字后有“公”字。正因为如此，许慎才用“平分私”的说法来解释“公”的含义：“公，平分也。从八从厶，八，犹背也，韩非曰背厶为公”。他的见解实际上是在阐发早期的公私观念，而不是在对“公”“私”两个字作一般词语概念的解释。

先秦绝大多数经典都涉及公与私。其中，公的基本含义有六种。一为

* 原载《甘肃社会科学》1996年第4期，收录此处时标题有改动。

用作对先祖的尊称，也是公的最早含义，如《诗经》所言“惠于宗公”（祖宗先王赐你福和财）的“公”便是。二为官位、爵位，属于政治范畴。《易经》曰：“公用亨于天子，小人弗克。”“公用亨于天子，小人害也。”意思是说，武人中诚心归顺的大头目受到天子（周厉王）的宴享，而那些顽抗到底的小人则不能有这样的待遇。另外，像《尚书》中的“立太师、太傅、太保，兹惟三公”（设立太师、太傅、太保，这是三公）的“公”，《诗经》中的“公之媚子，从公于狩”（公所青睐的人，随公一道去打猎）的“公”等等，也都是官位、爵位的意思。三为公有、共同之意，属于道德范畴，如《诗经》的“振振公子”“振振公姓”“振振公族”（振奋有为的公子、振奋有为的孙子、振奋有为的共同祖先）的“公”，“退食自公，委蛇委蛇”（退朝自公门而归食于家，舒心自得）的“公”，《荀子》所言“陋也者，天下之公患也，人之大殃大害也”的“公”，等等，都是这个意思。四为整体代称，专指国家、朝廷之“公事”，兼有政治、伦理两层含义。子游做武城县县长时，孔子问他：“你在这里得到什么人才没有？”子游答道：“有澹台灭明者，行不由径，非公事，未尝至于偃之室也”[1]，意思是说：“有一个叫澹台灭明的人，走路不插道，不为公家的事情，从不到我的屋子来。”五为公理、公义，具有社会道德意义。如《尚书》的“以公灭私，民其允怀”（以公义灭私情，人民将会信任归服）的“公”，即是。六为公平、公道，具有个体道德意义。《论语》的“宽则得众，信则民任焉，敏则有功，公则说”（宽厚就会得到群众的拥护，勤敏就会有功绩，公平就会使百姓高兴）的“公”，《道德经》中的“知常容，容乃公，公乃全”（认识规律才能无所不容，无所不容就是坦然大公，坦然大公就能无不周遍），《荀子》的“人主不公，人臣不忠也”的“公”，等等，都具有这个意思。不难看出，上述关于公的六种含义，前二种不具有道德意义，另外四种都具有道德意义，基本含义分别为：公有财产，公共事务，社会道德规范和要求，主体道德品质。

私，含义有四种。一为个人身份、个人独处之意，不属于道德范畴。

---

①《论语·雍也》。

《论语》仅有两处讲到“私”，一处是：“子曰：吾与回言终日，不违，如愚。退而省其私，亦足以发，回也不愚。”意思是说，我整天和颜回讲学，他从不提反对意见或疑问，像个愚人；等他回去后自己去研究，却也能发挥，可见颜回并不愚蠢。另一处是：“私觌，愉愉如也。”意思是说，孔子出使到外国，用私人身份和外国君臣会见，显得轻松愉快。这两处私的含义，都是指个人独处或个人身份。二为私利、私有。如《诗经》所言“薄污我私”的“私”，即为私利（个人的衣裳），“私人之子，百僚是试”的“私”，即为私有（私家早隶之属）。三为擅自、私自、自作主张等意思，如同今人所说的“背地里”。荀子所言“恭敬而逊，听从而敏，不敢有以私决择也，不敢有以私取与也，以顺上为志，是事圣君之义也”的“私”，即为“私自”之意。四为私心、私情、自私。如《道德经》所说的“见素抱朴，少私寡欲”，即是。与此相关的，尚有偏私、偏见，《尚书》曰：“非天私我有商，唯天佑于一德。”（不是天偏袒我使我有商，而是我有德之故）荀子说：“私其所积，唯恐闻其恶也。倚其所私以观异术，唯恐闻其美也”，都是这种意思。

中国早期公、私概念的演变，有两个特点值得注意，一个是：公的含义，一开始不具有道德意义，后来具有道德意义，最后伦理道德色彩越来越重。而私的含义一开始便具有道德意义，后来的演变却又时常以非道德意义的概念出现，《论语》说“私”仅两处却均不具有道德意义，便是一个说明。另一个是：《荀子》作为先秦儒学之集大成，涉及公、私概念最多，说公说私处基本上都具有道德意义，属于道德范畴，表明先秦末年，人们已经有了将公与私对应起来作为一对道德范畴进行思考的自觉性，中国早期的公私观念至此已基本定型。

二、公私关系及公私观念的早期类型

公私观念是在公私关系形成的过程中逐步产生的。

中国早期的公私关系的形成起步于土地。商代实行井田制，周代因袭。井田属国家公有，由诸侯驱使奴隶（或农夫）耕作，中间称“公田”，收获全部归天子，其余8块称“私田”，收获归诸侯。可见，最早的“私”其实也是“公”，只不过是带有地方特征的“小公”而已；那时的“公”“私”关系实际上是“大公”与“小公”的关系，或曰中央与地方的关系。后来，鞭笞之下的奴隶（或农夫）在井田之外去为诸侯开荒，诸侯因此而有了真正属于自己的私田，于是早期的公私关系正式确立。往后，随着社会生产和社会生活的发展与多样化，公私关系的领域不断拓宽，内涵也不断丰富起来。据考证：“古代重要的工商业，都和农业一样，是官家经营的。‘凡民自七尺以上属诸三官：农攻粟，工攻器，贾攻货’[①]。故殷、周的百工就是百官，《考工记》三十六工也都是官，是一些国家官吏管辖着各项生产工艺品的奴隶以从事生产。”[②]此说一方面指出殷周时期社会生产关系中的这些官奴关系，正是早期形态的公私关系的典型形式，同时也表明，在殷周时期公私关系已经普遍确立。

“利益是道德的基础”[③]，一切道德观念的产生与发展，都与利益有着密切的联系。公私关系的普遍确立，为关于公私关系的道德观念即公私观念的形成和发展，提供了客观的物质基础。建立在早期公私关系之上的公私观念，是从两个方面表达的：一是如何看待公利与私利的关系，二是如何摆正公义与私情的关系。

中国早期关于公利与私利关系的观念有两种。一种就大小摆位来说，主张公为大，私为小，即“大公小私”。如《诗经·国风·豳风》说：“言私其豵，献豜于公”。意思是说，狩猎得兽，大者献于“公家”，小者留为己有。另一种，就时间排序来说，主张公为先私为后，即“先公后私”。如《诗经·小雅·北山》说：“雨我公田，遂及我私”。此句要表达的道德意识，朱熹注得明白：“言农夫之心，先公后私”。据查证，在中国伦理思想史上，此处“先公后私”当为首次提出。“大公小私”和“先公后私”

①《吕氏春秋·上农》。

② 郭沫若：《奴隶制时代》，北京：人民出版社1954年版，第50页。

③《普列汉诺夫哲学著作选集》第2卷，北京：三联书店1961年版，第48页。

虽然表达形式不同，其实质是一样的，都认为公利比私利重要，在处理两者关系时要把公利放在第一位，首先考虑到公利。

至于如何看待公义与私情的关系，最早的主张见于《尚书》的“以公灭私，民其允怀”。从形式上来看，我们今天所倡导的大公无私，与这种以公灭私的主张实际上是一脉相承的。大公无私者，以公义、公理灭私心、私情之谓也，并非主张以公利灭私利。《尚书》是我国最早用文字记史论史的经典，因此，此处所言“以公灭私”可以看作是“大公无私”的最早主张。

需要指出的是，“大公小私”“先公后私”与“大公无私”在本质上是一样的，都确认公比私重要。但两者之间也有区别，表现在：前两者主张在公的面前，私有一定的地位；后一者认为，在公的面前私不应有任何地位。另外，值得注意的是，“大公小私”“先公后私”的道德观念，都是关于如何对待公利与私利的主张，分别见于《诗经》的“风”“雅”。这说明，在处理公私关系问题上，当时的平民百姓和下层人士，比较多的是注意调整公利与私利的关系，操作适用性的特点明显。“大公无私”的道德观念，出自《尚书》的“周官”，说明当时的统治者在处理公与私的关系问题上，最关注的是“公义”“公理”的道德价值，而对私心、私情之类是不屑一顾，弃之不用的。后来，孔子关于“君子喻于义，小人喻于利”[①]的见解，可看作是对这种思想的进一步肯定和发挥。

三、早期公私观念的特点及启示

早期的公私观念有几个特点最为突出，今人应当从中得到启示。

第一，公、私概念的含义是多元的，涉及与公、私相关的许多方面，既有道德含义，也有非道德含义，其中关于道德的含义又具有多种。这种含义多元的特点，一直延续到今天。如今人所提倡的大公无私的“公”，是指“公义”“公理”，“私”是指“私心”“私情”，大公无私也就是以

①《论语·里仁》。

"公义""公理"灭"私心""私情"，平时人们所说的公而忘私、办事公道等，也都是从这个意思上说的，尽管今天"公""私"的内涵与早期相比已经发生了本质性的变化。今天人们所遵循的先公后私、公私兼顾的"公"，是指"公利"，"私"是指"私利"，先公后私、公私兼顾调整的对象是两种利益之间的关系。有些人因看不到公、私含义的这种多元性的特点，常引发一些不必要的争论，如有些人反对提倡大公无私而主张先公后私和公私兼顾，认为大公无私"超越了时代"，是"左"的东西，这显然是把大公无私的"公""私"，都当成是公利、私利了。前些年，还有人主张"为个人主义正名"，理由是"人的本性都是自私的"，每个人都是"主观为自己，客观为他人"。这种表面看起来似乎言之有理的主张，其实是没有看到私的不同含义，他们显然是把人皆有之的个人欲望与需求即"私欲"，统统看成是"自私"即私心的表现了。

第二，处理公私关系的基本态度是重公利、公义，轻私利、私心。这种基本态度对后世影响很大，延伸了几千年，构成了中华民族伦理思维和道德生活的基本方式和主导方向。虽然先秦时期出现过诸如"拔一毛以利天下而不为"的那种私利至上的利己主义主张，后来又出现了"存天理，灭人欲"那种主张消灭一切与个人相关的"私欲"的片面性，但这种主导方向始终没有改变，中华民族重整体精神的道德传统由来已久。尽管这种传统曾被封建整体主义推向了极端，乃至于个人的尊严和价值也往往被忽视了，但其基本的价值取向则反映了人类道德文明发展的客观趋势，对于这一点是不能否认的。

第三，中国早期的思想家们对公、私含义的阐发及关于处理公与私关系的价值观念，常与现实社会生活密切地联系在一起，极少有空洞的议论。这一方面表明当时的理论思维不够发达，道德思考在多数情况下只能对经验进行描述。另一方面也说明，当时的思想家们思考伦理道德问题注重求实，注重从实际出发。这个特点，从《论语》《孟子》等经典著作中看得最为清楚。孔子、孟子几乎都是用讲故事的方式来阐发他们的公私观念的。即使是博大精深、思辨色彩极强的《庄子》，也讲述了许多美妙的寓言故事，以此来阐发自己的道德观和人生观。中国的伦理思想源远流长却长期没有所谓“元伦理学”问世，其初始的原因或许正在这里。

中国早期的公私观念，作为影响中国伦理思想发展史和道德生活文明史的主脉，给当代中国伦理思维和道德建设提供了诸多有益的启示，主要是：在伦理学研究和道德提倡中，要始终注意用历史分析方法看待各种道德规范和道德要求的内涵以及它们相互之间的区别，避免因基本概念的混淆而一起步就带来思想理论上的混乱；各行各业和全社会的道德建设要把握好尊重整体利益的主导方向，避免因纠正封建整体主义在对待公与私的关系问题上存在的漠视个人的尊严和价值的偏颇，而将人们引导到个人主义的道路上去。伦理学研究要和整个道德建设工程，要与社会生产和社会生活的日常活动紧密地结合起来，避免那种不深入生活实际，不调查研究生机勃勃、纷繁复杂的社会现实生活的经院式研究方法和抽象空洞的说教。

推己及人是儒学和谐伦理思想的核心价值*

人类伦理思维追求的价值目标及其思想成果的核心历来是和谐。儒学和谐伦理思想是中国传统和谐伦理思想的主体和发展演绎主线，其核心价值是推己及人及由此推导的政治和谐准则——“为政以德”。今天，传承和创新这份精神遗产的优秀品质，对于促进社会主义道德文化繁荣和建设和谐社会，很有现实意义。

一、推己及人的文本语义及意义向度

孔子生逢奴隶制国家“分崩离析”“礼崩乐坏”的社会变革时期，他在颠沛流离、惶惶然难继终日的人生磨难中，基于人与人相比的差别开始了他对和谐伦理问题的思考。他赋予此前的“亲亲为仁”以“爱人”的丰富内涵，使之成为儒学和谐伦理思想的核心范畴和母体语义，并将“仁”与“礼”贯通了起来，赋予由周而至的礼仪政制以和谐伦理的道德内涵，并分解为孝、忠、悌、恕、义、信等道德观念和行为标准，由此而奠定了儒学和谐伦理思想的基石。

后来，许慎解说仁的语义和语形提出：仁，亲也，又有兼爱的意思，

* 原载《合肥师范学院学报》2012年第2期，收录此处时标题有改动。

故从人从二[1]。他言简意赅地把伦理归结为“两个人之间”的“亲”与“爱”的人际和谐伦理，精辟地抓住了儒学和谐伦理思想关注的核心问题。

从儒学和谐伦理思想的文本语形来看，“两个人之间”的人际和谐伦理问题，多是以“（自）己”与“（他）人”的伦理关系方式来叙述的。“己”与“人”，是儒学和谐伦理思想中两个最基本的“人学”概念。在《论语》等儒学经典中，一切人与人的关系和人与人的一切关系，都可以归结为“己”与“人”的关系，在“己”与“人”的人际关系上得到伦理道德的说明。如果说“仁”即“爱人”是儒学和谐伦理思想的核心价值，那么，“推己及人”就是“仁者爱人”的核心价值。

儒学和谐伦理思想文本并没有体现“推己及人”的直接语形，但表达推己及人语义的道德命题却很多。如《论语》说的“己所不欲，勿施于人”[2]、“己欲立而立人，己欲达而达人”[3]、“君子成人之美，不成人之恶”[4]等，《孟子》说的“老吾老以及人之老，幼吾幼以及人之幼”[5]、“人皆有不忍人之心”和“怵惕恻隐之心”[6]等，都是表达推己及人文本语义的典型命题。

《论语》中说“己”与“人”，有一个十分鲜明的特点：说“己”不多，含有“为自己”之义的“己”更少，而说“人”却很多，直接出现的“人”有162次，加上“仁”也有“人（他人）”和“仁人”的意思，如“泛爱众，而亲仁（人）”[7]、“殷有三仁（人）”[8]、“观过，斯知仁（人）矣”[9]等之“仁”，说“人”之处则更多。这种特点表明，儒学和谐伦理思想在关注和言说家、国等社会和谐问题上，看重的是“己”与“人”的人

① 许慎:《说文解字》,北京:中华书局1963年版,第161页。

②《论语·卫灵公》。

③《论语·雍也》。

④《论语·颜渊》。

⑤《孟子·梁惠王上》。

⑥《孟子·公孙丑上》。

⑦《论语·学而》。

⑧《论语·微子》。

⑨《论语·里仁》。

际伦理和谐，在看待和处置“己”与“人”的人际和谐问题上看重的是“（他）人”的需求。“推己”是道德选择的价值标准，也是对待“（他）人”之道德态度的立足点和出发点，“及人”是道德行为的实际过程和价值目标；“推己及人”的主旨既不在“己”，也不在“（他）人”，而是要把“爱己”与“爱（他）人”关联起来，构建“己”与“人”之间的和谐伦理关系。由此可见，推己及人既不是专门利己之道，也不是专门利人之道，而是合乎关心他者的利己之道、为己之道。为己、利己，不仅不损人，而且能够推己及人——“立人”“达人”，这就是推己及人道德上的意义向度与价值真谛。正因如此，推己及人在封建社会的道德教化中，很容易找到自己生存的土壤，演变为与人们精神生活息息相关的俗世形式，如“设身处地”“将心比心”等。

这种意义向度是合乎道德的经验逻辑的。道德的经验基础与价值目标本质上是特定的利益关系。超脱特定的利益关系，任何思想道德都会“出丑”。面临特定利益关系境遇的道德选择，从人的生存发展的主观逻辑来看，人们一般都会首先想到自己，这是天经地义、无可厚非的；而从观照其他的“己”和社会生存发展的经验逻辑来看，人们不应当只是想着自己，除了享用世袭和特权任何人都不可置他方利益于不顾，否则就会损毁他方，致使在另定的利益关系境遇中殃及自己，最终导致道德失却，人己俱损，出现“人人为己，则天下大乱”的颓败世局。推己及人正是建立在这样的经验逻辑理性的基础之上，它真实地反映了中国古代社会和人对人际伦理和谐的客观要求，通俗而又生动地体现了和谐伦理思想的逻辑与历史的统一的社会理性。

在历史唯物主义视野里，推己及人也合乎道德意识形态的建构机理。任何社会提倡的道德，本质上都是对一定的“伦理观念”实行上层建筑式的批判和提升的意识形态，对此不应置疑。恩格斯说：“人们自觉地或不自觉地，归根到底总是从他们阶级地位所依据的实际关系中——从他们进行生产和交换的经济关系中，获得自己的伦理观念。”[①]根源于自给自足、

①《马克思恩格斯文集》第9卷，北京：人民出版社2009年版，第99页。

无须政府调控的小生产基础之上的“伦理观念”，必然是“各人自扫门前雪，休管他人瓦上霜”，缺乏他者意识和国家观念的道德内涵，无疑不利于人际与社会的伦理和谐，需要将此提升到作为统治阶级意志的道德意识形态层次，以淡化和抵消这种自发形成的小生产者的“伦理观念”，推己及人乃至整个儒学和谐伦理思想由此而诞生。

由此看来，孔子创建的儒学和谐伦理思想和道德主张的意义向度和价值取向与小私有观念和特权思想是相左的。也正因如此，儒学伦理思想和道德主张在汉初被封建统治者推至“独尊”的主导文化地位。

二、推己及人与为政以德

“为政以德”和孟子后来直接主张的“仁政”，在直接的意义上是孔子贯通“仁”与“礼”的结果[①]，而从根本上来看则是“推己及人”的逻辑张力使然，是儒学和谐伦理思想的政治化要求。对此，孟子说得很明白：“先王有不忍人之心，斯有不忍人之政矣。以不忍人之心，行不忍人之政，治天下可运之掌上”[②]。意思是说，古代圣王由于怜悯体恤别人的心情，所以才有怜悯体恤百姓的政治即仁政；（梁惠王如果能够）用怜悯体恤别人的心情，施行怜悯体恤百姓的政治，天下就可以握于掌心了。

这是合乎儒学和谐伦理思想之演绎逻辑的。如前所述，儒学伦理思想把一切“人”的关系归结为“己”与“人”的关系，用具体的“己”与“人”关系来看待一切社会关系。在孔孟看来，站在“治者”立场的“治人”就是“（己）治人”，“治人”与“治于人”的关系也就是“己”与“人”的关系，所以孔子说：“泛爱众，而亲仁（人）”。

对于“治者”来说，为政以德也就是要推己及人。前者是后者政治化的产物，政治伦理和谐的道德规范要求。所不同的是，为政以德的道德要

①《论语》大凡说“礼”处多同时说到“仁”，如“人而不仁，如礼何？”“克己复礼为仁。一日克己复礼，天下归仁焉”。这种贯通的伦理意义向度和价值取向很清楚：孔子要在他的伦理思想和道德主张中实现道义与政制的政治和谐。

②《孟子·公孙丑上》。

求更高，强调的是“为政以正”，为“治于人”的“（他）人”做表率，而推己及人则没有这样的高标准要求。其所以应当如此，是因为“政者，正也；子帅以正，孰敢不正？”[1]若是“子帅以正”，就会如同“君子之德风，小人之德草；草上之风，必偃”[2]一样，成就“为政以德，譬如北辰，居其所而众星共之”的政治和谐效应，实现一统天下。由此观之，若能推己及人而至为政以德，就可以实现政通人和，达到天下大治。

今天看来，由推己及人推导为政以德并将两者贯通起来是合乎道德实践逻辑的。“官”与“民”的关系从来都不是抽象的，而为政以德的道德要求则既可以抽象地记述为道德知识和口头上的道德宣言形式，也可以具体地表现为实际的道德行为方式。唯有赋予其“己”与“人”的具体内涵和推己及人的行为方式，才可能避免为政以德的要求仅仅停留在文本或口头上，而使之具有“泛爱众，而亲仁（人）”的实质性的道德意义。

把推己及人和为政以德贯通起来，也是符合“治者”道德品质形成和发展的逻辑的。古今“治者”的人生旅程都证明，一个人在未成为“治者”之前，若是能够正确看待“己”与“人”的关系，就会进而自觉或不自觉地在推己及人的社会理性意义上接受关于正确理解和处置“己者”与“他者”的道德教育；当其成为“治者”之后，一般也就会在行动上而不是仅仅在口头上正确看待“治人”与“治于人”的关系，由推己及人而拓展到为政以德。

由以上简要分析可以看出，推己及人作为儒学和谐伦理思想的价值核心，有着完整的内在结构，彰显的是己者与他者相统一、个人与社会相统一、家与国相统一、国家与天下相统一的和谐价值观。

三、推己及人的实践理性及其当代启示

有学者指出：“孔孟之‘仁’都是与具体对象相联系的情感范畴，是

①《论语·颜渊》。

②《论语·颜渊》。

道德情感本身而非道德情感的根据，是形而下的伦理概念而非形而上的哲学范畴，所以孔孟仁学同为道德伦理学而非道德哲学。”[1]笔者以为，此言甚是。

不难看出，作为儒学和谐思想和道德学说的核心价值，推己及人及由此推导的为政以德并不是那么哲学，缺乏形上的思辨特色，甚至显得有些简单粗糙。这其实正是整个儒学传统伦理文化的一大特性，宋明理学和心学虽然做过不少“天理”和“心性”方面的形上探究，但并没有改变这种特性。但是，由于其合乎中国国情，适应封建社会经济和政治基本结构的客观要求，所以在调节人际关系、维护社会稳定方面却展示了不可替代的历史作用。其所以如此，与推己及人和为政以德在梳理伦理关系和指导道德生活方面所独具的实践理性是密切相关的。

人己伦理关系是“思想的社会关系”的基本形态，也是一切“思想的社会关系”的根基；道德要求若是离开正确看待人己之间的伦理和谐，最易流于形式，止于空谈。诚然，如何看待人己伦理关系问题，在认识上离不开必要的“纯粹理性”，但人己关系本身并不是纯粹理性，而是现实经验和实践理性指导的“物质的社会关系”的具体形态，都是以伦理境遇中“己”与“人”的关系为实质内涵的。同样，“官”与“民”的关系，在一般情况下也不是抽象的文本理性问题。“做官”会不会有“譬如北辰居其所而众星共之”的地位和政绩，根本上取决于如何现实、具体地把握“己”与“人”的关系。这是推己及人及由此推导的为政以德的实践理性之一。其实践理性之二表现在，具体生动地表达了儒学和谐伦理思想质朴的公平正义观。在中国古人看来，“己”与“人”都是“人”，“官”与“民”也都是“人”，虽然人有高低贵贱之分、君子小人之别，但“人皆有不忍人之心”，“人之初，性本善”，在对待“人”的问题上是不应该有差等的。仔细推敲，这种古朴的伦理观念或许包含着小生产者的“平均主义”意识，但即使如此，其贬斥封建专制特权的意义向度也是不容忽视的。

---

① 沈善洪，王凤贤：《中国伦理学说史》（下卷），杭州：浙江人民出版社1988年版，第16—17页。

康德在指出“纯粹理性”如果超越“经验”势必会产生“二律背反”之后，又强调“实践理性”在“伦理的法则”的意义上超越“经验”之阈限的必要性。但由于他的“实践理性”实际上是脱离实践的，主观的“自由”必然会最终为经验的“自由问题”所困扰，陷入“二律背反”式的悖论，出现如同后来T.W.阿多诺所批评的那样，“把我们引入了不可解决的矛盾之中”的“尴尬”[①]。

推己及人作为一种梳理伦理关系和指导道德生活的实践理性，在语形语义上也有诸多涉论形而上层面的“纯粹理性”，但其本质上都是实践理性。如“性善论”，形似道德本体论或本原论范畴，但其本义或真谛其实都是源于经验，而并不是“非常道”“非常名”的形上之物。关于这一点，我们可以从孟子和告子关于性善与否的争论和荀子关于“礼之生”和“礼之用”的见解中看得很清楚。荀子针对俗世社会存在的“分”和“乱”，在“礼生”和“礼用”的意义上提出通过道德和法制（刑制）的和谐主张，所立足的“性恶论”更是一种经验论。如他说：“礼起于何也？人生而有欲，欲而不得，则不能无求；求而无度量分界，则不能不争。争则乱，乱则穷。先王恶其乱也，故制礼义以分之，以养人之欲，给人之求，使欲必不穷于物，物必不屈于欲，两者相持而长。是礼之起也。”[②]如果说，荀子是把后天未受教化而为恶当作人与生俱来的“恶性”的话，那么，孔孟则是把后天接受道德教化而为善当作人与生俱来的“善性”，都是对经验作了本体论的误读。再如程朱理学言说的“太极”和“天理”，其实也并非是要为俗世社会伦理道德的合理性提供本体论证明，而是要为“浑然天理为仁”实行“分殊”，在相对于“人欲”的意义上提出“分殊”性的道德标准。如朱熹说：“人欲便也是天理里面做出来，虽是人欲，人欲中自有天理”，“饮食者，天理也；要求美味，人欲也”[③]。可见，在朱熹那里，所谓“天理”不过是“地理”而已，称其为“天理”不过是要把

① [德]T.W.阿多诺：《道德哲学的问题》，谢地坤，王彤译，北京：人民出版社2007年版，第85页。

②《荀子·礼论》。

③ 沈善洪、王凤贤：《中国伦理学说史》（下卷），杭州：浙江人民出版社1988年版，第201、203页。

俗世所要求的“地理”搬到天上、提升世俗社会纲常伦理的权威而已。至今一直受到人们责难和批评的“存天理，灭人欲”的本义，其实正是关于俗世生活的一种经验性的实践理性。

这样的实践理性具有的当代意义，尚有待于我们认识和拓展。

众所周知，当代中国的改革开放和社会转型在取得辉煌成就包括人们思想道德观念的巨大进步的同时，也出现了以诚信缺失为表征的严重的道德问题和社会不和谐因素。应对这些问题，学界积极开展“道德哲学”的意义上的伦理思想研究；国家出台了旨在规范人们行为的道德体系；社会坚持不懈地开展着各种各样旨在倡导和谐新风的道德活动。这些无疑都是必要的，也在一定程度上扼制了道德问题的恶性蔓延之势。然而，人们有目共睹的是，诸如公共生活和食品安全之类的“缺德”问题，依然屡见不鲜。

从道德上来分析这类基本道德感缺失的主要原因，不应当将此归咎于市场经济的所谓“负面效应”，也不应当将此归咎于没有受到崇高道德的教育，或当事者缺乏“见贤思齐”的道德自觉、因而没有受到道德榜样的熏陶。主要的原因是，我们长期以来没有重视推己及人这种传统道德精神的普及教育，致使一些人缺乏推己及人的道德良知，社会缺乏推己及人的道德氛围。因此，面对当代中国改革开放和社会转型进程中出现的道德失范和诚信缺失问题及由此产生的诸多不和谐因素，广泛开展推己及人的道德评价和道德教育是十分必要的。它有助于纠正目前普遍存在的空谈道德与和谐的不良风气，切实推动人际和谐和社会和谐建设。

儒家和谐伦理思想的文明样式析论*

人类社会有史以来的每一种伦理思想及道德体系都有其特定的结构和功能属性，我们称此为伦理思想的文明样式。儒学和谐伦理思想是中国古代和谐伦理思想乃至整个传统伦理思想的主体和历史发展主线，有其独特的文明样式。今天，分析和把握这种文明样式，对于科学传承和创新中国传统伦理思想优良的精神品质，促进社会主义和谐社会建设具有重要的现实意义。

一、儒家和谐伦理思想的内在结构与核心价值观

在中国传统伦理思想史上，儒学伦理思想和道德学说的“独尊”地位屡受来自释道伦理思想的挑战，但并未发生过根本性的动摇，这与儒家和谐伦理思想具备稳定的内在逻辑结构和核心价值观是密切相关的。对此，我们可以从以下几种视角来展开分析。

其一，以“仁”贯通“礼”，实现道德与政制、法制（刑制）的和谐统一。礼，原为糊弄人与鬼神之间的祭祀活动，萌于“民神杂糅，不可方物”[①]的原始社会末期至周奴隶制末期，经历了由“祭礼”到“礼制”的

* 原载《伦理学研究》2012年第3期，中国人民大学书报中心复印资料《伦理学》2013年第1期转载。

①《国语·楚语下》。

发展演变过程。仁，本为“亲亲”之义，是孔子在周天下“分崩离析”“礼崩乐坏”的动荡时期创建仁学伦理文化的学理基础。孔子将仁的内涵扩充为“泛爱众”[①]即“博爱他人”[②]，旨在用“泛爱众”的仁爱精神贯通和改造周礼。

这从《论语》言说“仁”与“礼”的语言逻辑看得很清楚。这就是：多将“仁”与“礼”放在同一看法或主张的命题中来表述。《论语》说“仁”有109处，说“礼”有74处，大凡说“礼”处多同时说到“仁”，如“人而不仁，如礼何？”[③]、“克己复礼为仁。一日克己复礼，天下归仁焉”[④]，等等。这种语形表明，孔子要将他承接先人的“亲亲为仁”由家庭伦理推向全社会伦理，赋予仁以忠、孝、恕、节、义等道义内涵，改造由周而来的僵化的礼仪制度，实行“亲亲”的普世化和当代化。这一极为重要的古伦理文化的改造与创新工程，奠定了整个中华民族传统伦理文化的“仁学”基石。所以，孔子之后的礼，在内涵和功用的表述上多兼有道德、政治、法律三种含义，如《礼记·曲礼（上）》曰：“道德仁义，非礼不成；教训正俗，非礼不备；分争辩讼，非礼不决；君臣、上下、父子、兄弟，非礼不定；宦学事师，非礼不亲；班朝治军，莅官行法，非礼威严不行；祷祠祭祀、供给鬼神，非礼不成不庄。是以君子恭敬撙界退让以明礼。”[⑤]

这里顺便指出，在考察中国传统伦理思想中相遇文本之“礼”，应当放在具体语境中来理解它的特定内涵，而不应当仅作道德、政治、法律三者中的哪一种语义来解读。

其二，以“德”体现“道”，实现“个人之德”与“社会之道”的和谐统一。

---

①《论语·学而》。

②《论语·颜渊》。

③《论语·八佾》。

④《论语·颜渊》。

⑤《礼记·曲礼(上)》。

"道"，本有道路、外在于人的神秘力量[①]、独立于个体的俗世社会的规则等多种含义。"德"始见于《周书》，本义为人与生俱来的"性"。孔子是最早将"道"与"德"联系起来，主张以"德"实现"道"的古代思想家[②]，他说："志于道，据于德"[③]。后来，《礼记·乐记》如是明确解说两者关系道："礼乐皆得谓之有德，德者得也。"朱熹注释"据于德"之"德"时曰："得之于心而守之不失。"[④]"德"与"道"联系起来并以"德"实现、体现"道"的逻辑程式，使"道德"具备了反映个人与社会（"私"与"公"）之间必然性联系的本质特性。中国古人关于公私关系的这种朴素的结构意识和价值观念，对于今人应当如何理解和把握所谓"德性伦理"或个体道德的科学内涵，仍然具有某种校正性的启发意义。

在历史唯物主义看来，离开社会道德要求，个体德性操守的形成就成了无稽之谈。不同的个体道德，只存在其表现社会属性上的个性差异，不存在有无社会属性的差别。

其三，以家庭和谐伦理通达天下和谐伦理，实现"齐家、治国、平天下"的"大一统"观念和谐。这种大和谐伦理观早在西周就已形成，如《尚书》中就有这样的记载："克明俊德，以亲九族。九族既睦，平章百姓。百姓昭明，协和万邦。"[⑤]意思是说：（尧）能发扬大德，使家族亲密和睦，进而影响其他各族，达到天下（百姓）太平。孔子在回答弟子"问仁"时，常把"爱家"与"爱国"统一起来，如"仲弓问仁"，他在"恕"的意义上答道："在邦无怨，在家无怨。"[⑥]

中国古代社会贤臣明君著述过数不尽的"家训"，其思想主题都是家

---

① 在中国哲学史上，诸如老庄言说的"道"所指实则多为一种人"非可道"的神秘力量，并非如同今人所言说的自然规律。

② 学界有人认为，第一个将"道"与"德"联系起来的人是皋陶，因为《史记·夏本纪》有皋陶说过"信其道德，谋明辅和"的记载；亦有说是老子，因为他有一本专论"道"与"德"的《道德经》。但在笔者看来，这些都不足以为据，也不足以可信。（参见拙著：《中国伦理学引论》，安徽人民出版社 2009年版，第4页）

③《论语·述而》。

④《四书集注之论语章句集注》（上），北京：中国书店出版社1984年版。

⑤《四书五经之书经集传》（上），北京：中国书店出版社1984年版。

⑥《论语·颜渊》。

庭伦理和谐，而在言说家庭伦理和谐时多表达家国一体的和谐观念。

其四，以“天理”统摄“人心”，实现“天理”与“人欲”、“天地之性”与“气质之性”的和谐统一。孔孟儒学伦理思想在汉初被“独尊”为国家意识形态后，虽然在保持其基本精神的情况下注意吸收和融合法、道、阴阳等各家思想，赋予内在结构某种开放的性质，但随后经董仲舒发挥衍生出“天人感应”的天道宇宙观，导致谶纬之术一度盛行，致使儒学伦理文化内涵的和谐思想带上了神秘的色彩，开始远离俗世社会，失去了“独尊”的实际地位，陷入困境。经过唐代的“复古运动”，特别是宋明理学与“心学”的“新儒学运动”，儒家和谐伦理思想不仅跟随整个儒学伦理文化恢复了“道统”地位，而且在“生生为仁”的形上层面赢得了新生。

由以上简要分析可以看出，儒家和谐伦理思想在“不同而和”“和而不同”的认识论和本体论的前提下，有着完整的内在结构，彰显的是己者与他者相统一、个人与社会相统一、家与国相统一、国家与天下相统一的和谐价值观。同时也不难看出，有一种核心价值观和逻辑主线贯穿于这种完整结构之中，这就是“推己及人”与“为政以德”；而“推己及人”与“为政以德”之间也存在一种逻辑关系：“推己及人”是根本，“为政以德”是“推己及人”合乎逻辑推理的张力使然[①]。这正是儒家和谐伦理思想的文化本质之所在。

儒学伦理思想包括儒家和谐伦理思想，作为一种文化本质上并不是如同康德著述的那种思辨的道德哲学，而是关于道德生活的经验论和实践论，是合乎道德生活的经验逻辑的真正的“实践理性”。《论语》中的许多道德命题和主张，其实就是关于道德生活经验（经历、体验是也）的直白式记述、表述，有的甚至就是直接的自述，如《学而》开篇说：“学而时习之，不亦说乎？有朋自远方来，不亦乐乎？人不知，而不愠，不亦君子

① 学界有一种根深蒂固的观点认为，儒学伦理思想体系的核心是仁即“泛爱众”或“博爱他者”。这种的理解重视的是儒学伦理思想文本样式的字义解读，实际上并未在文化本质的层面上给予其文明样式的深层内涵及核心价值观以应有的重视。

乎？”继而又说“曾子曰：‘吾日三省吾身——为人谋而不忠乎？与朋友交而不信乎？传不习乎？’”等等。

人的一切优良道德品质的形成都离不开对道德意义的感知，因而也都离不开道德生活的实践经验，而人的道德生活经验的常见、直接的主题，就是如何看待“己者”与“他者”的现实关系。一个人在实际生活中能够正确看待“己者”与“他者”关系，就会进而自觉或不自觉地在“推己及人”的社会理性意义上接受关于正确理解和处置“己者”与“他者”的道德教育；当其成为“治者”之后，一般就会在行动上而不是仅仅在口头上正确看待“治人”与“治于人”的关系，由“推己及人”而拓展到“为政以德”。也就是说，具备了“推己及人”德性的人，一般就能“为政以德”。“推己及人”是儒家和谐伦理思想乃至整个儒学伦理思想的逻辑基础和价值张力所在。

正因如此，在孔子创建的仁学范畴体系中，“己”与“人”是两个最基本的“人学”概念。《论语》中的“己”出现不多，“为自己”之意思的“己”更少，而“人”使用率却很高，出现162次。加上“仁”本来就有“人（他人）”和“仁人”的意思，如“泛爱众，而亲仁”[①]、“殷有三仁”[②]、“观过，斯知仁矣”[③]的“仁”等，则更可以看出“人”的使用率很高。这表明，“仁学”在“己”与“人”之间更看重的是“人”，“推己及人”的主旨在“及人”—“爱人”，对于“治者”来说就是要实现“为政以德”。

“推己及人”旨在实现人际和谐，强调的是“己所不欲，勿施于人”[④]、“己欲立而立人，己欲达而达人”[⑤]、“君子成人之美，不成人之恶”[⑥]。“为政以德”旨在实现政治和谐，强调的是“为政以正”，因为

①《论语·学而》。

②《论语·微子》。

③《论语·里仁》。

④《论语·卫灵公》。

⑤《论语·雍也》。

⑥《论语·颜渊》。

“政者，正也；子帅以政，孰敢不正?”[①]若是“子帅以正”，就会如同“君子之德风，小人之德草；草上之风，必偃”[②]一样，成就“为政以德，譬如北辰，居其所而众星共之”[③]的一统天下。概言之，若能“推己及人”而至“为政以德”，就可以实现政通人和，达到天下大治。

这就是“推己及人”和“为政以德”作为儒家和谐伦理思想文明样式结构之核心价值观推演的实践逻辑。

二、儒家和谐伦理思想的形成基础与建构机理

在唯物史观视野里，伦理思想作为一定历史时代的观念的上层建筑，作为一种社会理性，其形成一般需要经由三个相互关联的逻辑条件，即形成基础、观念质料、理性建构。

恩格斯说：“人们自觉地或不自觉地，归根到底总是从他们阶级地位所依据的实际关系中——从他们进行生产和交换的经济关系中，获得自己的伦理观念。”[④]这里所说的“生产和交换的经济关系”，是伦理思想“归根到底”意义上的生成之根；“伦理观念”是伦理思想实现理性建构的观念质料，它在未经过理性建构之前，还只是“物质决定意识”之反映论意义上的自发性的伦理道德经验，尚有待被提升到特定的伦理思想层次。

如果说，儒家和谐伦理思想（乃至整个中国传统观伦理思想和道德主张）的生成之根是汪洋大海式的小农经济，无疑是没有问题的。但须知，作如是观并不是说儒家和谐伦理思想的形成基础就是小农经济，否则就犯了“直译式”的经验论错误。作为封建社会观念的上层建筑，儒家和谐伦理思想的形成基础与生成之根不是同等含义的概念。

汪洋大海式的小农经济，生产方式和生活方式是自力更生、自给自足。这种普遍分散的、无须政府调节的“无政府主义”状态，显然是不利

①《论语·颜渊》。

②《论语·颜渊》。

③《论语·为政》。

④《马克思恩格斯文集》第9卷，北京：人民出版社2009年版，第99页。

于社会稳定和封建国家全局利益的。这就决定作为经济“集中表现”的政治必然是高度集权的形态，形成以高度集权的专制政治相适应于普遍分散的小农经济的社会基本结构。封建国家的这种社会基本结构就是儒家和谐伦理思想的形成基础，决定了儒家和谐伦理思想的文明样式。

人们在自力更生、自给自足的小生产中形成的“伦理观念”是“各人自扫门前雪，休管他人瓦上霜”。这显然不利于封建社会稳定和专制国家的整体利益，客观上需要经由理性建构将此提升到国家的意识形态层次。这种意识形态必须具备调整和纠正“各人自扫门前雪，休管他人瓦上霜”的小农自私自利意识和“无政府主义”心理偏向的功能属性，以在全社会凸显和倡导“大一统”的整体意识和“推己及人”的“他者意识”，同时在治者集团推行“为政以德”的“民本意识”，实现社会全面和谐。这种理性建构无疑是一次具有文化革命性质的创举，它为儒家和谐伦理思想的形成提供了历史机缘。孔子之所为，扼制和“纠正”了封建社会小生产者和统治者自发意义上的“私心”，赋予儒家和谐伦理思想以封建国家意识形态和社会理性的特质，合乎封建国家管理和社会建设的客观要求，故在汉初获得“独尊”的伦理文化特权。

这种理性建构的过程和成果表明，儒家和谐伦理思想的建构机理就是在与“伦理观念”“相左”的意义向度上，同中国封建社会的客观要求相适应。这里的关键词是“相适应”[①]。

因此，把儒家和谐伦理思想乃至整个中国传统伦理思想和道德学说主张的形成，归结为普遍分散的小农经济或高度集权的专制政治而不是封建社会的基本结构的思维方法，是偏离唯物史观方法论视野的，并不能在根源的意义上真正把握儒家和谐伦理思想的文明样式的本质特性。

实际上，儒家和谐伦理思想的这种建构机理，也是人类伦理思想建构的普遍机理。人们在一定社会的“生产和交换的经济关系中”获得的“伦理观念”一般多是“自发”的，在存在论和实用论的意义上多是属于生产

① 就社会历史观的方法逻辑而言，理解和把握伦理思想理性建构的机理的关键是要区分“相适应”与“相一致”。“相适应”的方法是唯物史观的辩证逻辑，“相一致”方法则是形式逻辑的推理。

和交换活动主体“自己”的，其价值取向于主体自身一般都是有益而无害的，但并不一定与国家管理、社会建设发展进步的客观要求相适应，有的甚至是相悖的。这就使得在观念上层建筑的建构上实行“反其道而行之”的机理，成为社会合乎目的和合乎规律的必然选择。

因此，不可将恩格斯上述关于道德与经济关系的著名见解，形式地解读为社会有什么样的生产和交换的经济关系，就应当“自然而然”地奉行什么样的伦理思想、倡导什么样的社会道德。

当代中国实行改革开放和发展社会主义市场经济以来，一直有人主张引进资本主义的伦理学说和道德主张的文明样式，全面实行以“己者”为本位的个人主义。其所以会有这样的主张，就在于用“直白”方式即仅在“生成之根”而不是形成基础看待伦理道德与经济关系的关系，没有把握伦理思想和道德主张作为意识形态其建构的机理要经由唯物史观的思辨过程。

三、儒家和谐伦理思想的本土价值及“世界历史意义”

近几年，学界研究和阐述中国古代和谐伦理思想价值的学术、学问成果，真是汗牛充栋。然而，其学术视野多散视于儒道佛各家各派的和谐伦理思想的价值，而且多以文本记述的和谐伦理思想为依据，没有聚焦儒家和谐伦理思想。与此同时，不大重视对儒家和谐伦理思想推演的“实践理性”意义上的道德价值及其“世界历史意义”的分析和阐发。

分析儒家和谐伦理思想的本土价值需要从两个方向展开。一是和谐伦理思想本身的价值，二是由和谐伦理思想推演出来、用于指导社会道德生活的价值。因此，首先有必要分辨伦理思想价值和道德价值是两种相互关联的不同价值。

伦理思想价值属于知识和理论价值的范畴，评判其价值的标准涉及哲学本体论和认识论的实在性和真理性问题，道德价值则是“实践理性”意义上的价值，是由主体行为选择和价值实现的“善心”“善果”整合显现出来的“善”的价值。伦理思想是“伦理观念”的理论表达形式，也是用“实践理性”的方式制订道德价值标准和行为规则及由此“内化”而成的个人之德的理性依据。在这种意义上，我们说“伦理思想就是人们的道德生活与道德品质的理论表现”[①]，自然是无可厚非的。但是，若是因此而把社会道德和个体道德看成是伦理思想之源，则并未看到伦理思想的本质属性，而且恰恰是把伦理与道德的关系看颠倒了[②]。

若是用哲学的本体论和认识论的评判标准来看，儒家和谐伦理思想本身的价值实际上是有限的，它的知识理论体系属于价值论范畴，虽然其话语体系大量使用了诸如“天道”“天理”“人性”之类的形上概念。如前所说，儒家和谐伦理思想本质上是经验的，实践的，以适应封建社会和人的稳定与安宁的客观要求，体现其合目的性与合规律性相统一的精神品质，展现其本土的思想和道德价值。在历史唯物主义看来，“全部社会生活在本质上是实践的”，“人的思维是否具有客观的［gegenstandliche］真理性，这不是一个理论的问题，而是一个实践的问题。人应该在实践中证明自己思维的真理性”[③]。就此而论，儒家和谐伦理思想的真理性内涵及其普遍意义不应置疑。正是在这种意义上，我们在考察儒家和谐伦理思想的本土价值的同时，提出它的“世界历史意义 ”的话题，是合乎逻辑的题中之义。

马克思恩格斯在《德意志意识形态》中基于“新的历史观”指出，“受到迄今为止一切历史阶段的生产力制约同时又反过来制约生产力的交往形式，就是市民社会”即所谓广义的市民社会，认为这种“市民社会是全部历史的真正发源地和舞台”；进而又以狭义的资本主义市民社会的“世界市场的存在为前提”指出：“人们的世界历史性存在而不是地域性的存在已经是经验的存在了”，“无产阶级只有在世界历史意义上才能存在，就像共产主义——它的事业——只有作为‘世界历史性的’存在才有可能

① 朱贻庭:《中国传统伦理思想史》冯契先生序，上海:华东师范大学出版社2009年版，第4页。

② 韩升:《伦理与道德之辨正》(《伦理学研究》2006年第1期)；王仕杰:《“伦理”与“道德”辨析》，(《伦理学研究》2007年第6期)；钱广荣:《“伦理就是道德”置疑》，(《学术界》2009年第6期)。

③《马克思恩格斯文集》第1卷，北京:人民出版社2009年版，第500页。

实现一样”[①]。实际上，这种世界历史现象不仅仅是一种逻辑或存在论的逻辑，从儒家和谐伦理思想的传播史来看，在伦理道德的文化交往中，“人们的世界历史性存在而不是地域性的存在已经是经验的存在”，早在资本主义制度和无产阶级出现以前，就已经成为一种普遍的“经验”事实。这可以从儒家伦理文化向国外传播及其所产生的影响得到证明。

据有关史料记载，中国传统儒学向国外传播，最早可以追溯到汉唐，传播地几乎遍及全球，近毗朝鲜（韩国）、越南、日本，远至欧美诸国。传播出去的文本除了《四书五经》《朱子全书》等儒家经典，还有《史记》《汉书》等典籍。在这种过程中，尚有一些外国人不断自撰文本，主动介绍儒家伦理思想及中国人道德和精神生活的实际状况，如葡萄牙人曾德昭的《大中国志》（1645）、比利时人柏应理的《中国哲学家孔子》（1687）、美国人阿瑟·史密斯（中国名明恩溥）的《中国文化》（1885）和《中国人的特性》（1890），等等。这些文本都富含儒家和谐伦理思想，传出国门之后对传至国产生了多方面的影响，有的甚至“被确认为官方的统治思想”[②]。而更多的影响则发生在传至国的知识界。18世纪法国百科全书派的领军人物之一霍尔巴赫在其所著的《社会体系》中说道：儒家的“伦理道德是一切具有理性的人的惟一宗教”，“中国可算世界上惟一将政治的根本法与道德相结合的国家。而此历史悠久的帝国，无疑乎告诉支配着的人们，使知国家的繁荣须依靠道德”[③]。这些传播及其所产生的影响表明，包括儒家和谐伦理思想在内的整个儒学伦理文化，内涵具有“世界历史意义”的价值因子。

近些年，设在一些国家的孔子学院受到所在国的广泛关注，证明儒家和谐伦理思想的“世界历史意义”没有过时。

当代中国和国际社会都面临诸多矛盾和冲突，我们需要在谋求和谐伦理的环境中求得各自的生存和发展，彰显和拓展儒家和谐伦理思想文明样

---

①《马克思恩格斯文集》第1卷，北京：人民出版社2009年版，第539页。

② 姜林祥：《儒学在国外的传播与影响》，济南：齐鲁书社2004年版，第3页。

③ 姜林祥：《儒学在国外的传播与影响》，济南：齐鲁书社2004年版，第264页。

式的当代“世界历史意义”，大有可为。

这首先需要解决一种认识问题。我国相关学界至今很少有人关注儒家和谐伦理思想所具有的“世界历史意义”，这可能与整个儒学伦理思想的文明样式在近代以后相当长时间内的命运及由此形成的文化心理有关。

明末清初，中国社会曾出现顺应某些新生产方式而萌生的新伦理观。如李贽的“人必有私”观[①]、黄宗羲的“以天下为事”观[②]、王夫之的“人欲之大公，即天理之至正”观[③]等。这些新伦理观，就其文明属性来看多具有类似资本主义文明样式却与儒家和谐伦理思想“相左”甚至相悖的特性，本是儒家和谐伦理思想实现近代转向和转型的观念质料，但是由于受到当时代诸种复杂因素的影响，并没有被提升和建构为封建国家的意识形态，更没有经由“实践理性”的思辨而推演为普遍的社会之道和个人之德；又因西方宗教伦理观和资本主义道德价值观直接的强势传入，致使儒家和谐伦理思想与整个儒学伦理思想在近代渐渐失落了它往日“独尊”的风采，国人也渐渐产生了一种妄自菲薄的文化自卑心理。整个20世纪，中国社会长期处在变革、战乱和制度更替之中，新中国成立后又一度受到“左”的思潮的影响和干扰，改革开放以来又把关注道德文化的目光主要投在“世界”和“未来”，致使我们长期“无暇”认真给予儒家和谐伦理思想的“世界历史意义”的问题以应有的关注。

儒家和谐伦理思想的“世界历史意义”，实际上还是一个有待开发的崭新课题。

综上所述，儒家和谐伦理思想的文明样式有着完整的逻辑结构和重要的功能属性。为了促进社会主义文化大发展大繁荣和建设社会主义和谐社会，我们需要科学认识和彰显其当代价值。

---

① 李贽:《李贽文集》第3卷,北京:社会科学文献出版社2000年版,第626页。

② 黄宗羲:《黄宗羲全集》第1卷,杭州:浙江古籍出版社1985年版,第5页。

③ 王夫之:《船山全集》第6卷,长沙:岳麓书社1988年版,第639页。

荀子和谐伦理思想探微*

现代科技的高速发展，使人类加速了对资源的开发利用，从而取得了物质的极大丰富。但与之伴生的是自然环境的破坏，人类物欲的极度膨胀，生存空间的恶化，精神的焦虑，心灵的荒芜。这些困境彰显了建构和谐文化、和谐社会的必要与紧迫性。解决这些问题需要极高的智慧，前人也曾做出理论探讨，这些成果也为当下提供了理论启示。本文分析荀子的和谐伦理思想，试图揭示其具有生命力的理论体系对构建和谐社会的现实参考价值。

一、养心致诚的身心和谐伦理

和谐社会的主体首先是个道德主体，道德主体的修身养性是儒家自其发轫以来所一贯重视的核心性的论题，“自天子以至于庶人，壹是皆以修身为本”。荀子认为，“养心致诚”是道德主体身心和谐的伦理最高境界。如何到达这种境界呢？荀子强调首要是养心。养心是修身之本，而养心本身就需要“中和”“中庸”之道，所谓“治气养心之术：血气刚强，则柔之以调和，知虑渐深，则一之以易良，勇毅猛戾，则辅之以道顺；齐给便利，则节之以动止；狭隘褊小，则廓之以广大；卑湿重迟贪利，则抗之以

* 原载《齐鲁学刊》2011年第6期，本人系第二作者，征得第一作者刘桂荣博士的同意，收录此处。

高志；庸众驽散，则劫之以师友；怠慢僄弃，则炤之以祸灾；愚款端悫，则合之以礼乐”[①]。从道德主体人格成长意义上来看，“养心”就是将人心导向“善”的修养功夫，它的实质就是以“养德”，亦即追求身心和谐为其价值旨归。

不过，较早提出“养心”问题的是孟子，而非荀子，但自觉地将“养心”问题置于道德修养实践的视域之下展开系统讨论的则是荀子。对于“心”，孟子提出要施之以“养”的工夫：“故苟得其养，无物不长；苟失其养，无物不消。孔子曰：‘操则存，舍则亡；出入无时，莫知其向。’惟心之谓与？”[②]最好的“养心”方法，孟子认为就是“寡欲”：“养心莫善于寡欲。”[③]然而，荀子对“欲”与“养心”之间的关系见解不同于孟子，他充分地肯定“欲”的合法性、合自然性，“欲不待可得，而求者从所可。欲不待可得，所受乎天也”[④]。欲望多寡是个体差异性的呈现，与“养心”的道德修养、社会治乱与和谐之间不存在正相关性，“有欲无欲，异类也，生死也，非治乱也。欲之多寡，异类也，情之数也，非治乱也”[⑤]。只要“心”合乎“理”，欲望多寡并不影响社会和谐，他说：“心之所可中理，则欲虽多，奚伤于治？”[⑥]这无疑向我们昭示：一个社会和谐发展的关键在于它的包容性，只有包容差异性才能实现共生共赢，并共享良性发展成果，只有包容所有的生命存在，不断逼近上下同欲、物我共泰的境界，社会才能和谐发展。

但是，“欲”需要“礼”的规约，“礼”能使人心之欲与自然之物共生共赢，相持而长。荀子说：“礼起于何也？曰：人生而有欲；欲而不得，则不能无求；求而无度量分界，则不能不争；争则乱，乱则穷。先王恶其乱也，故制礼义以分之，以养人之欲、给人之求，使欲必不穷乎物，物必

①《荀子·修身》。
②《孟子·告子上》。
③《孟子·尽心下》。
④《荀子·正名》。
⑤《荀子·正名》。
⑥《荀子·正名》。

不屈于欲，两者相持而长”[1]。不过，“礼”作为外在的力量对人的行为的约束，并不是儒家最理想的“养心”方法。荀子作为儒家大师当然知道这一点，因此，他强调只有“诚义乎志意”，方能“加义乎身行”[2]，仁和义是荀子修身养心的价值追求，而它的最佳途径则是“诚”，荀子说：“君子养心莫善于诚”[3]，在这里他把“诚”与人的身心和谐紧密地联系在一起。

关于“诚”与人的身心和谐的问题一直是儒家哲学中关注的焦点，儒家先哲们将“诚”作为中庸之道，成为衡量圣人的标准，是“养心”的最高境界，是通达天人之境的桥梁。“诚者，天之道也；诚之者，人之道也。诚者不勉而中，不思而得，从容中道，圣人也。诚之者，择善而固执之者也。”[4]这里的“诚”不仅有功夫论的含义，更上升到本体论的高度，但荀子主要继承了儒家的“诚”的功夫论思想特征，强调“致诚”中“致”的过程和结果，只要到达“诚”的境界，道德主体不管处于什么境地，都会平安无事：“致诚则无它事矣”[5]。准此，又如何在实践的层面践行“诚”呢?

首先，要有“慎独”功夫。“慎独”是先贤倡导的一种自我约束方法。“慎独”一词最早出自《礼记·中庸》：“道也者，不可须臾离也，可离非道也。是故君子戒慎乎其所不睹，恐惧乎其所不闻。莫见乎隐，莫显乎微，故君子慎其独也。”[6]“君子慎其独”的意思是，君子在独处的时候，也要恪守中庸之道，实现“毋自欺、毋欺人”的修身内容。同时，“慎独”与“诚”直接联系在一起，“诚于中，行于外。故君子必慎其独也”；“所谓诚其意者，毋自欺也。如恶恶臭，如好好色，此之谓自谦，故君子必慎其独也!”[7]在荀子看来，“致诚”与“慎独”之间存在着必然的联系，“善

①《荀子·礼论》。
②《荀子·王霸》。
③《荀子·不苟》。
④《礼记·中庸》。
⑤《荀子·不苟》。
⑥《礼记·中庸》。
⑦《大学》。

之为道者，不诚则不独"[①]。杨倞注"不诚则不独，不独则不形"云："无致诚则不能慎其独也。不能慎其独，故其德亦不能形见于外。"[②]从杨倞的注解来看，"慎独"之诚在荀子道德修养和道德实践中具有重要的价值和意义。荀子继承了《中庸》中所阐发的"致诚"与"慎独"之间的关系，即"慎独是致诚、求得诚的途径、方法。只有慎其独，德才笃厚、充实，行才恒久如一，道德修养才有望达到诚的境界"[③]。

其次，要有内省的自觉。内省，自孔子以来就是儒家实践学说中的一种基本精神。子曰："见贤思齐焉，见不贤而内自省也。"[④]曾子曰："吾日三省吾身：为人谋而不忠乎？与朋友交而不信乎？传不习乎？"[⑤]在荀子看来，真正意义上的"养心"，是道德主体内省自己，使自己的修养得到提升和转化，从而养成独立的人格素养。这种修养结果是道德主体出于自由意志的自我完善的愿望和需要，是对行为规范之内涵、性质和意义的内化的结晶。内省使道德主体在理性和意志主导下，对自然情欲因势利导，加以陶养和内化，从而达到身心和谐的理想境界。内省的关键在于道德主体，而不在他人。荀子说："君子敬其在己者，而不慕其在天者。"[⑥]"在己者"在修养实践的方法上就是要内省，内省就会使自己知明无过、自觉向善。内省就是通过不断地自我学习、反省，达致诚明，"君子博学而日参省乎己，则知明而行无过矣"[⑦]；"见善，修然必以自存也；见不善，愀然必以自省也。善在身，介然必以自好也，不善在身，菑然必以自恶也"[⑧]。修身之本在于向善，见到善就把它贮藏起来，见到不善就要警惕、自省，这是"致诚"之道，"养心"之妙。

"养心致诚"是荀子理想人格的培育路标，它解决了当下"人应当是

---

①《荀子·不苟》。

② 王先谦:《荀子集解》,北京:中华书局1988年版,第46页。

③ 李京:《从中、庸到中庸》,《孔子研究》2007年第5期。

④《论语·里仁》。

⑤《论语·学而》。

⑥《荀子·天论》。

⑦《荀子·劝学》。

⑧《荀子·修身》。

怎样的以及这样的人怎样培养”的困惑。它提示当下人只有“养心”到达“诚”的境界才能使自己完全摆脱物的奴役，做到不以物喜，不以己悲，保持一种身心自在、自为的心境；也只有这种理智、健康、平和、豁达的心境，才能使自己心灵有所安顿，完成了道德主体的修养历程。

二、天人相分的人与自然和谐伦理

道德主体通过自身的修身养性、积善行德、无私利他，“不断追求德性的自我完善，才能够实现个人的仁德，而实现自己的仁德也就是把自我扩展到最大限度，从而尽人之性，尽物之性，最终达到‘赞天地之化育’‘与天地参矣’的境界”[①]，因此，道德主体的修身养性要达到的一个目标就是人与自然和谐。按照荀子的理解，宇宙是一个天地交泰、万物和生、生生不息、大化流行的生命世界，“万物各得其和以生，各得其养以成”[②]。因此，人与自然的和谐是人作为道德精神主体，应主动同万物和谐，使“天人”明确自己的职分和伦理秩序，达到化育万物的目的。

荀子这种思想也是先秦哲学的重要思想。儒家认为，天、地、人并非是一个混沌的整体，而是具有独立意义的存在主体，而主体间又不是毫不相干的独立原子，他们之间通过一定的伦理方式联系在一起，构成一个和谐的共同体。“夫礼，天之经也，地之义也，民之行也”[③]，在这里，“礼”成为贯穿天、地、人的经纬，表达了对三者之间和谐秩序和伦理的原初思考。道家认为，“域中有四大，而人居其一焉。人法地，地法天，天法道，道法自然”[④]。在这里，老子明确意识到天、地、人三者是相互依存的统一体，人是自然的一部分，人与自然息息相关，一切人事均应顺乎自然规律，如果任由“自我膨胀、自我放大，都将妨碍虚心静气地倾听天籁之

① 林滨:《在世俗与神圣之间:儒家伦理与基督教伦理之比较》,《哲学动态》2011年第5期。

②《荀子·天论》。

③《左传·昭公二十五年》。

④《老子·二十五章》。

声、顺应自然之大化"[1]，导致人与自然的伦理失衡。因此人们应该尽可能不主观人为地去干预自然，"以辅万物之自然，而不敢为"[2]。"不敢为"意味着不敢随意乱为，人不仅要遵循自然规律，还要以自己的能力辅佐自然，契合自然，与自然融为一体，这种"天人合一、天人相通"思想体现了人与自然界的和谐关系。

但"老庄的'天人合一'未经'主客二分'式思想洗礼的原始的'天人合一'"[3]，也是荀子之前的天人之间关系的共同特质。荀子在继承了儒家以德性贯穿天道、人道的人文思想传统的同时，立足于"天人之分"来厘清天人之间的关系，构建天人之间的和谐伦理。他基本上摆脱了殷周以来占主流思想的"神秘之天"，崇尚游离于神的意志之外的"自然之天"。这种"天"以一定的规律自主运行，"天行有常，不为尧存，不为桀亡"。"天"以"有常"之道生成万物，因此，依循天命，才能远离灾祸，与自然和谐相处，正所谓"修道而不贰，则天不能祸"[4]。"天"有其自身的职责和运行方式，人类只有掌握"天"的运行规律，顺应"天命"，才能颐享天福，否则就会遭到"天"的惩罚，"顺其类者谓之福，逆其类者谓之祸，夫是之谓天政"[5]。

与自然和谐相处，人类需要遏制贪婪的欲望，尊重自然规律，包容他物的生长，才会得到自然的滋养。正如荀子所言："草木荣华滋硕之时，则斧斤不入山林，不夭其生，不绝其长也。鼋鼍、鱼鳖、鳅鳝孕别之时，罔罟毒药不入泽，不夭其生，不绝其长也；春耕、夏耘、秋收、冬藏，四者不失时，故五谷不绝而百姓有余食也；污池渊沼川泽，谨其时禁，故鱼鳖优多而百姓有余用也；斩伐养长不失其时，故山林不童，而百姓有余材也。"[6]荀子认为要在遵循自然规律的前提下利用自然，最终价值取向是天

① 郭淑新：《敬畏与智慧：〈道德经〉的启示》，《哲学研究》2010年第4期 。

②《老子·六十四章》。

③ 张世英：《天人之际——中西哲学的困惑与选择》，北京：人民出版社1995年版，第8页。

④《荀子·天论》。

⑤《荀子·天论》。

⑥《荀子·王制》。

人和谐伦理，反对不遵从自然的运行规律而戕害自然。荀子要求人们遵守自然规律，适时采伐，按时捕猎，春耕夏耘，秋收冬藏，真正创造一个“天有其时，地有其材，人有其治”[①]的和谐境界。

自然之“天”以其恒常性统辖和调节着自然界的运行，“和”是天道的重要的特征：“高者不旱，下者不水，寒暑和节，而五谷以时孰，是天之事也。”[②]荀子说：“天地以和，日月以明，四时以序，星辰以行，江河以流，万物以昌，好恶以节，喜怒以当，以为下则顺，以为上则明，万物变而不乱，贰之则丧也。礼岂不至矣哉！立隆以为极，而天下莫能损益也。本末相顺，终始相应，至文以有别，至察以有说。天下从之者治，不从者乱；从之者安，不从者危；从之者存，不从者亡。”[③]在这里，“礼”的含义进一步得到拓展，“礼”作为一种德行观念，它已不仅仅是作为单纯外在行为规范意义上的对人类行为的约束，而是具有使天地和谐、日月明煦、四时代序的功能，是统摄天、地、人至真至美的秩序系统，是维系人类与自然和谐伦理秩序的稳定器。

人类与自然和谐相处，并不是在“天”的面前萎缩懦弱，把它看作主宰万物的神，消极地等待它的恩赐；人类也要积极主动地掌握规律，遵循天命，充分发挥人的才能去利用它造福人类，“由于天是具有精神能动性的，因此人也应该以精神能动性作为自己的基本规定性”[④]。因此，荀子强调“制天命而用之”。“制天命而用之”的思想，弱化了传统的由于对“天命”的无知而产生的畏惧，也是对孔子“知命”思想的深化与拓展。

荀子的天人和谐伦理思想告知人类要清醒地认识到自然界是自己生命的载体，它孕育万物的功能及其变异与人类的生存休戚相关；面对自然之天，人应在“不与天争职”的基本前提下，合理地利用大自然，控制大自然的破坏作用而为人类服务，这种思想把对天人关系的认识提升到一个新

①《荀子·天论》。

②《荀子·富国》。

③《荀子·天论》。

④ 杨清荣:《经济全球化下的儒家伦理》,北京:中国社会科学出版社2006年版,第64页。

的水平。同时，他又警示人类在自身进化的历程中，要祛除自身的无知与傲慢，学会生存的智慧，与自然和谐相处。这无疑是向世人昭示："人与自然之间，不惟是一种认识与被认识、征服与被征服的关系，更根本的则是一种相依相伴、共生共荣的伦理关系。"[①]毫无疑义，这种思想对弥合工业文明带来的人与自然之间的裂缝，建构和谐的生存模式有着非常积极的意义。

三、群居和一的社会和谐伦理

在对天人关系作了厘清后，荀子把目光聚焦到人与人、人与社会相处上。在荀子看来，万物并存于宇宙之中而形体各不相同，人类群居和一，同样有追求而思想原则却不同，同样有欲望而智慧却不同，这是人的本性。他说："万物同宇而异体，无宜而有用为人，数也。人伦并处，同求而异道，同欲而异知，生也。"[②]就是说，人类与宇宙中的万物一样，个体间呈现出较大的差异性，个体间的差异性是人类社会能够发展的基础，"和则生物，同则不继"。

那么如何实现"群居和一"呢？荀子认为"能群"是人类的自觉行为。人之所以能群，原因在于"群"与人类等级名分和组织结构是紧密联系的。"荀子把群体理解为一种等级结构，并由此出发来规定个体，从而使个体进一步从属于等级序列，就此而言，荀子似乎有较孔孟更接近于整体主义的价值原则。"[③]等级名分和组织结构之所以能够推动社会的发展，就在于人类有礼义制度来协调群体间的矛盾，促进社会和谐。因此，"群"是人类生存的基础，是社会和谐发展的前提。同时，明确地提出"能群"是人类生存的必要的条件。荀子说："力不若牛，走不若马，而牛马为用，何也？曰：人能群，彼不能群也。"[④]在自然界中，若以单独的个体而论，

① 郭淑新：《孔子敬畏伦理思想的当代诠释》，《淮阴师范学院学报》2004年第5期。

②《荀子·富国》。

③ 杨国荣：《善的历程：儒家价值体系研究》，上海：上海人民出版社2006年版，第85页。

④《荀子·王制》。

人的许多方面的能力远远不如他类，人的力气没牛大，跑得不如马快，仅凭个体的力量，人类是无法生存下去的，只有当我们构成一个和谐的社会群体，我们才能生存下去。

然而面对“人生而有欲”的人性现实，如何确保“群”不至于因纷争而走向分裂，人与人如何和谐相处呢？荀子认为，“善群”的君主是“人能群”必不可少的条件，“君者，善群也。群当道，则万物皆得其宜，六畜皆得其长，群生皆得其命。故养长时，则六畜育；杀生时，则草木殖”；“能群也者，何也？曰：善生养人者也，善班治人者也，善显设人者也，善藩饰人者也。善生养人者，人亲之；善班治人者，人安之；善显设人者，人乐之；善藩饰人者，人荣之。四统者俱，而天下归之，夫是之谓能群”[①]。

“善群”者怎样使社会群居和一呢？荀子以“分”作为调节“我”与他人相处的法则，“故无分者，人之大害也；有分者，天下之大利也”；“故知者为之分也”[②]。那么如何来“分”呢？荀子的回答是：制礼义以分之。这样的“分”才能防止人性的自由发展导致“我”与他人走向激烈的冲突，导致群体由和谐走向混乱，由统一走向破裂。因此，圣人“制礼义以分之”，才能确保群体的相对稳定性，“无分则争，争则不能群也”[③]。也就是说，只有“分”，“我”与他人才能“和”而相处，共同发展。

而“分”必须在“礼”的规范导引下，才能使社会达到群居和一的理想状态。“礼”起源于对社会人群物质欲求分配的需要，通过礼，确定每个人在社会中的“分”。这也表达了荀子构建社会理想的重心是从礼本身出发，向完全外在的政治法律层面方向拓展的倾向，这对整个儒家价值体系来说可谓独树一帜，完成了对孔孟儒学思想的补充。

同时，“礼”因为“义”而存在，“义”是“礼”的实质与根本，“礼”

①《荀子·君道》。

②《荀子·富国》。

③ 王先谦:《荀子集解》,北京:中华书局1988年版。

是“义”的表现，一切礼仪表现出来的和谐伦理秩序，都必须以“正当性”“理”“责任”“道义”等为基础。“礼（仪）”的功能就是为了表达“义”。“礼”的价值与标准，必须以“义”为基础。“义”是人类社会进入私有制社会以后才形成的社会观念和意识形态，它代表着礼乐文明的准则、教条、确定性与基本逻辑，体现了儒家和谐文化的基本价值观，“行一不义，杀一无罪，而得天下，仁者不为也”[①]。他希望国君效法汤武，汤武逆取而顺守，以百里之地而天下归一，是行和谐仁政的必然结果：“故百里之地，足以竭势矣，致忠信、著仁义，足以竭人矣，两者合而天下取，诸侯后同者先危。”[②]

由礼义行分是荀子实现群居和一的社会理想的法宝，“故义以分则和，和则一，一则多力，多力则强，强则胜物”[③]。在荀子看来，“分”是基础，是手段，“和”才是结果、是目的，是社会价值旨归。他说：“天地合而万物生，阴阳接而变化起，性伪合而天下治。”[④]和分的结果，使“我”与他人各安其分，各得其宜。荀子的“礼”与“分”的思想体现了等级观念，这是时代的局限，但是荀子的“分”思想要求人各安其分，各得其宜：“使有贵贱之等，长幼之差，知愚能不能之分，皆使人载其事，而各得其宜。”[⑤]荀子还说：“农以力尽田，贾以察尽财，百工以巧尽械器，士大夫以上至于公侯，莫不以仁厚知能尽官职。夫是之谓至平。故或禄天下，而不自以为多，或监门御旅，抱关击柝，而不自以为寡。故曰：‘斩而齐，枉而顺，不同而一’。”[⑥]社会各个行业、部门、阶层的人需要各尽其职、通力合作，同时各行各业由于职业分工不同，享受的俸禄自然不同，因此，“和”是“不同”之“同”，所以称“维齐非齐”[⑦]。“和”“分”

①《荀子·王霸》。
②《荀子·王霸》。
③《荀子·王制》。
④《荀子·礼论》。
⑤《荀子·荣辱》。
⑥《荀子·荣辱》。
⑦《荀子·王制》。

当中，有高低贵贱、贤与不肖等多方面的差异，这意味着荀子仍然坚持儒家的亲亲有差的等级原则。

荀子对墨子“尚同”的思想，采取批判的态度，他批评墨子“有见于齐，无见于畸”[①]。荀子辩证地看到群体是多样的统一，而不能是强行地划一，尤其当生产力相对落后的社会中，均分思想更是社会发展的障碍，只有确定了个体在群体中所处的位置，才能保证社会成员承担起相应的责任，才能使不穷于物，使所有的个体皆得以所养。与墨子思想不同，荀子认为人类赖以生存的物质材料本身并不匮乏，只要人与人之间和谐相处，就能各得其所，“故先王案为之制礼义以分之……皆使人载其事而各得其宜，然后使悫禄多少厚薄之称，是夫群居和一之道也”[②]。正鉴于此，李泽厚对荀子礼义法制之缘起的思想观念作了精辟的概括：“把作为社会等级秩序，统治法规的‘礼’溯源和归结为人群维序生存所必需。在荀子看来，‘礼’起于人群之间的分享（首要当然是食物的分享），只有这样才能免于无秩序的争夺。”[③]

作为儒家大师的荀子希望整个社会免于无秩序的争夺，人我之间群居和一。因此，群居和一是荀子社会和谐的最崇高理想，表达了他对小康社会的向往和追求，是对孔孟乌托邦式社会设想的现实化，更为当下社会人我之间如何相处提供了理论思考。

综上所述，大思想家的思想价值不是存在于故纸堆中，而是活跃在当下现实，与生活发生密切的联系。今天研究荀子的和谐伦理思想，即是关切它的现实意义。养心致诚的身心和谐为陷身于物欲泥沼中的人们指明了一条修身之道，同时也是人与自然、人与社会和谐相处的根基；天人相分的人与自然的和谐为人类生存提供了一种“智慧”的向度，启迪人类重新思考人与自然的真实关系；群居和一的人与社会之间的和谐，为构建新的社会秩序提供理论借鉴和思考，它是主体道德修养和天人和谐相处的落脚

---

①《荀子·天论》。

②《荀子·荣辱》。

③ 李泽厚:《中国思想史论》(上)，合肥:安徽文艺出版社1999年版，第114页。

点。荀子的和谐学说实现了自然主义和人道主义的统一，提供了人与自然、人与人和谐的价值取向，为当下人与人、人与社会、人与自然的和谐相处，提供了一定的现实参照。

理性敬畏品质及其培育析论*

两千多年前，孔子把人是否具有敬畏心态当作区分“君子”与“小人”的重要标准，他说：“君子有三畏：畏天命，畏大人，畏圣人之言。小人不知天命而不畏也，狎大人，侮圣人之言。”[①]孔子的这种主张，对于我们今天推进社会治理的体制创新和改进治理方式，是颇具启发意义的。

当前我国社会生活中违背法律、道德和精神文明要求的突出问题，多是明知故犯、我行我素的“低级错误”，究其原因皆与缺失应有的理性敬畏品质有关。因此，社会治理要高度重视培育人们对于法纪、道德和精神文明需求的敬畏品质，夯实社会认知基础。

一、敬畏品质的实质内涵及理性要求

敬畏，尊重、畏惧之义，作为人的一种品质，既是一种思维和认知方式，也是一种心态和态度，即心灵秩序和行为倾向，实质内涵是一定的社会历史观和人生价值观，形成于人们对自然、社会和人自身之规律及与此相关的规则的认知和价值理解。具体而言，敬畏品质包含两种成分。一是

---

* 原载《齐鲁学刊》2015年第5期，中国人民大学书报中心复印资料《伦理学》2015年第12期转载，收录此处时标题有改动。

①《论语·季氏》。

尊重，是指对自然、社会规律和规则的认知、理解和遵从；二是畏惧，是指对违背规律和准则就会受到惩罚的预知、预感和超前体验。

在实际的社会生活中，敬畏品质的思维方式、心态和态度，大体上可以分为是否合乎理性两种基本类型。非理性敬畏，视敬畏之物为一种不可认识、不可超越的神秘力量，各种敬畏鬼神的迷信及邪教是其典型形态。理性敬畏，是对自然和社会的规律及由此推演的社会规制特别是法律和道德规则以及精神文明的真理性认识，以及由此而产生的价值体验。理性敬畏品质还包含某些基于对社会规律的理性认识和价值体验的信仰和信念，如坚信马克思主义的普遍真理、社会主义的光明前景和恪守集体主义道德原则等。有些宗教信仰，由于是合乎社会规则等公共理性的要求，又内含"自我立法"的价值理性，故一直受到文明社会以立法形式给予肯定和保护，也应归于理性敬畏范畴。但是，由于合乎理性的信仰和信念多具有超越现实的特性，又受到一些人认知条件和能力的局限，往往会给人一种非理性的错觉，看不到它们内含的深刻的社会理性，由此而对其持不恭不敬的错误态度。时下颇有影响的历史虚无主义，就属于这样一种具有意识形态特色的"错觉"。

南怀瑾对"君子有三畏"本义的理解是这样的："畏天命"之"天命"含有不可知的"自然神"意思；"畏大人"之"大人"既指位高权重的"大官"，也包含父母、长者和有道德成就的人；"畏圣人之言"的"言"，应被理解为诸如《四书五经》之类的经典之言[①]。不难看出，南氏所言是对"君子有三畏"之本义的解读，无可厚非。然而，在我看来，读识经典旨在从古人那里获得理解和把握今人今事的真知灼见，亦即所谓古为今用。伽达默尔说："历史理解的真正对象不是事件，而是事件的'意义'。"[②]这是伽达默尔关于"效果历史"解释学思想的一个代表性命题。他认为，历史不是已经过去的事件，而是一种不断产生效果的发展过程；理解历史的工作不能仅是一种复制（复述或注释），而是一种创造。因此，

① 参见南怀瑾：《论语别裁》（下册），上海：复旦大学出版社2012年版，第780—783页。

② [德]伽达默尔：《真理与方法》，洪汉鼎译，上海：译文出版社1999年版，第422页。

作为一种历史理解，不能停留在对历史事件本身的把握上面，不能只是去做一种复原性的工作，而应该去关注历史事件的意义，也就是要去关注这种历史事件在人类发展进程中的“效果”，开启对于当代的“意义”。这种解释学的方法原则，对于我们理解和把握“君子有三畏”的现代价值是有帮助的。用当代中国话语来表述，对孔子“君子有三畏”作为一种“怕的哲学”，可作这样的理解：“畏天命”就是尊重、敬畏和服从不可抗拒的自然规律；“畏大人”就是尊重、敬畏和服从国家及社会管理者特别是中国共产党的执政权威；“畏圣人之言”就是尊重、敬畏和信从贤达志士的警戒与教导，特别是作为中国共产党和中国特色社会主义国家指导思想的理论基础的科学的社会历史观和人生价值观的理论体系。

孔子以后，“君子有三畏”的政治哲学思想被不断赋予形而上学的思辨特色。在荀子那里，被赋予人性论意义，抽象为“礼”——法制和德制的哲学根据；在老庄哲学那里，所“畏”之物被推到彼岸世界，成为“不可道”的神秘力量；唐宋以后，随着佛学的中国化及其与儒道的“圆融”和世俗化，特别是朱熹立足于敬畏“天理”提出“敬畏伦理”、主张“居敬穷理”之后，“畏”天地鬼神、王权和圣人之言逐渐成为中国人的处世原则，演化成为普遍的社会认知，成为芸芸众生立身处世的基本原则。不言而喻，中国传统的敬畏主张，并非都是源自对自然规律和社会规则的理论自觉，但其立足点无疑是尊重和畏惧自然、社会和人自身生存发展的规律，关涉社会和人生诸方面的利害关系，作为一种社会历史观和人生价值观内含的经验或实践理性是不应被今人置疑的。

合乎理性的敬畏品质，一般都会伴之以恐惧、畏惧的心理活动，在有些情况下甚至还会带有非理性的“神秘”以至“迷信”的色彩。但是，它毕竟“不同于一般的恐惧、畏惧等情感活动，其主要区别就在于它是出于人内心的需要，它要解决的是‘终极关怀’的问题，并且能够为人生提供最高的精神需求，使人的生命有所‘安顿’”[①]。正因如此，合乎理性的敬畏品质一般会沉积为人的内心信念，与信仰相关联或直接以信仰的方式

① 郭淑新:《敬畏伦理研究》,蒙培元序,合肥:安徽人民出版社2007年版,第1页。

呈现出来，如对马克思主义普遍真理和中国共产党执政权威等的敬畏。

就是说，合乎理性的敬畏品质将人生追求置于合规律性、合规则与合目的，科学、正确的人生道路上，从而也就把社会稳定发展和国家的繁荣昌盛，置于合乎人类社会历史发展的正确方向和道路上。因此，在任何社会里，合乎理性的敬畏品质都是人立身处世必须具备的思维方式和心理要素，充当着管理国家和治理社会最重要的认知基础，因而一直受到中西方政治哲学和道德哲学的共同关注。康德在他的《实践理性批判》中视社会道德规则为“绝对命令”，他在该书末尾不无感慨地说道：“有两样东西，我们愈经常愈持久地加以思索，它们就愈使心灵充满日新又新、有加无已的敬仰和敬畏：在我之上的星空和居我心中的道德法则。”①

概言之，重视理性敬畏品质，是社会和人自觉维护文明与进步的一个重要标志。一个人犯了违背社会规则的“低级错误”并因此而受到相应的惩罚，首先应当检讨自己的心灵是否因缺失敬畏理性而失序。一个社会出现的突出问题如果多与缺失理性敬畏心态有关，那么开展社会治理就应当从检查敬畏心态缺失的实证研究做起。

二、理性敬畏品质缺失及其危害与成因

当前我国社会生活中敬畏品质缺失的问题是有目共睹的。其突出表现，大体可以从三个方面来进行梳理。

一是极端利己主义。突出表现是：一些身为共产党员和国家公务员的人，无视党纪国法，心里装的只是自己的官爵迁升和利害得失，对广大人民群众缺少爱护，以权谋私。他们什么样的钱都敢拿、贪、占、赚，以至于胆敢用救灾款和扶贫款中饱私囊。这些人当中还有的惯于阳奉阴违、欺上瞒下，什么样的假话、空话、大话都敢说，对党和国家颁布的旨在整饬党纪政风的规定置若罔闻。在经济活动领域，极端利己主义的突出表现是巧立名目，生产经营假冒伪劣食品和药品，肆无忌惮地坑蒙消费者。极端

① [德]康德：《实践理性批判》，韩水法译，北京：商务印书馆1999年版，第177页。

利己主义仍被一些人奉为一种处世原则，只能说明这些人心底太黑，毫无敬畏之心。

二是历史虚无主义。其突出表现是：不识历史却常用轻佻态度对历史说三道四，什么样的错话都敢说，以至于随意诋毁和否定中国共产党领导革命的历史功绩和中华民族优秀的传统文明。在这个问题上，特别需要指出的是一些执掌舆论权的知识分子和所谓公众人物的表演。他们倚仗自己的社会影响，“天不怕、地不怕”，明里或背地里散布历史虚无主义的错误言论和消极情绪。诚然，中华民族历史文明也并非一路光明、没有落后乃至腐朽的因素。但是，这些都不是可以作为全盘否定历史、无视历史功绩和光明的理由。在唯物辩证法和唯物史观看来，任何事物的存在都是一种由低级向高级不断发展的过程，这种过程的内在动力是事物自身内在的矛盾运动。社会的发展进步也是这样，它是一种“自然历史过程”。这种过程同时存在矛盾与斗争，以及正确与错误的分野，本是正常的历史现象。在认识历史问题上，今人的责任仅在于总结和记取历史功绩和教训，在传承历史文明的前提下，推动社会继续向前发展和进步。那种紧揪住历史问题不放、全盘否定历史的态度，违背了历史唯物主义科学的社会历史观。

三是个性至上主义。其突出表现是：美丑不分、荣辱颠倒，追逐与众不同的“我酷故我在”。或者推崇“三俗”（低俗、庸俗、媚俗）文化，或者不分场合地炫耀自我的“存在”。个性作为一种思维方式和人生价值观，是相对于共同性和社会理性而言的。合乎理性的个性是人获得生存和发展的必要素质和条件，也是社会发展进步最为活跃的普遍动力，没有这样的个性也就没有人的创造，没有社会的发展进步。然而，个性作为精神文明范畴，不能脱离作为社会公共理性的精神文明的基本要求，更不可以站在社会精神文明进步要求的对立面，以反对社会公共理性为要义。因此，个性表达与理性敬畏应当是一致的，表达个性不可以无视社会公共理性。

不难看出，上述突出问题，都因缺失理性敬畏品质所致，具有损害广大人民群众的根本利益、公开违犯法纪和违背道德、否定中华民族传统精神和挑战人类文明底线的恶劣性质。其根本危害在于制造社会不和谐，激化社会矛盾，涣散人心，使人们感到精神家园受损，精神难得寄托。如果任其存在和蔓延，势必会最终危及中国特色社会主义的前途和中华民族的命运。

理性敬畏品质缺失的主要原因，可以从如下几个角度来进行分析：

其一，我国历史上长期实行的是以高度集权的封建专制政治统摄（适应）普遍分散的小农经济的社会结构模式，在此基础上形成的以“大一统”的国家观念主导“各人自扫门前雪，休管他人瓦上霜”的小农意识的思维方式和价值观，使得“官本位”的思想观念根深蒂固，同时又长期压抑着个性自由和个人表达欲望。新中国成立后，由于一度实行高度集权的计划经济，缺乏纠正“官本位”思想观念的社会物质条件，又因受到“左”的思潮的干扰和控制，人们正当的个性自由和个人表达欲望并没有因获得“当家做主人”境遇而受到应有的尊重，相反却受到新的压抑和打击，缺少正当表现的机会。实行拨乱反正和解放思想，人们正当的个性自由和表达要求得以释放，同时不正当的个人欲望和个性自由及其表达欲望，也随之获得释放和恶性膨胀的机会，“官本位”的价值观在新的条件下以官商结盟、以权谋私的方式表现出来。

其二，西方思潮特别是民主社会主义和自由主义的影响。民主社会主义和自由主义都是资产阶级的思想体系和意识形态。前者将人类至今一切美好的价值原则，如平等、公正、自由、民主、普遍幸福等揽入自己的体系，给人们一种“最完备”“最先进”的思想理论体系的错觉。它对中国社会的影响，始于20世纪80年代对斯大林、毛泽东的社会主义模式进行的反思和提出的质疑，继而主张对中国共产党领导的革命也要进行“反思”和“反正”，在关涉中国近现代革命史的重大问题上散布种种蛊惑人心的言论。自由主义的核心观念是强调以理性为基础的个人自由，主张国家的政治生活、经济生活和社会生活都要以维护个人自由为目的。历史虚无主义者以诋毁和攻击中国共产党的领导和社会主义制度为能事，就其实质内涵和价值取向来看，它与民主社会主义和自由主义是一致的，实则是民主社会主义和自由主义在中国的翻版或变种。尽管，奉行历史虚无主义的人们或许并非都是心怀叵测的人，但其所显露的反社会主义意识形态倾向及其危害性却是十分明显的。毋庸讳言，在抵制西方思潮消极影响方面，我们的社会主义意识形态工作至今依然缺乏相应的自觉性和主动性，这也是导致理性敬畏品质缺失的一个原因。

其三，从个人方面来分析，缺乏自律和修身的自觉性，是缺失理性敬畏的主观原因。改革开放为个体发挥才能开拓了广阔的空间，不少人因此而成为令他人敬仰和仿效的成功人士和公众人物，这本是我国社会繁荣进步的一种表现。但是，一些人对于时代和国家却毫无感恩情操，凭借个人成就而自我膨胀、自我放纵，以至于自视老子天下第一，天不怕地不怕，缺失应有的敬畏品质，把国家法纪和社会道德当儿戏，走向自己的反面。须知，这样的人受到惩罚、最终被公众唾弃，也是理所当然的事情。改革开放需要人们充分彰显个性和个性自由，正因如此更需要人们注意自律和自我修身。

总的来说，出现上述敬畏品质缺失的现象及其成因并不足为奇。我们不能要求当初的拨乱反正和解放思想不能出现“负作用”和“副产品”，也不能在改革开放的历史条件下不准西方思潮涌入国门、以让我们的社会主义现代化建设事业在“一潭清水”中推进，更不能要求有影响的人绝对不要散布消极影响。正确的选择应当是积极推进社会治理中的法治和德治，努力培育理性敬畏品质。

三、培育理性敬畏品质的基本理路

合乎理性的敬畏品质不会自发形成，需要经由社会培育和个体修养。社会培育需要在社会治理的实际过程中进行，与创新治理体制和改进治理方式紧密结合起来。

首先，要“治”字当头，以“治”服人，厉行有法可依、有法必依、执法必严、违法必究、依法行政、依法行使监督权的法制原则，切实推进依法治国。这是培育理性敬畏品质的关键所在。对胆大妄为、明知故犯的违法犯罪和渎职行为，应当头棒喝，决不姑息，绝不手软，以确保法律和纪律的威严，促使共产党员和公务员明了为官做事的法度和尺度，养成应有的政治品格和道德水准，促使广大人民群众养成尊重和恪守法纪的心态和行为习惯。法治的真谛在于运用法律尊重和保护人民群众的合法权利，打击一切违背人民利益和要求的行为。为此，维护体现中国特色社会主义国家意志和社会公共理性的法规的权威，是十分必要的。一百多年前，恩格斯为从理论上武装正在组建政党的无产阶级，批判和清算巴枯宁及其追随者的无政府主义和“反权威主义”，写了《论权威》这篇战斗檄文，强调指出“把权威原则说成是绝对坏的东西，而把自治原则说成是绝对好的东西，这是荒谬的”；同时又指出权威是“随着社会发展阶段的不同而改变”的历史范畴，在社会主义革命成功后其“公共职能”的“政治性质”和“管理职能”将会发生根本性的变化[①]。

其次，要“理”字为先，以“理”育人，深入开展以社会主义核心价值观为主导的社会历史观和人生价值观的宣传和教育。这是培育理性敬畏品质的根本所在。宣传和教育的重点，对象应是共产党员、国家公务人员和青少年学生。重点内容理论上应是让人们明白挑战权威（包括传统）和敢于创新与尊重规律和规则之间的辩证统一关系；实践上应是帮助人们把握民主与法治、自由与纪律、个性与共性、文明与愚昧之间的辩证统一关系。宣传和教育的目标，应是促使人们形成尊重规律、服从规则、知荣知耻的社会心理和社会风尚，为推进社会治理中的法治与德治培育应有的理性敬畏品质。宣传和教育的方法，应实行表扬与批评、褒奖与惩戒相结合，同时特别注意针对突出的“低级错误”采用必要的批评和惩戒的方法。

再次，要动之以“情”，开展羞耻感教育。羞耻感，是指因自己的行为过失而感到惭愧引起的羞辱的心理体验，属于道德心理范畴。纵观当今那些毫无理性敬畏感、恣意违背法律和道德、挑战文明底线的“低级错误”，无一不是缺失羞耻感的人所为。羞耻感既是理性敬畏品质的情感基

① 《马克思恩格斯文集》第3卷，北京：人民出版社2009年版，第337—338页。

础，也是社会治理的心理基础。一个缺失羞耻感的人必然是一个思维方式怪异、心态失衡、行为失控的人，一个缺失羞耻感的社会必然是一个“低级错误”盛行的社会。羞耻感的教育应自幼抓起，让受教育者自幼就能分清美丑和荣辱，养成知荣知辱、尚美避丑的健康心态。

最后，要完善法制，实行“道德与文明立法”，促使相关社会道德和精神文明要求制度化和法律化，使之具有强制性的约束力，以创新道德治理体制和改进治理方式。这是培育理性敬畏品质的必要条件。所谓道德与文明立法，可作两种理解。一是强化道德与文明要求，将一些道德文明规范转变为法律规定；二是强化道德与文明调节手段，将某些道德调节的手段与法纪惩罚接轨，在舆论谴责的同时伴之以惩罚措施。诚然，道德与文明发挥社会功能需要一定的舆论环境和人们的内心信念。形成舆论压力固然需要“说”，但更需要“治”，“治”本身就是一种舆论或形成舆论的机理，对于毫无敬畏感和羞耻感的人来说尤其应当作如是观。人的内心信念也不是自然而然形成的，以“治”迫使某些人养成对于社会道德与文明的敬仰和遵从的思维方式和心态与态度，是内心信念形成的基本途径。

以上所说的社会培育理性敬畏品质的基本理路，与社会治理是一种互相依存、相得益彰的逻辑关系，在具体实施过程中应当以社会治理为主导。

先秦文学之道德意蕴及伦理学意义*

日本文艺理论家浜田正秀指出："所谓文学，就是依靠'语言'和'文字'，借助'想象力'来'表现'人体验过的'思想'和'感情'的'艺术作品'。"[①]他所说的"人体验过的'思想'和'感情'"，以道德价值生成与传播的"文以载道"范式而论，所指主要就是渗透在文学作品中的道德意蕴，包括善恶观念、评价标准、行为倾向，即态度与情感。文学的这种本质特性使其与伦理学具有"自然而然"的联系。基于这种认识，本文对先秦文学蕴含的道德价值观念及其伦理学意义发表几点看法。

一、先秦文学之道德意蕴分类概览

先秦时期，许多文学作品的体裁和样式已见雏形，诗歌和散文如《诗经》《楚辞》《韩非子》等甚至已开始走向成熟。走向成熟的一个标志，便是其内含的道德价值。

其一，赞美高大、纯洁、完美的理想人格。《韩非子·五蠹》对尧和禹严于律己、身先士卒的王者风范，作了如是描述：

尧之王天下也，茅茨不剪，采椽不斫，粝粢之食，藜藿之羹；冬日麑

---

* 原载《安徽师范大学学报》(人文社会科学版)2013年第1期。

① [日]浜田正秀：《文艺学概论》，陈秋峰，杨国华译，北京：中国戏剧出版社1985年版，第9页。

裘，夏日葛衣；虽监门之服养，不亏于此矣。禹之王天下也，身执耒臿以为民先，股无胈，胫不生毛，虽臣虏之劳不苦于此也[①]。

（尧王天下时，住的是不经修剪、不架椽梁的茅草屋；吃的是粗糙简陋的食物，连喝的汤也是用灰菜和豆叶做的；冬季披着小鹿皮，夏天穿茅茎编的草衣，即使是一般官家的生活也不会比这等状况差啊。禹王天下时，翻土挖地身先士卒，大腿上的汗毛都磨尽了，小腿上根本就长不了毛，即使是臣下也没有这样的吃苦啊。）

用此等夸张的表现手法描述王者的理想风范和伦理情怀，是先秦文学的一大特色。后来收入《淮南子》的神话传说“女娲补天”，虽不同于的《韩非子·五蠹》赞美的严于律己、身先士卒的理想人格，但其歌颂的博大伦理情怀，显然也不失一种王者风范。今天读起来仍然散发着古朴的伦理芬芳！在先秦文学作品中，还有许多赞美士大夫高尚人格的道德故事，如《尚书·康诰》记述的周公姬旦训诫其弟康叔要“顺天治民”和“体恤民怨”，《战国策》记录的“邹忌讽齐王纳谏”等。

其二，表达普通劳动者的伦理祈求和道德态度。这类道德意蕴与赞美王者风范是直接相关的，虽记述和描写的篇章不多又多采用“非历史”的神话或传奇的手法，但对其道德文明史的价值有两点值得关注：一是“王道”之下普通人欣赏伦理和谐之田园生活的豁达情趣，即如后来《帝王世纪》之《击壤歌》（晋皇甫谧编撰）所描绘的那种风景画：“日出而作，日入而息，凿井而饮，耕田而食。帝力于我何有哉！”[②]太阳升起就起来劳动，太阳下山就休息；凿井可以取水饮用，耕田劳作获取食物；上天的力量大小与我有什么关系呢。二是普通劳动者之间的合作期许和杰出个体的英雄气概。这方面的理想人格，可以从《山海经》的相关篇章窥得一二。

西次三经之首，曰崇吾之山……有鸟焉，其状如凫，而一翼一目，相得乃飞，名曰蛮蛮，见则天下大水[③]。

---

①《韩非子·五蠹》。

② 聂石樵:《先秦两汉文学史》,北京:中华书局2007年版,第8页。

③《崇吾山》。

夸父与日逐走，入日；渴，欲得饮，饮于河、渭；河、渭不足，北饮大泽。未至，道渴而死。弃其杖，化为邓林[①]。

炎帝之少女名曰女娃。女娃游于东海，溺而不返，故为精卫，常衔西山之木石，以堙于东海[②]。

这些文字，其实不是在写人，而是在写“神”和“怪”，它们所舒张的神性和神力，不过是为了表达原始先人力图超越自身的局限和征服自然的理想而已。

其三，描述公私分明、先公后私的道德观念和行为准则，鞭笞统治者制造不和谐伦理关系的不良品行。《韩非子·五蠹》最早用散文的形象语言比喻了“公”与“私”的含义及其不可相容的价值对立关系：“古者仓颉作书也，自环者谓之私；背私谓之公。”所谓“自环”，用今日之语表达亦即“以我为中心”。那时的“公”，既不是国家意义上的公，也不是“三人为众”即个人联合体意义上的公，而是“普天之下莫非王土，率土之滨莫非王臣”的“公”，实则是专制帝王的一家之私。那时的“自环之私”，也不同于损人利己的利己主义之私，而是如同杨朱说的“损一毫利天下，不与也”的私，因为“人人不损一毫（于他人），人人不利天下，天下治也”[③]。简言之，也就是“利己不损人”之“私”。

《诗经》在这方面有许多传神的描写，表达了普通劳动者的道德心理。如《小雅·正月》：

谓天盖高，不敢不局，谓地盖厚，不敢不蹐；维号斯言，有伦有脊。哀今之人，胡为虺蜴！

（说起来天是很高的，但我们走在下面不得不弯腰，说起来地是很厚的，但我们走在上面不得不提心吊胆，我们产生这样的感受是很有道理的，如今的我们真的很可怜啊，像被毒蛇咬着一样！）

再如《魏风·伐檀》：

---

①《夸父逐日》。

②《精卫填海》。

③《列子·杨朱》。

坎坎伐檀兮，置之河之干兮，河水清且涟猗。不稼不穑，胡取禾三百廛兮？不狩不猎，胡瞻尔庭有县貆兮？彼君子兮，不素餐兮！坎坎伐辐兮，置之河之侧兮，河水清且直猗。不稼不穑，胡取禾三百亿兮？不狩不猎，胡瞻尔庭有县特兮？彼君子兮，不素食兮！

（砍伐檀树声坎坎啊，棵棵放倒堆河边啊，河水清清微波转哟。不播种来不收割，为何三百捆禾往家搬啊？不冬狩来不夜猎，为何见你庭院猪獾悬啊？那些老爷君子啊，不该吃闲饭啊！砍下檀树做车辐啊，放在河边堆一处啊，河水清清直流注哟。不播种来不收割，为何三百捆禾要独取啊？不冬狩来不夜猎，为何见你庭院兽悬柱啊？那些老爷君子啊，不该白吃饱腹啊！）

屈原在《离骚》中用比兴的手法，十分生动形象地鞭笞了统治者集团内部不和谐、相互倾轧的政治关系，表达了一位正直的“智者”向往和追求政治伦理和谐及恪守人格的心态：

余既滋兰之九畹兮，又树蕙之百亩。畦留夷与揭车兮，杂杜衡与芳芷。冀枝叶之峻茂兮，愿竢时乎吾将刈。虽萎绝其亦何伤兮，哀众芳之芜秽。

（我栽培了许多春兰，又栽植了大片蕙兰。还分垅种植了揭车，并套种了杜衡和芳芷。希望它们都能枝叶茂盛，等待我收获的那一天。它们枯死又何妨呢，让我痛心的是它们已经质变。）

阶级社会出现以后，公与私之间的利益关系是整个道德的基础，关于公私的思想观念和行为准则是一切道德体系的核心。由此观之，先秦文学之道德意蕴的公私观，应给予特别的关注。

其四，憧憬婚姻的美感和重视男女有别的操行伦理，批评统治者及其纨绔子弟无视婚姻和性别伦理的不道德行径。如《诗经·周南·关雎》：

关关雎鸠，在河之洲。窈窕淑女，君子好逑。参差荇菜，左右流之。窈窕淑女，寤寐求之。求之不得，寤寐思服。悠哉悠哉，辗转反侧。参差荇菜，左右采之。窈窕淑女，琴瑟友之。参差荇菜，左右芼之。窈窕淑女，钟鼓乐之。

这首诗生动地描写了爱慕美貌女子和憧憬美好婚姻的“君子”之复杂心态。

再如《诗经·召南·野有死麕》：

野有死麕，白茅包之。有女怀春，吉士诱之。林有朴樕，野有死鹿。白茅纯束，有女如玉。“舒而脱脱兮！无感我帨兮！无使尨也吠！”

（一个美貌少女在郊外遇到美男子猎人，为他所引诱，爱上了他，但婉言拒绝。）

正因如此，庶宅少女对纨绔子弟不循婚姻伦理之举多有设防，如《诗经·豳风·七月》中就有这样的描写：

七月流火，九月授衣。春日载阳，有鸣仓庚。女执懿筐，遵彼微行，爰求柔桑。春日迟迟，采蘩祁祁。女心伤悲，殆及公子同归。

（夏历七月，大火恒星向下行，九月把裁制寒衣的工作交给妇女去做。夏历三月开始暖和，黄莺鸣叫。年轻姑娘手持深筐，沿着那小路，在这儿寻找嫩桑叶。春天的昼长日落晚，采摘众多白蒿。女子内心悲伤，恐怕遇到国君之子，被公子胁迫同归。）

与此相关，《诗经》的《汝坟》《卷耳》《江有汜》等篇章，还用细腻辛辣的笔触描写了妻子与劳役他乡的丈夫两厢思念、倾诉衷肠的悲情，描写了苛政致使庶人夫妻分居的凄苦人生。

上述先秦文学之道德意蕴，归根到底上都是先秦社会生产方式和生活方式的反映。它形成于“民神杂糅，不可方物”的原始社会末期，经历由流动式的游猎和游牧转而为定居式的农耕的社会发展和演变过程而得以发展和丰富。其间，由于生产力十分低下，人们必然会特别尊重克勤克俭、率先士卒之强者或英雄的农耕品格，而这样的人一般都可以为王或已经为王，致使希冀在王者的统领之下获得安居乐耕的田园伦理和道德生活，同时成为人们基本的伦理追求。又由于西周确立井田制的公私分立和贵贱有别的社会基本制度，并规定“雨我公田，遂及我私（田）”的耕作次序，必然会生发公私分明、先公后私的道德观念和行为准则，同时也会产生阶级对立和对抗及与此相关的伦理道德问题，并反映在文学作品之中。

二、先秦文学之道德意蕴的历史嬗变

经过先秦社会“礼崩乐坏”的激烈动荡和“百家争鸣”的文化洗礼，先秦文学之道德意蕴发生了历史性的嬗变，原先文史哲融为一体的文本和思想发生解体，出现了相对独立的文史哲文本及思想体系，先秦文学之道德意蕴“为哲学伦理学提供最初的动因”[①]的质料。其“载道”的文学样式也逐渐为直接言说道德的哲学伦理学的文本所替代，如《论语》《孟子》《荀子》等。然而，这种替代过程在初始阶段并不是那么彻底，今人仍然可从这些文本中看到先秦文学之道德意蕴的历史标记。如“《诗三百》，一言以蔽之，曰：思无邪”[②]，“《关雎》，乐而不淫，哀而不伤”[③]等，表达了孔子对《诗经》相关篇章之纯正品质的怀思和敬仰之情。

这一历史文化现象，展示了先秦文学之道德意蕴固有的价值本性和永恒性元素，也开启了先秦之后中国传统哲学区别于西方的叙述方式。中国传统哲学，多为直白式宣示“知其然”的道德主张教条，如“己所不欲，勿施于人”[④]，“己欲立而立人，己欲达而达人”[⑤]，“君子成人之美，不成人之恶”[⑥]等，缺乏“知其所以然”的形上抽象和思辨精神[⑦]。西方的哲学伦理学，从古希腊开始就关注伦理道德的本质和必然性问题。亚里士多德在《工具论》中指出：“必然性有两种：一种出于事物的自然或自然的倾向；一种是与事物自然倾向相反的强制力量。因而，一块石头向上或向下

① [美]阿拉斯代尔·麦金太尔:《伦理学简史》,龚群译,北京:商务印书馆2003版,第28页。

②《论语·为政》。

③《论语·八佾》。

④《论语·卫灵公》。

⑤《论语·雍也》。

⑥《论语·颜渊》。

⑦ 虽然,两汉尤其是宋以后的伦理学说多注意追求形而上的抽象,具有某些思辨特色,但从诸如“饮食者,天理也,要求美味,人欲也”等命题来看,其所关注的对象实则还是多为形下层面的经验范畴,所谓“天理”“天性”“天命”不过是“地理”“人性”“人命”的代名词而已。真正的抽象特别是科学的抽象,旨在揭示事物内在的本质联系,而不是变换名词概念。

运动都是出于必然，但不是出于同一种必然。”[1]后一种“必然”，缘于人“为了某一目的”或“为了某种目的”的择善动机。这种注重运用形而上学方法分析和揭示事物本质联系的研究范式，后来成为西方哲学伦理学研究遵循的学术原则。

先秦文学之道德意蕴对儒学所发生的影响特别值得一提，这就是：促成先秦儒家对“以德治国”的理性自觉，而这种自觉精神形成的“最初动因”，就是先秦文学内含的道德“实践理性”。今人可以从屈原的《离骚》理解和把握其逻辑线索：

纷吾既有此内美兮，又重之以修能……老冉冉其将至兮，恐修名之不立……謇吾法夫前修兮，非世俗之所服……宁溘死以流亡兮，余不忍为此态也！……伏清白以死直兮，固前圣之所厚……

（天赋予我很多良好的素质，我要不断加强自己的修养……只觉得老年渐渐来临，担心美好的名声不能确立……我要向古代圣王学习啊，这不是世间俗人能够做到的……宁可马上死去魂魄离散，我也决不取媚俗之态……保持清白节操死于直道，这本为古代圣贤所称赞的……）

先秦文学所承载的道德意蕴多是以宣示“做人”的理性原则为立足点和出发点的，它的主旨在“做”而不是在“说”。这表明，先秦文学之道德意蕴在中华民族道德文明发展史的源头上便展现了道德的价值本性。

先秦文学之道德意蕴的历史嬗变，大体上有两个方向。一个方向是“上升”为社会意识形态，并与政治法（刑）制联姻，成为封建国家上层建筑的重要组成部分。这就是孔孟儒学伦理文化推崇的以“仁”为核心的道德体系。在这种嬗变过程中，尧禹之严于律己、身先士卒的王者风范逐渐转化为统治者的道德理想和人格要求，转化为“为政以德”和实施“仁政”的道德力量。孔子说：“为政以德，譬如北辰，居其所而众星共之。”[2]这种历史演变，是合乎中国社会发展和进步规律的。经过秦末社会

---

①［古希腊］亚里士多德：《工具论》，余纪元等译，北京：中国人民大学出版社2003年版，第328页。

②《论语·为政》。

的再次震荡，“大一统”的封建专制国家最终确立，国家管理和社会治理客观上需要统治者集团“为政以德”，以得民心而得天下，同时也需要将道德政治化、法（刑）制化，以便对庶民实行教化而固民心和平天下。

另一个方向，是道德意蕴的其他成分如普通劳动者朴实的伦理精神、憧憬婚姻的美感等，没有被列入以孔孟儒学为代表的哲学伦理学的“正册”，渐渐地以小说、戏剧、评书、民间故事等文学样式承载、“下移”和散落到庶民社会中，嬗变成为另一种非文本记述却也源远流长的中国传统道德文化。致使人们只能在诸如《太阳山》《牛郎织女》《螺蛳精》《画中人》等民间故事和神话传说的“口头文学”中，才能回溯和联想它们在先秦文学中的原先风貌。

先秦文学之道德意蕴的历史嬗变，合乎道德发展的辩证法。道德在社会变革的特定历史阶段总是要“牺牲”一些传统成分来赢得自己的进步，因而在进步与“倒退”之间上演“自相矛盾”的历史剧，谱就“自然历史过程”的轨迹。因此，不可仅凭道德文本记述史来理解和把握一国一民族的道德发展进步史。

三、先秦文学之道德意蕴的伦理学意义

文学与伦理学是真正以人为本的“人学”，两者之间的相关性尤为突出。先秦文学之道德意蕴对于伦理学的意义，可从如下几个向度展开。

首先，昭示了中华民族道德文明发展史的源头。中华民族道德文明发展史源远流长。然而，对“源”究竟有多“远”，“流”究竟有多“长”多缺乏具体的说明，使得人们对中华民族优良的道德传统缺乏根的意识和真实的历史感。不能不说这是一种长期存在的缺憾。它的存在，与我们没有对其源头给予应有的关注，或者虽有所关注却不能取得一致的看法是很有关系的，而之所以如此，又与伦理学研究长期不能走出“道德哲学”的思维窠臼、忽视先秦文学内涵的伦理精神和道德价值有关。从逻辑推理来看，“人”在劳动中创造人与创造人必需的伦理与道德本应是同一种过程。

不难想见，在远古的渔猎“劳动”中，经验每天都在提醒“人”们彼此之间需要一种“心心相印”“同心同德”的配合，以获得行动一致的“思想关系”即伦理和谐，哪怕这种关系极为简单粗犷，也是必需的。于是，在某时或某些情况下，会有“人”伴随肢体动作脱口发出诸如“吆”“呵”之类的呼喊或呼唤。这是一种具有后来被称为“道德意识”的伟大创举，它的“启蒙意义”在于：向肢体方向发展便有了后来的舞蹈，向声音方向发展便有了后来的音乐（故而后人说“乐者，通伦理者也”[①]），而向文字的方向发展便有了后来的诗歌。这种演化的成果，使得舞蹈、音乐、诗歌成为人类维护和建构伦理和谐的最早的道德意识形式。

民族优良传统道德的教育，旨在培育受教育者的历史意识和民族精神，而要如此，从源头上“娓娓道来”是必要的。从这个角度看，让先秦文学之道德意蕴走进基础阶段的道德教育课堂，不可不为一个值得重视的话题。

其次，奠定了中国伦理思想史之逻辑起点。学科的逻辑起点，从根本上影响学科科学体系的结构及实际功能。逻辑起点，既是逻辑问题也是历史问题，正确把握逻辑起点问题需要把逻辑与历史统一起来。

恩格斯指出：“历史从哪里开始，思想进程也应当从哪里开始，而思想进程的进一步发展不过是历史过程在抽象的、理论上前后一贯的形式上的反映；这种反映是经过修正的，然而是按照现实的历史过程本身的规律修正的，这时，每一个要素可以在它完全成熟而具有典型性的发展点上加以考察。”[②]伦理学以道德为对象，以研究道德的发生与发展的规律为己任，应当确立“道德从哪里开始，伦理思想也就应当从哪里开始”的逻辑观。因此，中国伦理思想史的研究与建构，应当从先秦文学的道德意蕴起步。如阐述“仁学”伦理思想可以考虑从“女娲补天”起步，阐述德政伦理思想可以从尧禹的王者风范起步，等等。中国伦理思想史的文本多没有关涉先秦文学之道德意蕴，而是从儒学文本起步的。不能不说是一种缺

①《礼记·乐记》。

②《马克思恩格斯文集》第2卷，北京：人民出版社2009年版，第603页。

憾。在这个问题上，西方伦理思想史的建构范式是值得我们借鉴的，它多是从著名的《荷马史诗》起步的。如果中国伦理思想史的逻辑起点是放在先秦文学的道德意蕴上，如严于律己和身先士卒的王者风范、公私分明和先公后私、尊重伦理和谐和性别伦理等，而不是一开始就大谈“推己及人”和“为政以德”之类的抽象理念和道德教条，那将会是一种何等贴近社会生活因而成为民众喜闻乐见的样式呢？

再次，开启了“文以载道”之道德文化建设先河。在中华民族道德文明发展史上，文学以“文以载道”[①]的文明样式传播着社会主流道德价值，因其为人民大众所喜闻乐见的“口头文学”（尤其是戏剧和民俗文学），而实际上一直充当着道德教科书。这大体有两种情况：一种是被统治阶级认可或默许乃至推崇、因而活跃在民间的“文以载道”；另一种是被统治阶级列为“禁书”和“禁戏”，只在民间悄悄传播。前一种“文以载道”是封建统治者实行道德教化的主渠道，其盛势始于明末，此后连绵不绝，真正达到了家喻户晓、人人皆知的程度，连平生“没有看戏的意思和机会”的文学巨匠鲁迅，在偶然涉足京城戏场时，也为那种“连插足也难”的盛况感到惊讶。

文学以其大众化的文化形式和“人民性”的道德内涵，而成为传播道德文化的最丰厚的土壤和最重要的途径。就中华民族的道德文化传播和建设而言，在一定意义上可以说，没有文学的“文以载道”，就没有中华民族源远流长的道德传统。有学者认为：“所谓的‘文学’，如散文、诗歌、辞赋等文学体裁，只是一种形式，是一个空空的口袋’，形式必须要有内容，空空的‘口袋’本身没有意义，必须装进东西才有价值。”[②]此言甚佳却又有失偏颇。形式与内容是不可分割的，不同事物在这种关系上仅是内

① “文以载道”是宋代周敦颐在《通书·文辞》中正式提出来的。在此之前，韩愈已提出“文以明道”和“文以贯道”的主张，广涉文学与道德的关系。然而，由于周敦颐的思想体系和倾向比较复杂，其“道”也并非如同韩愈那样专指封建社会的主流伦理文化——儒学道德体系，所以学界凡涉论文学与道德的关系多采用周敦颐的“文以载道”语型和韩愈的“文以明道”语义。

② 张松辉：《先秦两汉道家与文学》，北京：东方出版社2004年版，第3页。

容的多少与优劣的差别，所谓“空空的‘口袋’”的文学作品并不存在[①]。理解和把握“文以载道”，重要的不是看其“文”，而是要看其所“载”之“道”。纵观中国文学史，诸如《孔雀东南飞》《水浒传》《三国演义》《西游记》《红楼梦》《儒林外史》《聊斋志异》等之所以成为传世佳作，皆与其所“载”之“道”的喻世意义有关。

如果说，先秦文学及整个封建社会的“文以载道”多是直觉、直观地告诉接受者们“‘道’是什么”，具有脸谱化的特征，那么现代社会的“文以载道”则不然。它承载的“道”多为“‘道’是什么、也不是什么”的内涵，反映的是生活世界中是与非、美与丑、善与恶难以分辨的“道德悖论”问题，多带有“颠覆”却又张扬传统道德文化之历史价值的“自相矛盾”的性征，因而特别具有“大众化”的艺术震撼力。我们大体上可以从《深海长眠》《求求你，表扬我》《天下无贼》等这类“家族相似”的影视作品中，体味到这种源于生活又高于生活的艺术逻辑。现代社会“文以载道”的变化表明，其所“载”之“道”的价值正如格罗布曼（Grobman）指出的那样：“文学形成的价值在于问题，而不是答案。”[②]

从以上的历史考察和学理分析，大体上可以看出先秦文学与中华民族传统道德之发端的逻辑关联及其伦理学意义。这些议论，严格说来还只是基于一种“历史感做基础”发现和提出的问题。如果这个问题不是伪问题的话，那抑或就正是本文的价值所在。若可作如是观，关于先秦文学之道德意蕴及其伦理学意义的探讨，就没有理由打住。在逻辑与历史相统一的平台上审视文学与伦理学的内在关系，进而观照当代人类尤其是当代中国社会的“文以载道”现象、反思道德文化建设及伦理学研究等现实问题，当是一个有待开发和拓展的重大学术话题。

---

① 如时下的一些“贺岁片”，其“口袋”看似空空如也，其实不然，正是其表达的形式主义、唯美主义之“道”，才令一些趣味相投者趋之若鹜，让其占据了相当份额的文化市场。

② 廖昌胤：《小说悖论——以十年来英美小说理论为起点》，合肥：安徽大学出版社2009年版，第1页。

仁学经典思想的逻辑发展及其演绎的道德悖论*

一、传承仁学经典思想需要运用“悖论方法”

历史上，凡是体现特定时代主流意识形态的伦理思想或伦理学说对于当时的社会发展和民族精神的形成都曾起过最为重要的指导作用，因此一般都会被后人视为本民族经典的伦理思想和道德传统。而当后世社会处于变革、需要重建民族精神的特殊的发展时期，人们就会把推动进步的目光转向历史，希冀其由史而来的经典伦理思想和道德传统能够发挥“古为今用”的基础和支撑作用，破解变革时期社会发展面临的突出问题和矛盾。当代社会正处在变革性的特殊发展时期，面临需要化解诸多社会矛盾、构建和谐社会的重大战略任务，在人们的伦理信念和文化情绪中，儒家的仁学伦理思想就被视为这样的经典。

仁的思想在孔子以前的一些著述中就可以看到，本属于表达父母与子女之间“亲亲”关系的道德情感范畴，内涵单一、叙述直白，对于炎黄后世并不具有什么经典意义。使仁成为一种“学”并渐渐具有经典意义的历史创建工程是在孔子那里竣工的，集中地体现在他的不朽的“述而不作”的《论语》之中。孔子以后，经过孟子、董仲舒、二程和朱熹及王阳明的

* 原载《江海学刊》2008年第4期，中国人民大学书报中心复印资料《伦理学》2008年第11期转载。

推进和发展，仁学伦理形成相对稳定的结构模式，成为中国传统儒学文化体系的核心和中华民族传统精神的脊梁。

中国改革开放30年，在取得辉煌成就的同时也出现了不少“道德失范”的问题及与此相关的社会不和谐因素，在传统伦理的视野里这些问题都违背了仁学伦理思想和道德精神。这些问题的危害可以一言以蔽之：干扰和妨碍了中国社会和人的持续发展与进步。在一些学者看来，要促进中国经济社会的有序发展和整个社会的文明进步，就必须拯救某些同胞的灵魂，而要如此就必须寻根问祖，重振中华民族的仁学伦理，为此，他们一直在孜孜不倦地追问和探求，精神可嘉。然而毋庸讳言，这种认识和实践很难得到广泛的社会认同，仁学经典伦理对于当代中国的文明建设似乎已经不那么灵验了。这种状况让很多国人感到大惑不解，有的开始怀疑仁学经典伦理是否可以充当重建中华民族精神的优质资源。

在我看来，这种认识和心态是我们对仁学经典思想的逻辑发展及其在历史上曾演绎过的道德悖论一直未作中肯分析和把握的反映。我们这个民族，由于多种原因所致，至今尚未养成用“悖论方法”看问题的思维习惯，在传承优秀历史文化的问题上缺乏“悖论意识”和“解悖能力”。然而历史地看，仁学经典伦理思想及其培育的民族精神的真实情况是：在其逻辑发展的历史进程中合乎逻辑地演绎为道德悖论。这就要求我们今天传承仁学经典思想必须运用“悖论方法”，对其实行顺应当今社会发展的“解悖”性改造。不作如是观，它实际上就会继续被“边缘化”，甚至于会渐渐地“退出历史舞台”，被别的什么东西替代。

运用“悖论方法”看待和传承仁学经典伦理思想，不仅有助于揭示仁学经典思想的逻辑发展及其作为“实践精神”演绎的逻辑悖论，而且有助于全面了解儒学伦理思想和中华民族道德传统的基本精神，解读当代中国人普遍感受到的“道德失范”和“道德困惑”及与此相关的社会不和谐问题，思考和建构以改革创新为核心的中华民族的现时代精神。

二、仁学经典思想的形成及其逻辑结构

孔子生活在由家族奴隶制向宗法封建制过渡的社会变革时期，由于奴隶制度的“礼崩乐坏”，奴隶制的家族关系也在很大程度上受到冲击，与其他社会关系一样处于“分崩离析”的分化状态中，社会客观上呼唤改造和扩大原有的“亲亲”关系。这为孔子丰富和发展此前的仁的思想内涵，创建仁学经典思想体系提供了丰腴的社会土壤和极佳的历史机遇。

孔子创建的仁学经典思想体系内含三个由低级到高级的逻辑层面。第一个逻辑层面，是在肯定和继承仁的传统之意即在强调子女对父母的“孝”的重要性的基础上，明确赋予“亲亲”以“悌”的意义，并提出了“孝悌”为“仁之本”的重要思想。这种创建，丰富、发展和扩充了“亲亲”的内涵，使仁成为能够较为全面反映家庭伦理关系的道德标准，同时又在学理上建立了家庭“亲亲”之仁与社会“亲民”之仁之间的逻辑联系，并在总体上肯定和高扬了前者对于后者的奠基意义。应当看到，这是仁学经典思想在其逻辑发展过程中的一次历史性进步。第二个逻辑层面，是孔子在家庭伦理“孝悌”这个“仁之本”的基础上，提出了恭、宽、信、敏、惠、智、勇、忠、恕等人伦伦理思想和道德标准体系，使仁学思想从家庭走向社会，由“家人”转向“他人”，即由“亲亲”“爱亲”而扩展到“亲他人”“爱他人”，“亲众人”“爱众人”，实现了“亲亲伦理”与“人伦伦理”的统一。第三个逻辑层面，是孔子把他提出的人伦伦理之仁与传统的政治伦理之仁——周礼融合起来，用其仁学伦理思想改造传统的奴隶制周礼，赋予周礼以丰富的人伦伦理内涵。《论语》说“仁”105处，说“礼”74处，说“礼”之处多必说“仁”。如他说：“人而不仁，如礼何?”[①]意思是说，为人而不能为仁，还谈什么为政而为仁呢?“克己复礼为仁。一日克己复礼，天下归仁焉。”[②]意思是说，克制自己的（过分）欲

①《论语·八佾》。

②《论语·颜渊》。

望，像周礼那样行政（政治之仁）就是仁人（为人之仁）了，一旦能够做到这一点，那就实现了政治之仁与人伦之仁的统一——普天之下都推崇仁了。不难理解，这种语言逻辑所要表明的是，孔子要力图用他丰富和发展了的仁学伦理思想——“亲亲之仁”和“人伦之仁”，改造和丰富传统周礼——政治之仁。这是孔子仁学经典思想逻辑体系中的最后一个层面，也是最重要的一个层面。三个逻辑层面的形成，实则是仁学思想的三次逻辑提升，最终将仁提升至“博施于民而能济众”的层次，实现仁学经典思想——家庭伦理、社会伦理与政治伦理的内在统一。孔子推动仁学伦理思想合乎逻辑的三次发展和提升，奠定了仁学经典思想的基本内涵和架构，完成了中国儒学伦理思想发展史上最重要的一次变革。从仁学经典思想内在逻辑结构的形成和提升来看，孔子不愧为中国历史上一位划时代的伟大的思想革新家。

虽然，今人并不能说明孔子主观上已经具有了某种“阶级自觉”，但其作为无疑是顺应了当时代的历史变革，为即将登上政治舞台的新兴地主阶级提供了最适合的思想统治工具。这是西汉初年儒学伦理思想被推到“独尊”地位的根本原因。

中国学界一直有人依据孔子说的“周鉴于二代，郁郁乎文哉，吾从周”[①]、“克己复礼为仁。一日克己复礼，天下归仁焉”之类的话，认为孔子是一个极力主张恢复奴隶制统治的“复古派”。这种看法其实是对孔子推动仁学伦理思想逻辑发展的过程缺乏中肯认识的表现，也是一种望词生义产生的错觉。所谓“吾从周”，应当被理解为“我希望（遵从）像周朝那样有秩序（礼仪制度）”，而不能被解读为“我希望有周朝那样的秩序（礼仪制度）”。这就如同“我们要像雷锋那样乐于助人”不能被理解为“我们要用雷锋的方式乐于助人”的道理一样。所谓“克己复礼为仁。一日克己复礼，天下归仁焉”，显然是说：“克制自己的欲望，遵循礼仪办事就是最好的道德。一旦大家都这样做了，就会出现一个讲仁爱的社会了”。如果说这样的解释还不能完全说明孔子是一位积极推动仁学伦理思想发展

①《论语·八佾》。

的革新派，那么就让我们再看看孔子这段话所表达的思想：“殷因于夏礼，所损益，可知也；周因于殷礼，所损益，可知也。其或继周者，虽百世，可知也。”[①]他显然是在说，他知道礼仪制度自夏至周是一个既有继承（“因”）又有革新（“损益”）的发展过程，由此可以推断礼仪制度在周以后世世代代（“百世”）演变中同样可以以继承（“因”）和革新（“损益”）的方式不断得到发展。这难道还不足以说明，孔子是因为要顺应社会发展的客观要求才积极推动仁学伦理思想发生历史性变革的吗？

仁学思想在孔子那里，多为做事的道德规范和做人的道德规格意义上的，前者是道德标准，后者是人格标准（即所谓“仁人”），虽然表达方式基本上还是直白的，多属于“学而时习之”的“道德学习”和“道德应用”范畴，缺乏学理性的分析，但是内涵已经有了极大的丰富和发展，已经具有了经典的结构模式，显露出必将为后世治者据为治国之道的智慧之光和价值倾向，为仁学经典思想后来的逻辑发展奠定了基础。

三、仁学经典思想的逻辑发展

孔子以后，仁学经典思想逻辑发展的第一个环节和标志，是孟子正式提出“仁政”的政治策略及其政治伦理学说。在这方面，孟子的作为和贡献主要体现在两个方面：一是解构和归纳孔子提出的仁学的道德标准体系，将其简略为仁、义、礼、智四大基本类型。有的学者据此认为，在孟子那里，“仁的地位在此有下落的趋向，变为与义、礼、智并列的一种道德条目”[②]。这种看法是需要商榷的。诚然，从形式上看，孟子的解构和归纳似乎是要冲淡和降低仁学经典思想的概括和统摄性意义，但只要稍加分析就会发现其实不然。孟子在解说仁、义、智、礼的内涵时说：“仁之实，事亲是也；义之实，从兄是也；智之实，知斯二者弗去是也；礼之

①《论语·为政》。

② 参见李霞：《圆融之思——儒道佛及其关系研究》，合肥：安徽大学出版社2005年版，第16页。

实，节文斯二者是也。”[①]由此可以看出，孟子对仁的理解并没有超越孔子，他曾直截了当地表明自己的主张：“入则孝，出则悌，守先王之道。”[②]这表明他并没有试图超越孔子的意向。孟子的超越之处在于，他在意志层次上强调了“知”“识”（认识）仁与义的重要性以及将仁与义规范化、制度化的必要性。他的“饰文”主张意思很清楚：贯彻仁的道德标准单是说说是不行的，最重要的是要让人们知道，形成内心的信念，并且要制订制度将其规范化。应当看到，这是仁学经典思想逻辑发展的重要一步。二是提出“发生论”意义上的人性善猜想，这就是所谓“四端”说。在孟子看来，人之所以会在后天表现出仁、义、礼、智这些善性，就是因为他相应具有先天性的四种“善端”，即所谓“恻隐之心，仁之端也；羞恶之心，义之端也；辞让之心，礼之端也；是非之心，智之端也”[③]。何谓“端”？学界一般认为是“开头”和“萌芽”。但笔者以为，联系到孟子关于“四端”在道德发生的意义上存在两种可能性，即“扩而充之”则“可以为善”，“苟不充之”则“不足以事父母”，将“端”理解为“根”较为适合，理解为善之“开头”和“萌芽”是不合适的，因为“根”既“可以为善”，也可能“苟不充之”而为恶。作如是观是很重要的，因为这正表明孟子对孔子的“行动论”作“发生论”的说明，尽管这种说明是不科学的，但在仁学经典思想的逻辑构想中毕竟赋予人“何能为仁”以学理性的特色。

换言之，孟子对仁学经典思想逻辑发展所做的贡献，一是设问“怎样为仁”，强调“为仁”须有社会意义上的规范和制度；二是追问“何能为仁”，试图在本体论上作答，用形而上的“人性本善”思想证明“为仁”的因果性和必然性。他的贡献使孔子创建的仁学经典思想，既具有实践可行性，又具有理论上的根据。

探讨仁学经典思想的逻辑发展过程自然不可绕开董仲舒。他对仁学经

①《孟子·离娄上》。

②《孟子·滕文公下》。

③《孟子·公孙丑上》。

典思想逻辑发展的贡献当首推他提出的“推明孔氏，抑黜百家”的政治主张。这一主张本身虽然并不表明其对孔孟仁学经典思想进行了逻辑提升，但在被汉武帝采纳为“罢黜百家，独尊儒术”的政治方略后，却借助专制政治的权威为孔孟仁学经典思想的逻辑提升扫清了障碍，赢得了空前的生态条件，产生了久远的影响。如果说，孔孟仁学经典思想在此以前尚属不入主流意识形态的学说或学术流派的话，那么在此以后就上升到国家主流意识形态的地位了。这一历史性的飞跃表明，董仲舒为仁学经典思想逻辑发展做出了里程碑式的贡献，他是推动仁学经典思想后来走进“奇异的循环”的始作俑者。

史传董仲舒著述很多，但流传下来的不多，他的思想多见于仅存的《举贤良对策》和《春秋繁露》。从中可见他对仁学逻辑发展的具体作为主要表现在三个方面。其一，在实践理性的意义上，系统地提出了封建社会的政治伦理原则和道德规范体系，这就是“三纲五常”。其二，在认识理性的意义上提出“性三品”说以补充和修正孔孟的性善说和荀子的性恶说。董仲舒认为，人与生俱来的“性”可分为“圣人之性”“中民之性”和“斗筲之性”三等。“圣人之性”有善（仁）无恶，是上品之性；“斗筲之性”反之，有恶无善（仁），是下品之性；唯“中民之性”是有善（仁）有恶，才真正可谓之为“性”。董仲舒所做的这种补充和修正是把现实的人实际存在的三种“品性”先验化、政治化了，其实是在为封建等级社会的存在和专制统治寻找根据。其三，赋予“天”以至上的本体论地位，并由此出发以“天人相同”“天人合一”的逻辑形式提出人“贵于”他物的根据。他说：“天地之精，所以生物者，莫贵于人。人受命乎天也，故超然有以倚。物疢莫能为仁义，唯人能为仁义。”[1]概言之，仁学经典思想发展到董仲舒这一逻辑环节，已经真正成为“统治阶级的意志”，成为规则化的典型的政治伦理了。

以二程、朱熹和王阳明为代表的宋明理学对仁学经典思想逻辑发展的作为，集中表现在将仁学哲学化，使仁由先前的规则性“语录”转变为具

①《举贤良对策三》。

有道德本体意蕴的思辨理性，获得了形而上的地位。在孔子那里，仁主要是被作为“爱”——“爱心”“爱情”来看待的，“樊迟问仁。子曰：‘爱人’”[①]。程颐不赞成将仁与“爱”相提并论，他认为仁是一切伦理道德之根本，“爱”是情，而仁是“性”，情是由仁生发的。他说：“孟子曰：‘恻隐之心仁也。’后人遂以爱为仁，恻隐固是爱也。爱自是情，仁自是性，岂可专以爱为仁？”[②]程颢则进一步将仁推至“生生之性”的位置，认为天地之性就是生物之性，而生物之性就是“生生之性”，“生生之性”就是仁。这就将仁由道德本体推向宇宙本体的位置了。后来的朱熹，对仁学经典思想的理解和阐释，虽然有许多通俗具体、近乎啰嗦的话语，并扩充了传统仁学中的“心性”成分，如他反反复复说的“仁包四德”，仁之所在必有一个“大头脑处”等，但是其基本的思想实际上并没有偏离二程的思维路向，用恪守天地之性就是生生之性来解释仁学思想。王阳明尽情发挥了前人仁学经典思想体系中的心学成分，建立了良知心学体系，从主观上预设了仁学经典思想的形上本体。除此之外，就仁学经典思想的逻辑发展而论，王阳明的思想并没有多少光亮之处。

纵观之，从孔子到王阳明，仁学经典思想的逻辑发展是一个由实用走向思辨的发展过程，由伦理思维转向哲学思维的发展过程。在这个过程中，仁学经典思想及其解读范式渐渐演变得十分精细和完美，同时也渐渐地失去其原有的价值魅力，以悖论的方式走上“穷途末路”。

四、仁学经典伦理演绎的道德悖论及其必然性分析

明代以后，仁学经典思想继续以“为政以德”的政治理念发挥着对国家政治和社会生活的传统影响，继续以“修身养性”的修身之道对人格培养发挥着传统的作用，继续以形而上学的本体预设支配着人们关涉伦理秩序的思维路向。但是，这些影响和作用更多是自相矛盾的：一方面赢得国

①《论语·颜渊》。

②《河南程氏遗书》。

家安全和社会稳定，使得黎民百姓获得“安居乐业”的基本的生存空间，维护着现实社会道德的绝对权威；另一方面又压抑了社会变革思想，压抑了自治者至黎民的创造性。一方面造就了一代代以国家民族大业为重的仁人君子和文化精英；另一方面又培育了一批批善于假仁义道德话语讨好卖乖、投机钻营的伪善君子和势利小人，如此等等。这种善恶同生同在的道德现象，就是仁学经典思想演绎的道德悖论。

道德悖论具有一般逻辑悖论的特性，但道德悖论不是道德思维活动中出现的逻辑悖论，而是道德选择和道德行为过程中出现的逻辑悖论。就是说，它不是思维理性的结晶，而是实践理性的产物。就其形态来看，有选择动机在价值取向上同时存在善恶两个不同发展方向的道德悖论，有选择标准在社会评价上出现“两难”的道德悖论，有选择行为同时出现善恶两种不同结果的道德悖论。仁学经典思想演绎的道德悖论，是在社会和人的选择过程中同时出现的善恶同生同在的自相矛盾的道德现象。它在历史上建构的悖论情境就是：不讲“仁爱”不行，讲“仁爱”也不行。运用逻辑悖论的方法来解读，它的“矛盾等价式”就是：承认仁学之善，就必须承认仁学之恶，反之亦是。仁学经典思想在其逻辑发展的过程中特别是明清之际以后，对中华民族的伦理思维和道德生活的实际影响就是这样的。它的这种自相矛盾的悖论特性，使得中华民族的传统品格在许多方面表现出“两面性”的特征，如讲关爱怜悯与“农夫之爱”并存，讲团结友善与不讲原则是非并存等。

毛泽东对我们民族品格中存在的这种“悖论禀性”很熟悉。他在《反对自由主义》这篇生气勃勃的短文中批评共产党和革命军人队伍中存在的“自由主义”时列举了自由主义的十一种表现，如第一种，“因为是熟人、同乡、同学、知心朋友、亲爱者、老同事、老部下，明知不对，也不同他们作原则上的争论，任其下去，求得和平和亲热。或者轻描淡写地说一顿，不作彻底解决”；第三种，“事不关己，高高挂起；明知不对，少说为佳。明哲保身，但求无过”；第六种，“听了不正确的议论也不争辩，甚至听了反革命分子的话也不报告，泰然处之，行若无事”；第八种，“见损害群众利益的行为不愤恨，不劝告，不制止，不解释，听之任之”。不言而喻，这些自由主义都与仁爱传统精神有关。因为是“反对”，毛泽东在这里自觉没有运用“悖论方法”，他所列举的只是仁爱精神恶的影响一面，而没有涉及仁爱精神善的影响一面。

概言之，中华民族优良和不良的伦理思维方式和道德传统精神，都来源于仁学经典思想长期的教化和影响。产生这种自相矛盾的双重影响是合乎逻辑的，必然的。

我们可以从三个方面来分析仁学经典思想合乎逻辑地演绎为道德悖论的必然性原因：

（一）反对“自私本性”的价值内核和倾向，是仁学经典思想必然演绎道德悖论的内在原因

“仁，爱人”，仁学经典思想主张“推己及人”“己欲立而立人，己欲达而达人”“己所不欲，勿施于人”“君子成人之美，不成人之恶”，这种价值内核和倾向是反对以“各人自扫门前雪，休管他人瓦上霜”为特征的小农意识的。小生产者伦理意识和行为方式的轴心是自爱和爱家，信奉“人不为己，天诛地灭”，为了自身和自家的一己私利可以置他人和国家整体的利益于不顾。很显然，这样的伦理意识和价值取向，即使不会给他人和国家造成危害，也会无益于他人的生存和发展，归根到底不能适应地主阶级整饬和建设封建国家的实际需要。但是，自力更生、自给自足的耕作方式和消费方式决定了小生产者的“自私本性”，注定他们在自发的意义上必然要以“各人自扫门前雪，休管他人瓦上霜”的伦理思维和行为方式，处置与他人和国家之间的利益关系。儒学伦理文化的仁学思想作为封建国家的主流意识形态正是在这样的情况下诞生的，其历史使命就是要把小生产者引导到关心别人和国家利益的轨道上来，这是儒学伦理教化的宗旨和主题。在这种教化中，有的人放弃了“自私本性”，真诚地接受了“仁者爱人”的封建理性；有的人则在固守“自私本性”的情况下以伪善的方式“接受”了“仁者爱人”的封建理性，养成伪善（仁）作风，甚至

成为“满口仁义道德，一肚子男盗女娼”的伪君子。我们常说传统儒学伦理思想具有漠视人的“自私本性”，不尊重个人价值和尊严因而压抑人的创造性的不良倾向，殊不知这种不良倾向在培育“先天下之忧而忧”的仁人志士的同时，也培育了惯于说假话的伪善作风和欺世盗名的伪君子。

（二）预设道德本体的形而上学企求，是仁学经典思想必然演绎道德悖论的存在论原因

用形而上学的本体论或存在论论证和说明道德的必然性和必要性，是孔子开创的儒学伦理研究的传统范式。如上所说，这种范式的演变，从董仲舒到朱熹再到王阳明达到了极致。道德的必然性和必要性问题是否需要给出本体性的存在，是否需要在本体论或存在论的意义上给予形而上学的论证和说明，是中国自古以来争论不休、孜孜以求的问题，有的人甚至认为这是伦理学的根本性问题。在我看来，这一所谓的根本性问题其实是一个伪问题，具有明显的虚拟和预设的性质，它是阶级社会尤其是封建专制社会的特有产物。道德作为一种“实践理性”，一种特殊的社会意识形态和价值形态，其必然性和必要性与社会和人之外的神秘“本原”或“本体”（“天道”“天命”等）或人的“本性”毫无关系，在形而上学预设的意义上寻求道德的本原、本体或本性实际上是缘木求鱼，毫无意义。任何一种伦理思想或学说，其体系不论如何经典和精细，本质上都应是“实践理性”的，都需要立足于经验，从经验出发，最终以规则的方式说明和调整社会的现实秩序，引导和鞭策人们的世俗行为。道德本体的伦理学说的意义其实仅在于提升道德规则和标准的权威性，在封建社会，这样的提升本质上都是适应封建理性的要求，人类进入近现代社会发展阶段以后，还具有这种依靠形而上学权威来解读和维护道德的必然性和必要性吗？

（三）封建专制的政治统治是仁学经典思想必然演绎道德悖论的社会制度方面的原因

高度集权的封建专制统治是适应普遍分散的小农经济的产物，这种制

度的结构模式在伦理文化的意识形态和价值形态上的反映就是以“推己及人”的仁爱精神和“大一统”的国家意识应对“各人自扫门前雪，休管他人瓦上霜”的小农意识，由此而在两个不同的端点上以“对立统一”的方式形成了封建社会特有的伦理文化结构。这样的制度结构和伦理文化结构，必然要依靠预设的伦理纲常和形而上学本体论或存在论的维度来加以支撑，由此而使得道德带有政治的、神秘的色彩，具有政治化、神圣化的特质，皈依专制政治而远离庶人生活的逻辑发展道路。所谓“仁政”，是统治者挂在嘴边的道德宣称模式，但“仁”并非为了“人”，而是为了“政”，即统治者之“己”，主题词在“政”而不在“仁”，“政”与“仁”的联姻只是形式一样而并非本质的一致，这种一样是本末的统一，体用的统一，注定“仁”充其量只是一种工具理性，必然具有伪善的一面。而道德作为一种“实践理性”，本质上是属人的，属于人所需要和推崇的目的价值和目的理性。道德在有些情况下会表现为工具价值和工具理性，但是，当这种情况出现的时候工具就会因“为了什么”而具有目的意义了。这种统一只能统一在同一或同类主体的身上，不可统一在不同主体的身上，更不能统一在不同阶级的主体身上，否则“讲道德”在某种程度上势必会转化成“不讲道德”的一种工具。

总而言之，封建专制统治在预设仁学伦理和道德以政治和神秘的意义的同时，也赋予了仁学伦理和道德以政治工具的价值意义，从而使得仁学伦理和道德在实施过程中必然具有伪善性——欺骗性的一面。

五、运用“悖论方法”的方法论原则

从以上的分析和论述中我们可以清楚地看出，仁学经典思想具有十分明显的“两面性”，其逻辑发展是一个逐步形成道德悖论的过程，在培育中华民族“仁爱”精神的同时又带来诸多违背“仁爱”精神的道德陋习。任何一个特定历史时代的道德建设和道德进步都需要传承历史上形成的伦理文化和道德精神，这种传承的成功与否从根本上来说不是取决于人们努力的态度，而是取决于人们努力的方法。今人不可能在背离历史传统的基础上建设新的伦理秩序和新的道德体系，必须面对和正视传递给我们的道德遗产，这决定了我们必须运用“悖论方法”看待仁学经典思想的传承，而要作如是观就必须厘清运用“悖论方法”的方法论原则。

首先，要采取历史主义的态度和方法，正确认识历史上的仁学经典思想。中华民族以仁学经典思想为脊梁的传统伦理文化可谓“博大精深”，在其教化和培育之下，中国成为世界上少有的“道德大国”。用“悖论方法”看，这种“博大精深”的伦理文化及其培育的“道德大国”对于今人来说，无疑既是巨大的财富也是巨大的包袱。因此，盲目地为之自豪或为之自卑的态度和方法都是违背历史事实的。在这个问题上，我们过去的认识采取的态度和方法是“两分法”，即在充分肯定传统伦理的优良部分的同时指出它的不足，推崇“批判继承”。这种态度和方法给人一种似是而非的“辩证法”的满足，然而实际上是折中主义的方法，因为它不能在总体上告诉今人传统仁学伦理思想的真实的历史面貌，所能给出的只是一些具体的操作方法，只能零散琐碎地指出在某些道德传统中存在着优良与落后的差别，不能高屋建瓴地提出方法论意义上的认识和实践原则。

其次，要运用历史唯物主义的基本原理。仁学经典伦理思想是封建政治文明统摄农业文明的社会结构的产物，这就在生活根基上决定了它必然存在“实践理性”上的缺陷。这种缺陷在商业文明冲撞农业文明的历史发展阶段，受到了冲击。明清之际，资本主义经济萌芽纷纷破土，以李贽、王夫之、顾炎武等人为代表的一批仁人志士，为适应当时商品经济发展的客观要求，纷纷挑战传统儒学尤其是仁学经典伦理思想，极力鼓吹人的“私欲”和“自私”的本然和自然的合理性，但最终都未成气候。这当中的社会原因固然是多方面的，但是，从伦理文化和道德意识形态的维度来分析，与仁学经典思想当时不仅没有适时实现历史转型，反而固化和张扬了自己反对人的“自私本性”的价值主旨是直接相关的。“仁者爱人”所营造的几千年的伦理氛围，遏制了新生伦理观念的生长空间，阻隔了资本主义萌芽生长的阳光和空气。以至于19世纪中叶之后的百年间，在帝国主义列强入侵的情势下，喊出“打倒孔家店”的不是纷至沓来的侵略者，而是我们炎黄子孙自己。此处顺便指出，对于“孔家店”，既不能（也不可能）“打倒”，也不能（也不可能）“扩张”，唯一科学可行的态度和方法就是运用“悖论思维”进行“改造和装修”。

再次，需要发扬改革创新的时代精神。中华民族早已告别了封建专制制度，以旧有模式推行和教化仁学经典思想的社会制度方面的保障条件已经不复存在。在实行新的世界观的新的社会制度和市场经济运作的历史条件下，仁学经典思想的存在论的形而上学已经失去了存在的逻辑前提，其反对“自私本性”的性善论学说已经失去普适的逻辑证明。今天，承接仁学经典思想的基本路径就是要运用“悖论方法”揭示其“自相矛盾”的悖论模态，分析其形成的历史必然性，在实践上一方面通过道德教育帮助人们认清其历史真面貌，一方面运用法律制度和伦理制度张扬其善的一面，遏制其恶的一面。唯有如此，才能避免重蹈仁学经典思想在历史上曾经建构的道德悖论——“奇异的循环”。

第三编　现代伦理与道德

《反杜林论》之道德论的原典精神*

19世纪70年代中期，马克思主义在国际工人运动中取得主导地位，同时也受到欧根·杜林等资产阶级思想家的歪曲与攻击。为了捍卫马克思主义的理论原则，恩格斯写了著名的《反杜林论》，深入揭露了杜林主义伪命题、伪科学的本质，系统阐述了马克思主义的三个组成部分及其内在逻辑关系。在《反杜林论》第一编“哲学”中，恩格斯运用历史唯物主义的方法论原理，对杜林形而上学和历史唯心主义道德观展开批判，阐发了自己关于道德的基本理论观点，既丰富和发展了马克思主义哲学思想内容，又自成一种相对独立的伦理思想体系。

当代中国改革和发展历史进程在取得辉煌成就包括人的思想道德上的巨大进步的同时，也出现了一些严重的社会问题，包括道德领域以诚信缺失和贪污腐败为主要表现的突出问题。针对这种情况，党的十八大在“扎实推进社会主义文化强国建设”的总体战略布局中，作出“深入开展道德领域突出问题的教育和治理”的重大工作部署。为此，阐发恩格斯《反杜林论》之道德论的原典精神及其历史意义，立足于当代中国国情实行与时俱进的传承和创新是很有现实意义的。

* 原载《马克思主义研究》2016年第2期，收录此处时标题有改动。

一、《反杜林论》之道德论的三个维度

可以从三个维度梳理和阐发《反杜林论》之道德论的原典精神，理解恩格斯是如何运用历史唯物主义方法论捍卫和发展马克思主义道德科学理论，开启人类伦理思想发展史新纪元的。

1.将一切道德现象归根于一定社会生产和交换的经济关系

这是《反杜林论》之道德论建构的现实逻辑。这种逻辑维度建构，标志着历史唯物主义拓展和深化到社会道德现象世界。马克思在《〈政治经济学批判〉序言》中指出："物质生活的生产方式制约着整个社会生活、政治生活和精神生活的过程。不是人们的意识决定人们的存在，相反，是人们的社会存在决定人们的意识。"[①]恩格斯在《共产党宣言》1883年德文版序言中，把唯物史观这个基本原理言简意赅地概括为："每一历史时代的经济生产以及必然由此产生的社会结构，是该时代政治的和精神的历史的基础。"[②]

基于此，《反杜林论》进一步指出："人们自觉地或不自觉地，归根到底总是从他们阶级地位所依据的实际关系中——从他们进行生产和交换的经济关系中，获得自己的伦理观念。"正因如此，"封建贵族、资产阶级和无产阶级都各有自己的特殊的道德"，我们只能"对同样的或差不多同样的经济发展阶段来说，道德论必然是或多或少地相互一致的"，"一切以往的道德论归根到底都是当时的社会经济状况的产物。而社会直到现在是在阶级对立中运动的，所以道德始终是阶级的道德；它或者为统治阶级的统治和利益辩护，或者当被压迫阶级变得足够强大时，代表被压迫者对这个统治的反抗和他们的未来利益"[③]。

与此同时，恩格斯针对资产阶级学者污称经济关系决定意识的唯物史

①《马克思恩格斯文集》第2卷，北京：人民出版社2009年版，第591页。

②《马克思恩格斯文集》第2卷，北京：人民出版社2009年版，第9页。

③《马克思恩格斯文集》第9卷，北京：人民出版社2009年版，第99—100页。

观为“技术经济史观”的论调时指出：“政治、法、哲学、宗教、文学、艺术等等的发展是以经济发展为基础的。但是，它们又都互相作用并对经济基础发生作用”，同时恩格斯又强调，“这是在归根到底不断为自己开辟道路的经济必然性的基础上的相互作用”[①]。

将道德发生的根源置于现实的实践的社会经济关系基础之上，其逻辑建构的意义在于彻底揭露杜林脱离社会物质生活条件的现实基础抽象谈论所谓“共同性”道德的虚假性和危害性，摈弃了杜林吹嘘的“永恒真理”的唯心史观的道德论，创建了建构和解读一切道德理论的唯一科学合理的伦理学范式，同时也就充分肯定了无产阶级为关注自身利益开展反对资本主义剥削制度的正义性和道德意义。所以，《反杜林论》问世，在当时的欧洲工人阶级中引起强烈反响。

2. 视社会道德要求为历史的民族的范畴

这是《反杜林论》之道德论建构的历史逻辑。恩格斯在批评杜林“关于最后的终极真理、思维的至上性、认识的绝对可靠性等所讲的这一切华丽的词句”时，把理论科学分为三大类型。他说，在第一类和第二类科学即“非生物界”“生物界”科学中，“如果人类在某个时候达到了只运用永恒真理，只运用具有至上意义和无条件真理权的思维成果的地步，那么人类或许就到达了这样的一点，在那里，知识世界的无限性就现实和可能而言都穷尽了，从而就实现了数清无限数这一著名的奇迹”。不过那时，我们只是在“终极的真理的周围造起茂密的假说之林”[②]。而在第三类科学，即关于“人的生活条件、社会关系、法的形式和国家形式及其由哲学、宗教、艺术等组成的观念上层建筑的历史科学中”，谈论所谓的永恒真理或终极真理，就是“更糟”的无稽之谈。这是因为，“我们在人类历史领域中的科学比在生物学领域中的科学还要落后得多”，“谁要在这里猎取最后的终极的真理，猎取真正的、根本不变的真理，那么他是不会有什么收获

①《马克思恩格斯文集》第10卷，北京：人民出版社2009年版，第668页。

②《马克思恩格斯文集》第9卷，北京：人民出版社2009年版，第92—93页。

的，除非是一些陈词滥调和老生常谈”[①]。

杜林说：“道德的真理，只要它们的最终的基础都已经被认识，就可以要求具有同数学的认识相似的适应性。”[②]恩格斯指出，这是杜林“企图从永恒真理的存在得出结论：在人类历史的领域内也存在着永恒真理、永恒道德、永恒正义等等”，这种道德论的方法的荒谬性在于，运用第一类科学的简单知识，如“二乘二等于四，鸟有喙，或诸如此类的东西为永恒真理的”[③]。他强调：“我们拒绝想把任何道德教条当做永恒的、终极的、从此不变的伦理规律强加给我们的一切无理要求，这种要求的借口是，道德世界也有凌驾于历史和民族差别之上的不变的原则。”[④]

在历史逻辑建构的维度上，恩格斯最后明确指出：“善恶观念从一个民族到另一个民族、从一个时代到另一个时代变更得这样厉害，以致它们常常是互相直接矛盾的。”[⑤]同时他又指出，视道德为民族和历史的范畴，并不是要主张道德的善与恶在不同的民族和时代是完全颠倒的，因此承认道德现象是历史的民族的范畴，并不是主张要用相对主义的方法看待道德的价值标准和行为规范，以至于善恶颠倒，把善当成恶，把恶当成善。进而言之，就是说，虽然封建贵族、资产阶级和无产阶级“都各有自己的特殊的道德”，但这并不是说它们之间的差别是善与恶的绝对对立，相反，由于“有共同的历史背景”，它们之间“必然有许多共同之处”[⑥]。这些观点表明，《反杜林论》之道德论将辩证法引进自己的论域。基于这种唯物史观立场，恩格斯进一步指出道德上的平等也是历史范畴，平等观同样不存在所谓永恒真理，因为平等观的产生和演变有其深刻的社会根源。资产阶级的平等观是这样，无产阶级的平等观也是这样。

恩格斯还将批评杜林唯心史观道德论的锋芒转向费尔巴哈，进一步指

①《马克思恩格斯文集》第9卷，北京：人民出版社2009年版，第94页。
②《马克思恩格斯文集》第9卷，北京：人民出版社2009年版，第97—98页。
③《马克思恩格斯文集》第9卷，北京：人民出版社2009年版，第95页。
④《马克思恩格斯文集》第9卷，北京：人民出版社2009年版，第99页。
⑤《马克思恩格斯文集》第9卷，北京：人民出版社2009年版，第98页。
⑥《马克思恩格斯文集》第9卷，北京：人民出版社2009年版，第99页。

出道德上的“恶”不是绝对的，是一种历史范畴。他说：费尔巴哈在研究宗教和伦理学时“没有想要研究道德上的恶所起的历史作用”，而“在黑格尔那里，恶是历史发展的动力的表现形式。这里有双重意思，一方面，每一种新的进步都必然表现为对某一神圣事物的亵渎，表现为对陈旧的、日渐衰亡的、但为习惯所崇奉的秩序的叛逆；另一方面，自从阶级对立产生以来，正是人的恶劣的情欲——贪欲和权势欲成了历史发展的杠杆”①。至此，《反杜林论》之道德论，在历史逻辑维度的建构上实现了唯物论与辩证法的完美结合。

3.提出区分伦理与道德的学理逻辑话题

这是《反杜林论》之道德论建构的学理逻辑。这种逻辑维度，关涉道德与伦理这两个相互关联的不同的精神现象领域。在《反杜林论》之前的伦理思想史上，有人曾在不同的语境中使用伦理与道德的概念，但并未将伦理与道德作区分和在此前提下将两者合乎逻辑地关联起来的学理自觉。《反杜林论》之道德论则不同，我们大体上可以从两种视角描述恩格斯在这个问题上的学理自觉。

一是将道德理论与法学理论在学理上作了区分。《反杜林论》在哲学部分围绕“道德和法”设置了三个篇章的专门论述，却并没有作为专题直接涉论道德与法的学理逻辑。但是，恩格斯在论述道德理论及其历史发展问题时的理论立场，始终没有离开道德与法的学理关系。如他在谈到道德上的平等理性时，赞成黑格尔“刑罚是罪犯的权利”的观点（黑格尔说过，“刑罚被认为包含着罪犯本人的权利，在这里罪犯是被当做有理性者来尊重的”②)，指出杜林在绝对论上抽象地谈论暴力的不平等问题，其错误就在于“不过是对黑格尔学说的一种歪曲”③。不难理解，在这里，道德与法在关乎人的平等和尊严的价值理性上，被合乎逻辑地联系了起来。

二是将伦理与道德两个基本概念作了区分。如恩格斯在分析道德与经

①《马克思恩格斯文集》第4卷，北京：人民出版社2009年版，第291页。

②《马克思恩格斯文集》第9卷，北京：人民出版社2009年版，第108页。

③《马克思恩格斯文集》第9卷，北京：人民出版社2009年版，第107页。

济的关系时用“伦理观念”，而不是“道德观念”；在论涉道德的历史发展时用“伦理规律”，而不是用“道德规律”，并用“伦理规律”与“道德世界”两个不同概念加以区别。不难理解，恩格斯在批评杜林“永恒真理”观的过程中作这种区分，事实上是要说明：在历史上，道德作为特殊的社会意识形态不可能一成不变，而伦理作为特殊的“思想的社会关系”则具有某种“永恒性”的精神意义。马克思恩格斯曾将复杂的全部社会关系概括起来划分为“物质”和“思想”两种基本类型，后来列宁又进一步明确指出：“思想的社会关系不过是物质的社会关系的上层建筑。”[①]伦理就是一种体现不同“辈分”和“类型”的人们之间特殊形态的“思想的社会关系”，而道德属于特殊的社会意识范畴，这是两者学理上的根本区别之所在。在一定社会里，伦理关系呈现的是一种“精神共同体”，伴随生产和交换的经济关系及“竖立其上”的物质形态的上层建筑（政治和法等）形成，具有某种“自然而然”的必然性，而社会和人如何“讲道德”和怎样“讲道德”似乎是可以充分自由的。其实不然，道德作为特殊的社会意识形态唯有在能够充当维护伦理精神共同体的价值理性时，才能展现其社会功能[②]。恩格斯说：“自由不在于幻想中摆脱自然规律而独立，而在于认识这些规律，从而能够有计划地使自然规律为一定的目的服务。”又说：“人对一定问题的判断越是自由，这个判断的内容所具有的必然性就越大。”[③]

在《反杜林论》之前的伦理思想著述史上，不少著述家对伦理与道德似是两个不同领域已有所察觉，却又不能作为一个学理逻辑问题明确地提出来。由是观之，《反杜林论》之道德论提出区分伦理与道德之界限的学理话题，同样是一种值得我们高度重视的原典精神。

在中国，研究马克思主义经典文本的人一直没有注意到《反杜林论》之道德论区分伦理与道德之学理界限的原典精神及其意义，伦理学界也长期缺失这种学理自觉，恪守“伦理就是道德”的学理陈见。这种状况到了

---

①《列宁专题文集·论辩证唯物主义和历史唯物主义》，北京：人民出版社2009年版，第171页。

② 参见钱广荣：《维护和优化伦理精神共同体》，《光明日报》2015年8月12日。

③《马克思恩格斯文集》第9卷，北京：人民出版社2009年版，第120页。

21世纪初开始发生某种变化，一些旨在辨析伦理与道德的学理界限的专题研究论文陆续发表于专业期刊，它们明确指出这种学理辨析的理论意义和实践价值在于：伦理作为一种特殊的“思想的社会关系”是一种“人心所向”的精神共同体，而自古以来“人心”问题都是最大的政治；而道德作为一种特殊的社会形态应以维护和优化伦理精神共同体为己任，以是否“得人心”为评判其理性自由的价值尺度①。

二、《反杜林论》之道德论的历史意义

《反杜林论》的出版和传播，是马克思主义发展史上的一次重大事件。其道德论有力地捍卫和发展了马克思主义，成功地帮助德国社会主义工人党摆脱杜林思想的影响，维护了马克思主义在党内的主导地位。其在三种逻辑维度上建构的道德论之原典精神，在马克思主义道德理论和西方道德哲学与伦理思想发展史上具有重要的理论和方法意义，对此加以梳理和阐发有助于我们加深对马克思主义道德理论乃至整个马克思主义理论体系的理解，进而发掘和说明其对于当代中国道德理论研究和道德建设实践的启发意义。

1.拓展和深化了历史唯物主义方法论的内涵

马克思主义道德理论形成和发展的根本动力，是对资产阶级道德理论与资本主义剥削制度的批判。批判的范式历经了从基于“道德评价优先视角”的纯粹道德批判向道德与经济批判相统一的历史唯物主义批判的转变。《反杜林论》之道德论标志着这种转变的完成，从而拓展了历史唯物主义的方法论视野，同时也就深化了这一方法论原则的科学内涵。恩格斯在《反杜林论》的“第三编社会主义”部分，为捍卫历史唯物主义指出：“一切社会变迁和政治变革的终极原因，不应当到人们的头脑中，到人们

① 参见韩升：《伦理与道德辨正》，《伦理学研究》2006年第1期；王仕杰：《“伦理”与“道德”辨析》，《伦理学研究》2007年第6期；钱广荣：《“伦理就是道德”质疑》，《学术界》2009年第6期；钱广荣：《伦理学的对象问题审思》，《道德与文明》2015年第2期；钱广荣：《维护和优化伦理精神共同体》，《光明日报》2015年8月12日。

对永恒的真理和正义的日益增进的认识中去寻找，而应当到生产方式和交换方式的变更中去寻找；不应当到有关时代的哲学中去寻找，而应当到有关时代的经济中去寻找。”①

道德作为一类特殊的社会精神现象和人们的精神生活，既是现实的也是历史的，既是特殊的社会文明规则也是特殊的观念的上层建筑。《反杜林论》之道德论，从社会生活的实际出发而不是从道德文本出发，从三种逻辑维度将历史唯物主义系统而又深入地拓展到道德研究中。这就既与杜林的“先验哲学”划清了界限，也与费尔巴哈的唯心史观划清了界限，从而在道德问题研究领域捍卫和发展了历史唯物主义科学方法论原则。这对后世“照着说”和“接着说”产生了积极的影响。

《反杜林论》问世后的西方道德哲学和伦理思想研究，特别是后现代主义、西方马克思主义关涉道德问题的研究，大多承接了《反杜林论》之道德论把批评资本主义经济制度与其社会道德问题相统一的方法论原则。对此，我们没有必要通过仔细研读他们的著述文本来加以具体的说明，只要考察一下他们的著作，如米哈伊尔·列昂季耶维奇·季塔连科的《马克思主义伦理学》和L.M.阿尔汉格尔斯基的《马克思列宁主义伦理学教程》、米歇尔·福柯的《疯癫与文明》、雅克·德里达的《马克思的幽灵》、尤尔根·哈贝马斯的《历史唯物主义的重建》、卢卡奇的《历史与阶级意识》和《关于社会存在的本体论》、路易斯·阿尔都塞的《保卫马克思》、詹明信的《后现代主义或晚期资本主义的文化逻辑》等的理论立场和价值取向，也就不难发现了。虽然，他们的著述多存在曲解甚至诋毁历史唯物主义理论原则的特征。

在这种意义上可以说，现当代西方研究道德问题的人们，都自觉不自觉地受到《反杜林论》之道德论逻辑建构的唯物史观方法论的影响。不论他们“照着说”或“接着说”的主观立场是“捍卫”还是“修正”唯物史观的道德论，也不论他们的著述是否“充满着怀疑主义、相对主义、虚无主义和无政府主义的成分”，其立足点都是“对资本主义由自由竞争到垄

①《马克思恩格斯文集》第9卷，北京：人民出版社2009年版，第284页。

断阶段，尤其是对帝国主义自身经济、政治矛盾冲突与危机的反映，是两次世界大战残酷现实的必然产物”[①]。

2.树立了马克思主义道德理论新发展的里程碑

基于马克思主义经典文本著述史来看，马克思主义科学道德理论的逻辑起点是《〈黑格尔法哲学批判〉导言》。《导言》是马克思从唯心主义向唯物主义、从革命民主主义向共产主义转变过程中的重要著作。马克思在《导言》中揭示了宗教道德哲学观的社会根源及其维护德国现存剥削制度的本质，指出“宗教是被压迫生灵的叹息，是无情世界的情感，正像它是无精神活力的制度的精神一样。宗教是人民的鸦片”，因此“反宗教的斗争间接地就是反对以宗教为精神抚慰的那个世界的斗争”[②]。由此，马克思提出了“向德国制度开火”的革命任务[③]，包括批判作为“德国的道德和忠诚”的基础的“狭隘”的“有节制的利己主义”[④]，从而拉开了创建马克思主义道德科学理论的序幕。此后，马克思在《关于费尔巴哈的提纲》中进一步指出宗教的伪善本质，因为它使自己从其世俗基础“分离出去”，“并在云霄中固定为一个独立王国，这只能用这个世俗基础的自我分裂和自我矛盾来说明”[⑤]。马克思恩格斯在《德意志意识形态》中，基于“统治阶级的思想在每一个时代都是占统治地位的思想”，批判了鲍威尔和斯蒂纳的“个别的自我意识”“类的自我产生”等唯心史观的道德哲学基础。1848年《共产党宣言》的发表，代表受剥削受压迫的无产阶级和广大劳苦大众，提出推翻旧制度、建设社会主义共产主义新制度以求得自身解放的伟大历史使命。再往后，马克思在《资本论》这部划时代的著作中，将历史唯物主义方法论原理运用到政治经济学研究领域，揭示了资本主义社会关系的物化性质及其必然演绎的“三大拜物教”的基础——商品拜物教拒斥人类基本伦理与道义的本质。

① 转引自赵光武主编:《后现代主义哲学述评》,北京:西苑出版社2000年版,第12、13页。

②《马克思恩格斯文集》第1卷,北京:人民出版社2009年版,第4、3页。

③《马克思恩格斯文集》第1卷,北京:人民出版社2009年版,第6页。

④《马克思恩格斯文集》第1卷,北京:人民出版社2009年版,第15页。

⑤《马克思恩格斯文集》第1卷,北京:人民出版社2009年版,第500页。

总的来看，在《反杜林论》之前，马克思主义的道德学说所展现的多是关于道义批判意义上的，并未太多涉论道德本身。《反杜林论》之道德论创造性地运用了唯物史观道德论的这种批判范式，在三种逻辑维度上建构了相对独立的道德理论体系，丰富了马克思主义道德科学理论的内涵，竖立了马克思主义道德科学发展的一个里程碑。

3.开启了西方道德哲学和伦理思想发展史的新纪元

人类的哲学思维多起源于对人生存意义与利害得失的重视和考量，这使得一切哲学思维都具有道义立场，直接或间接地与道德哲学和伦理学有着某种逻辑关联。然而，历史唯物主义诞生之前，人们对伦理道德问题的哲学思考，多脱离现实社会物质生活条件，带有理想主义、主观主义和唯意志论的倾向。

亚里士多德的《尼各马可伦理学》奠定了整个西方伦理文明的原典式基础。此后的发展，大凡遇上社会变革引发的挑战，西方人一般都会“回到亚里士多德那里去”，在德性主义的伦理思想宝库中寻找答案。西方道德哲学近代以来推崇“实践理性”，其实并不是源自实践和为了指导现实社会的实践的理性；所谓“绝对命令”也多是缺乏客观依据的想当然命令，掏空或置换了道德指令要义的“应当”特质[①]。费尔巴哈试图革新此前思想家经验主义、绝对主义或唯意志论的纯粹思辨的建构范式，将道德哲学和伦理思想建立在社会和人的现实基础上，然而由于他没有走出唯心史观和抽象人性论的思维窠臼，结果并没有超越他的前人。正如马克思在《关于费尔巴哈的提纲》中指出的那样：“从前的一切唯物主义（包括费尔巴哈的唯物主义）的主要缺点是：对对象、现实、感性，只是从客体的或者直观的形式去理解，而不是把它们当作感性的人的活动，当作实践去理解，不是从主体方面去理解。”其结果，虽然“抽象地发展”了人的能动性方面[②]，却违背了建构道德科学理论的唯物史观方法论原则。

---

① 相比较之下，中国伦理思想史上所关涉的道德学说和主张，多是立足于治国与做人之需的道德教条，所含的“实践理性”和“自我立法”原则倒是更贴近社会生活的实践，具有更可行的实践价值。

②《马克思恩格斯文集》第1卷，北京：人民出版社2009年版，第499页。

《反杜林论》问世后，特别是第二次世界大战以来，西方的哲学和伦理思想的历史发展出现了以后现代主义为代表的道德学说流派，其间包括“西方马克思主义”和所谓“后西方马克思主义”。它们多承接了马克思主义道德科学的批判立场，聚焦在批判当代资本主义的非正义问题上，用犀利的笔触批判现代资本主义违背人性和人类公德的“恶”的本性。批判所恪守的理论立场多直接或间接地与《反杜林论》之道德论的立场相同或相似。这种理论和学术的立场及价值取向，我们可以从齐格蒙特·鲍曼的《生活在碎片之中——论后现代道德》和《后现代伦理学》、反形式逻辑研究在加拿大和美国的兴起看得很清楚。罗尔斯的《正义论》之所以会在西方世界产生广泛的影响并波及中国学界，与其采取批判资本主义制度非公平非正义的道德立场，也是直接相关的。

三、《反杜林论》之道德论的当代中国传承

《反杜林论》之道德论直接关涉社会主义道德理论并不多，而且也没有经历过社会主义道德和精神文明建设实践的检验。但是，正如伽达默尔所说：“历史事件理解的真正对象不是事件，而是事件的‘意义’。”①《反杜林论》之道德论原典精神的普遍真理性对于当代中国特色社会主义社会道德理论研究与实践，是具有重要的指导意义的。在当代中国伦理学理论研究和道德建设中，传承《反杜林论》之道德论的原典精神，并在此基础上实行与时俱进的创新，是当代中国伦理学人应承担的学科使命。我们可以从三个主要方向来理解和把握《反杜林论》之道德论原典精神的当代传承问题。

1.坚持运用历史唯物主义认识和把握当代中国道德国情与道德建设

在传统意义上，中国传统伦理思想源远流长、博大精深，是一个举世闻名的“道德大国”，视道德上的“做人”为人生第一要义是中华民族性格的基本要素。这种历史道德国情，在当代中国逐渐成为世界第二经济体

① [德]伽达默尔:《真理与方法》(上),洪汉鼎译,上海:译文出版社1992年版,第422页。

的社会变革中正在发生变化，现实道德国情中存在的行为失范的突出问题，包括消极、失序的离心心态和游戏人生的道德态度，已经成为不能适应深化改革和发展客观要求的“短板”。究其原因，自然不是我们不重视思想道德和精神文明建设，不愿做“道德人”。但是毋庸讳言，我们并没有真正重视坚持运用历史唯物主义这个“看家本领”，认知和把握当代中国国情与道德建设的实际情况和客观要求。

在历史唯物主义视野里，当代中国社会道德领域出现的突出问题是实行改革开放和发展市场经济以解放社会生产力、激活社会基本矛盾和推动社会发展进步的“副产品”，由此而形成当代中国优良传统与现实朽败、实在进步与实际堕落并存的基本道德国情。面对这种基本道德国情，将其中的问题统统或主要归咎于“从开放的窗户飞进来的苍蝇和蚊子”，是偏离历史唯物主义道德论视野的表现。为应对道德领域的突出问题，大力开展扬善抑恶的道德治理自然是必要的，然而更重要的应当是用科学的道德理论说明道德现实，将人们的道德认知和实践引进历史唯物主义的视域，开展实际有效的道德建设以改变现实。

毋庸讳言，我们在这两个方面所做的工作是远远不够的。一些在道德理论研究方面担当重要责任和掌握重要话语权的公知分子，对解决当代中国改革开放进程中出现的伦理道德问题包括执政党内出现的腐败问题，多抱有畏难情绪或持消极态度，难以自觉地运用马克思主义伦理学的原典精神，给出合乎唯物史观科学理性的分析和说明，积极引导和优化社会舆情。

改革开放以来，历史唯物主义在马克思主义学科领域一直受到重视，涌现出一大批成果。但也应当看到，这些研究多没有立足当代中国改革和发展的社会现实，成果多是学术性有余而方法指导性不足，并未凸显历史唯物主义作为科学的社会历史观的方法论意义。与此同时，试图用近代以来西方道德哲学和伦理学说来认知和改变当代中国道德国情与道德建设的研究，一直很兴盛。后一类研究活动及其成果难以在广阔的社会生活领域和人民大众中寻得知音，却一直占据着伦理学专业人才培养的领地，培育着“言必称希腊”的伦理学专业人才。而当代中国伦理学理论和道德建设研究，迫切需要的则是坚持问题导向，运用历史唯物主义这个“看家本领”研究我们面临的迫切需要解决的伦理与道德问题。须知，面对当代中国社会改革和发展进程中出现的道德领域的突出问题，试图通过移植和套用西方道德哲学史上的德性主义学说或绝对主义的唯意志论的主张来加以阐释，是不合认知逻辑的，事实也证明是行不通的。这样说，当然不是要拒绝吸收西方社会有益于我的道德文化成分。

坚持问题导向，总的来说就是要因势利导，适应社会改革和发展进程中人的思想观念的变化。一方面要梳理和总结变化的积极方面，给以发扬光大；另一方面要遏制和治理变化的消极方面，给予迎头棒喝。解决这两个方面的“问题”，都需要在伦理学与中国社会发展的意义上给出科学的理论说明。而要如此，唯一正确的方法论选择就是要运用历史唯物主义方法论原理，中肯地分析和认知当代中国的道德国情，立足于道德国情实行道德理论和建设创新。

2.促使当代中国社会道德建设与培育社会主义核心价值观结伴同行

从历史上看，任何社会都需要有一种核心价值观主导社会的精神文明建设和人们的精神生活。这必然使道德价值标准和行为规则，作为向善和行善的正义力量成为核心价值观的底色和实质内涵，要求关于道德的理论研究和实践自觉融进教化和培育社会倡导的核心价值观的实践之中。《反杜林论》中的道德论体现了人类文明演进的这个特点。恩格斯批评杜林在“永恒真理”的意义上抽象地谈论唯心史观的道德论时，并没有就道德讲道德，而是始终把道德与法、平等（公正）、自由（正当）等资本主义社会主导价值观关联在一起。他指出，平等既是一种经济和政治范畴，也是一种道德范畴，在以这些范畴出现的时候其思想观念都带有历史的阶级的特性：“不仅道德上的不平等，而且精神上的不平等也足以排除两个意志的‘完全平等’，并树立这样一种道德，按照这种道德，各文明掠夺国对落后民族所干的一切可耻行径，直到俄国人在突厥斯坦的暴行，都可以认为是正当的。”[①]“平等的观念，无论以资产阶级的形式出现，还是以无产阶级的形式出现，本身都是一种历史的产物……所以，这样的平等观念说它是什么都行，就不能说它是永恒的真理。”[②]如此等等，表明恩格斯在阐发马克思主义道德科学的基本理论观点时，始终注意到道德作为历史的阶级的乃至民族的范畴，与资产阶级吹嘘的主导价值观之间的逻辑关联。

社会主义核心价值观，是中国共产党基于中国特色社会主义市场经济及“竖立其上”的“社会结构”建设的客观要求，运用历史唯物主义方法论原理及当代中国人的智慧，传承中华民族优秀的价值观方面的历史文化和借鉴资本主义社会主导价值观的有益成分的一大理论创新。这决定了它必然富含社会主义的伦理观念和道德价值标准，不仅适应中国特色社会主义现代化建设事业的客观要求，也反映和代表了人类社会发展进步的客观方向。二十四个字的十二条价值原则中，爱国、和谐、文明、敬业、诚信、友善的本身就是典型的道德价值标准和行为规则；富强、民主、法治、自由、平等、公正，虽然话语形式看起来不属于道德范畴，但它们的底色和实质内涵与道德价值的内在逻辑关系是不容置疑的。

因此，在贯彻党的十八大提出的“扎实推进社会主义文化强国建设”的战略布局、大力培育社会主义核心价值观的过程中，伦理学的理论研究和道德建设不能“另搞一套”，也不能简单地“相向而行”，而应当主动地融进培育和践行社会主义核心价值观的实践之中。

这样说，显然不是要将当代中国道德问题的理论研究和道德建设与培育和践行社会主义核心价值观混为一谈，更不是主张要以后者代替前者，而是强调要在理论和实践上打通两者之间的逻辑联系，在培育和践行社会主义核心价值观的主导下开展关于道德的理论研究和实践活动，促使两者相辅相成、相得益彰。作如是观，在理论建构和实践安排上的可行性毋庸置疑，关键是要伦理学等相关学科的科学工作者要由此推进理论自觉。

---

①《马克思恩格斯文集》第9卷，北京：人民出版社2009年版，第107页。

②《马克思恩格斯文集》第9卷，北京：人民出版社2009年版，第113页。

3.优化和转换伦理学的学科范式，建构中国化的马克思主义伦理学

范式，是当代美国学者托马斯·库恩发现并在其《科学革命的结构》中首次提出并加以系统阐发的。它指的是特定学科建设和发展的结构模型，属于科学学和科学史范畴。在托马斯·库恩看来，范式一般是由科学共同体及其共同拥有的知识背景、思维方式和话语体系构成的，每当社会变革需要学科实行“革命”的时候，“范式转换”就成为促进学科建设和发展的一种必然选择。21世纪初，随着《科学革命的结构》被译成中文本，范式理论在中国学界逐渐传播开来，一些人文社会科学学科开始直面中国社会改革，用整体结构模型的观念关注自己的“范式转换”问题，由此而赢得新的发展。而在这方面，伦理学的步态显得有些蹒跚。

伦理学研究在当代中国，自20世纪80年代初复兴以来的发展过程大体上可以描述为两个阶段。第一阶段同改革开放直接相联系，围绕“改革与道德”的实践主题表现出伦理学干预和指导现实生活的固有气派。第二阶段，邓小平视察南方谈话发布、推动市场经济以不可阻挡之势的大潮出现之后，面对越发严重的“道德失范”和“诚信缺失”问题，伦理学人曾一度出现“退缩”，滞留于“困惑”，渐而失语或归隐“自娱自乐”的书斋的情况，或把希望完全寄托在继承中国传统道德，或把目光转向西方，希望借他山之石弥补我们改革进程的短缺。然而，接踵而至的是新的困惑：在当代中国社会改革和发展进程中，推崇社会普遍原则的传统伦理正在失去话语权，崇尚个体自觉精神的美德伦理学虽然可以自圆其说其逻辑理性，却很难找到现实的逻辑支点。这表明，中国伦理学建设需要优化和转换自己的学科范式。诚如有学者指出的那样：“在现代社会和现代人基本生活方式日益公共化、因而越来越依赖于社会基本制度规范的公共调理和公共秩序的情形下……美德伦理和美德伦理学如何可能实现具有普遍有效性和正当合理性的理论重建？”[①]值得庆幸的是，近些年来，特别是党的十八大作出“扎实推进社会主义文化强国建设”的战略布局以来，中国伦理

① 秦越存:《追寻美德之路:麦金太尔对现代西方伦理危机的反思》,北京:中央编译出版社2008年版,序第3页。

学开始显现优化学科范式的某种自觉和自信。在这种情势下，强调科学理解和把握中国伦理学的学科属性和使命是十分必要的。

中国伦理学本质上应属于马克思主义伦理学范畴，其使命应是依据马克思主义伦理学的基本原理，研究和阐明中国社会革命和建设发展进程中的伦理与道德问题，担当“深入社会道德现象中去研究其本质，发现并阐释其规律，论证道德问题背后的‘所以然’并提出‘所当然’，为人们认识伦理道德现象、分析和解决伦理道德问题提供思想资源”[①]。

优化和转换伦理学研究范式的立足点应是中国道德国情的历史与现实，坚持从实际出发和问题导向的唯物史观的方法论路径。毛泽东说：“认清中国的国情，乃是认清一切革命问题的基本的根据。”[②]认清和把握中国道德国情的目的，是为当代创新中国化的马克思主义伦理学提供科学可靠的依据。在这个过程中，我们自然要认真传承中国优秀的道德文化，借鉴西方道德文化的有益成分。与此同时也必须始终注意，传承不是“复古”，它应包含创新，借他山之石不是要改变本土颜色，而是有益于我，为本土增色。在这个关涉传承与借鉴的根本宗旨的认知问题上，我们尤其应当牢记毛泽东当年一针见血的批评：“我们有些同志有一个毛病，就是一切以外国为中心，作留声机，机械地生吞活剥地把外国的东西搬到中国来，不研究中国的特点。”[③]

优化和转化伦理学研究范式的根本宗旨，应是建构中国化的马克思主义的伦理学体系。为此，要研究和承接中华民族优秀的伦理文化传统，中国共产党自成立以来推进马克思主义中国化创建的伦理思想和优良的革命道德传统，为当代中国伦理学的理论建设提供丰 富的思想理论资源。与此同时，要梳理和提升生发于社会主义市场经济“生产和交换的经济关系中”的带有某种自发倾向的“伦理观念”，使之上升到道德社会意识形态的层面，融入社会主义核心价值观的自由、平等、公正等原则，以与后者

① 马克思主义理论研究和建设工程重点教材编写组：《伦理学》，北京：高等教育出版社、人民出版社2012年版，第5页。

②《毛泽东选集》第2卷，北京：人民出版社1991年版，第633页。

③《毛泽东文集》第2卷，北京：人民出版社1993年版，第407页。

相互说明，相向而行，把培育社会主义核心价值观与倡导适合中国社会改革和发展的新伦理道德观有机地结合起来。

在传承《反杜林论》之道德论原典精神之普遍真理性的过程中优化和转换伦理学研究范式，还应特别注意彰显中国化的马克思主义伦理学的“世界历史意义”。如前所说，面对改革和发展进程中出现的道德突出问题，我国伦理学界曾一度把应对问题的目光转向西方，希望借助亚里士多德的德性伦理和康德的实践理性学说来解决中国的道德问题。但是，事实证明，这些直接转述和移植西方的理论思维范式都难以解决中国的问题。它给了我国伦理学研究一种警示：学习西方的思维方式和成果样态的范式，要由转述、移植方式转向评介、借鉴方式转换，因为评介和借鉴，旨在吸收西方伦理思维方式及其成果有益于我的成分，创建我们自己的中国化的马克思主义伦理学。

东欧剧变、苏联解体后，中国共产党及其领导下的中国特色社会主义现代化建设事业，需要在新的历史条件下传承和践行马克思主义科学社会历史观。承担这种重大历史使命，也是实现中华民族伟大复兴的中国梦并彰显其“世界历史意义”的历史机遇。

当代中国一直高度重视马列原著的编辑和出版工作，传承其原典精神。中央马克思主义理论研究和建设工程组织编撰了《马克思恩格斯列宁哲学经典著作导读》《马克思主义发展史》等高校相关专业的重点教材，马克思主义理论学科等专业学位点还开设了这方面的专业学位课程。但与此同时也应当看到，这些重大措施并未重视传承马克思主义科学道德理论及其建构唯物史观方法原则的理论研究，一些有影响的马克思主义哲学发展史著述对此也基本未曾涉论。不能不说，这是马克思主义研究领域一直存在的一种缺憾。

而从实际情况看，当代中国社会改革与发展进程中碰到的社会问题，多是道德领域的突出问题，以及与此相关的思想观念和精神生活方面的问题。它们妨碍实施“四个全面”战略布局、实现中华民族伟大复兴的中国梦的危害性，已成为人所共知的事实。逐步解决这类问题，需要我们认真研读马克思主义道德科学经典原著，承接其原典精神，在此基础上实行与时俱进的理论和实践创新。

世界上第一个社会主义国家创建不久，列宁在《马克思主义的三个来源和三个组成部分》中明确指出，马克思和恩格斯是哲学唯物主义最坚决的创新者和捍卫者，“在恩格斯的著作《路德维希·费尔巴哈》和《反杜林论》里最明确最详尽地阐述了他们的观点，这两部著作同《共产党宣言》一样，都是每个觉悟工人必读的书籍”[①]。列宁在这里表达的是马克思主义的传承及其俄国化的一种要求，它给予我们的启发是：每一位心系中华民族伟大复兴、有志于为促进社会主义文化强国建设而投身伦理学理论研究的人，都应当认真研读马克思和恩格斯的道德科学原著，理解其原典精神及其历史意义，提升马克思主义理论素养，在中国新的历史条件下创新和发展马克思主义的道德科学理论。

①《列宁专题文集·论马克思主义》，北京：人民出版社2009年版，第67页。

毛泽东伦理思想的中国特色与方法选择*

毛泽东伦理思想形成和发展的逻辑起点与进程，与中国共产党领导中国人民推翻剥削阶级统治的旧政权和反对外敌入侵的革命斗争，大体上是同步的。它是马克思主义伦理思想中国化的代表性成果，是以毛泽东为代表的老一辈无产阶级革命家基于为中国劳苦大众翻身求解放而追求真理的结晶。这决定毛泽东伦理思想必然是围绕政治上解决中国问题和重塑中国精神而展开的，富含政治的伦理与道德主张，具有十分鲜明的中国特色与方法智慧。

一、基于中国道德国情抒发救国救民的伦理情怀

历史地看，道德是民族范畴，因而也是国情范畴，是一种国情或国情的组成部分。黑格尔认为："民族的宗教、民族的整体、民族的伦理、民族的立法、民族的风俗，甚至民族的科学、艺术和机械的技术都带有民族精神的标记。"[①]恩格斯在《反杜林论》中批评杜林唯心史观道德论时指出："善恶观念从一个民族到另一个民族、从一个时代到另一个时代变更得这样厉害，以致它们常常是互相直接矛盾的"，"一切以往的道德论归根

* 原载《伦理学研究》2017年第5期，收录此处时标题有改动。

① [德]黑格尔：《历史哲学》，王造时译，北京：三联书店1956年版，第104—105页。

到底都是当时的社会经济状况的产物。而社会直到现在是在阶级对立中运动的，所以道德始终是阶级的道德”[①]。正因如此，历史上每一种伦理思想的创建和发展都与思想者对其所在国家当时道德国情的认知有关，不同之处仅在于自觉程度和思想水准存在差距。

毛泽东出生在一个普通农民家庭，自幼就目睹中国小农经济社会的国情特别是道德国情，并在伴随成长的大量阅读中对此有了知性了解。这促使他在青年时期就确立了救国救民的道义立场和伦理情怀，也影响到他后来接受和运用马克思主义政治伦理观所表现出来的中国方式和中国风格，直至影响到他作为领袖人物对解决中国问题之方案的方法选择。这可以从他早年诗词《沁园春·长沙》《蝶恋花·从汀州向长沙》等所抒发的政治伦理情怀，特别是他早期针砭和讨伐旧制度的战斗檄文《中国社会各阶级的分析》和《湖南农民运动考察报告》中的实证研究所表达的政治伦理思想中，看得很清楚。

高度重视了解“中国情况”，是毛泽东伦理思想的一大特色。毛泽东在领导中国共产党和中国革命的整个过程中，一直高度重视亲身做实地调查研究，告诫党和军队内的领导同志要了解“中国情况”。他亲自做过寻乌调查、长冈乡调查、才溪乡调查等著名的实地考察，并撰写能够深刻说明问题的调查报告。寻乌调查报告近9万字，十分详尽地叙述了当时乡村的伦理道德问题。毛泽东在江西瑞金召开的第二次全国工农兵代表大会上所作的结论报告《反对本本主义》中，强调指出：“没有调查，就没有发言权”“调查就是解决问题”“中国革命斗争的胜利要靠中国同志了解中国情况”[②]。后来，在《总政治部关于调查人口和土地状况的通知》中，他又进一步提出要反对调查中存在的形式主义问题，说调查要有“正确的价值”“不做正确的调查同样没有发言权”[③]。强调调查是为了解中国的真实情况，有助于解决中国革命面临的真实问题。他在《反对本本主义》中尖

①《马克思恩格斯文集》第9卷，北京：人民出版社2009年版，第98—100页。

②《毛泽东选集》第1卷，北京：人民出版社1991年版，第109、110、115页。

③《毛泽东农村调查文集》，北京：人民出版社1982年版，第13页。

锐地批评道："许多的同志都成天地闭着眼睛在那里瞎说，这是共产党员的耻辱，岂有共产党员而可以闭着眼睛瞎说一顿的吗？""许多巡视员，许多游击队的领导者，许多新接任的工作干部，喜欢一到就宣布政见，看到一点表面，一个枝节，就指手画脚地说这也不对，那也错误。这种纯主观地'瞎说一顿'，实在是最可恶没有的。他一定要弄坏事情，一定要失掉群众，一定不能解决问题。"[①]后来，毛泽东在《〈农村调查〉的序言和跋》中又强调指出："没有眼睛向下的兴趣和决心，是一辈子也不会真正懂得中国的事情的。"[②]这种立足中国道德国情、富含道义精神的思想主张和理论观点，在《改造我们的学习》《整顿党的作风》《反对党八股》《在延安文艺座谈会上的讲话》等重要篇章中得到更为充分的阐释。不难理解，毛泽东伦理思想这种鲜明的中国特色，与毛泽东遵循历史唯物主义方法论原则是直接相关的。

毛泽东立足中国道德国情阐发他的伦理道德观，并不排斥西方伦理文化和道德学说，而是采取"为我所用"的有选择吸收的方法。现收入《毛泽东早期文稿》的《〈伦理学原理〉批注》，1万多字，是他1917年至1918年期间听杨昌济授课在教材上写的批语，说明他高度重视研读西方的伦理学著述。他在《新民主主义论》中对自己的方法观念作了完整的表述，说道："中国应该大量吸收外国的进步文化，作为自己文化食粮的原料，这种工作过去还做得很不够。这不但是当前的社会主义文化和新民主主义文化，还有外国的古代文化，例如各资本主义国家启蒙时代的文化，凡属我们今天用得着的东西，都应该吸收。"但是，"决不能生吞活剥地毫无批判地吸收。所谓'全盘西化'的主张，乃是一种错误的观点"[③]。美国学者罗伯特·斯卡拉皮诺在其《年轻的革命者——毛泽东的成长》一文中说：毛泽东虽然"很早接触西方思想，但却深深受中国素有的那种人道主义的古典传统的影响"，"由于他个人的经历和生活方式——特别是那种

①《毛泽东农村调查文集》，北京：人民出版社1982年版，第1、2页。

②《毛泽东选集》第3卷，北京：人民出版社1991年版，第789—790页。

③《毛泽东选集》第2卷，北京：人民出版社1991年版，第706—707页。

执着而强烈的乡土观念——使得他和那些高度西化的同胞产生了隔阂”[1]。立足中国道德国情抒发伦理情怀和道德主张，使得毛泽东成为中国共产党缔造者之一具有必然性。

值得注意的，正是基于中国当时代的道德国情，为谋求劳苦大众谋求翻身解放的博大伦理情怀，才促成毛泽东形成注重“眼睛向下”的调查研究，养成了毛泽东注重实事求是和一切从实际出来的思维方式和领导作风，最终升华为毛泽东在《实践论》中系统阐发的辩证唯物论的实践观。

二、传承中国传统道德推崇伦理共同体的精神

历史地看，道德作为一种国情具有继承性，这使得如何传承优良的传统道德文化成为每个时代伦理思想创新的基础性课题。毛泽东伦理思想的中国特色和方法选择充分体现了这种理论自觉。毛泽东在《中国共产党在民族战争中的地位》中指出：“我们这个民族有数千年的历史，有它的特点，有它的许多珍贵品。对于这些，我们还是小学生。今天的中国是历史的中国的一个发展；我们是马克思主义的历史主义者，我们不应当割断历史。从孔夫子到孙中山，我们应当给以总结，承继这一份珍贵的遗产。”[2]毛泽东伦理思想在传承中国传统道德文化方面，特别值得今人关注的是注重传承中国传统道德的伦理共同体精神。

众所周知，中国国学的核心是传统儒学，传统儒学的核心是经学，经学的主体是儒家道德，而儒家道德的核心则是“仁”，即“爱人”。孔孟围绕“仁”，从四个层面叙述了他们的道德学说和主张。第一个层面是家庭道德，推崇“家和万事兴”。第二层面是社会公德，推崇“己欲立而立人，己欲达而达人”[3]，“己所不欲，勿施于人”[4]，“礼尚往来”[5]。第三层面

① 转引自王兴国:《毛泽东研究述评》,北京:中共中央文献出版社1992年版,第91页。

②《毛泽东选集》第2卷,北京:人民出版社1991年版,第533—534页。

③《论语·雍也》。

④《论语·卫灵公》。

⑤《礼记·曲礼上》。

是国家道德，推崇“为政以德，譬如北辰，居其所而众星共之”[①]。第四层面是“国际”道德，主张“亲仁善邻”[②]，重视建立“不战而胜，不攻而得，甲兵不劳而天下服”[③]的“国际关系”。概观四个层面道德主张的伦理价值取向，就是要在“人心所向”的意义上建构“天下归仁”[④]、“天下为公”的“大同社会”[⑤]。毫无疑问，在封建专制制度下，所谓“天下为公”的“大同社会”不过是“大一统”的“家天下”，存在如同马克思指出的“虚幻共同体”那样的性质。然而，正是这种道德乌托邦的伦理共同体精神，扼制和淡化了专制统治者狭隘的“家本位”意识，催生了一批“明君”以及“先天下之忧而忧，后天下之乐而乐”的“明臣”，在“心照不宣”和“心心相印”“同心同德”和“齐心协力”之“人心所向”的伦理共同体的意义上，培育了世代中国人“大一统”的国家观念和以爱国主义为核心的民族精神，并以此为须臾不可或缺的精神家园。

纵观毛泽东关涉中国传统伦理道德的著述，可以看出他深得儒家道德的这种基本理念和核心义理，始终注重用整体性的伦理思维方式和价值观，认识和把握中国革命进程中的道德问题。

首先，视人民群众整体为中国革命的主体力量，强调“革命战争是群众的战争，只有动员群众才能进行战争，只有依靠群众才能进行战争”[⑥]。为此，要关注民生和民情，坚持群众观点，走群众路线。他在《关心群众生活，注意工作方法》中明确要求：“我们要胜利，一定还要做很多的工作……总之，一切群众的实际生活问题，都是我们应当注意的问题。假如我们对这些问题注意了，解决了，满足了群众的需要，我们就真正成了群众生活的组织者，群众就会真正围绕在我们的周围，热烈地拥护我们。”[⑦]不难理解，这些道德要求的伦理价值取向，与中国传统道德推崇“众星共

①《论语·为政》。

②《左传·隐公六年》。

③《荀子·王制》。

④《论语·为政》。

⑤《礼记·礼运》。

⑥《毛泽东选集》第1卷，北京：人民出版社1991年版，第136页。

⑦《毛泽东选集》第1卷，北京：人民出版社1991年版，第136—137页。

之”的政治伦理共同体祈望是一脉相承的。它在“思想的社会关系”的层面上，奠定了中国共产党在中国革命战争年代形成的三大作风之一的群众路线的伦理基础。

其次，主张最广泛地“动员起来”和“组织起来”，建立以国共合作为基础的抗日民族统一战线。1937年5月，毛泽东在《中国共产党在抗日时期的任务》中提出“以抗日为目的”的“抗日民族统一战线和世界的和平阵线相结合的任务”。抗日民族统一战线的形成标志是西安事变的和平解决。“卢沟桥事变”后，毛泽东在其撰写的《为动员一切力量争取抗战胜利而斗争》的宣传提纲中，将抗日民族统一战线的政治伦理共同体思想，具体分解为“全国军事的总动员”“军队和人民团结一致”“全国人民的总动员”，直至“联合朝鲜和日本国内的工农人民反对日本帝国主义”的道德主张①。在《论持久战》中，毛泽东强调指出，建立抗日民族统一战线的关键是要动员和组织广大人民群众：“动员了全国的老百姓，就造成了陷敌于灭顶之灾的汪洋大海，造成了弥补武器等等缺陷的补救条件，造成了克服一切战争困难的前提。要胜利，就要坚持抗战，坚持统一战线，坚持持久战。然而一切这些，离不开动员老百姓。”②与此同时，毛泽东还十分重视共产党和革命队伍内部的伦理共同体建设，强调“一切革命队伍的人都要互相关心，互相爱护，互相帮助”③这些道德要求，毛泽东在《纪念白求恩》《为人民服务》《愚公移山》等典型的伦理思想著作中都有生动而又深刻的阐发。如他在《为人民服务》中说：“我们都是来自五湖四海，为了一个共同的革命目标，走到一起来了。我们还要和全国大多数人民走这一条路。”显而易见，毛泽东提出这些道德主张和要求，都是为了在“同心同德”和“齐心协力”的意义上建构适应开展对敌斗争需要的政治伦理关系。在革命战争年代，以毛泽东为代表的中国共产党人是传承中国传统伦理共同体精神的典范。

---

①《毛泽东选集》第2卷，北京：人民出版社1991年版，第352—356页。

②《毛泽东选集》第2卷，北京：人民出版社1991年版，第480—481页。

③《毛泽东选集》第3卷，北京：人民出版社1991年版，第1005页。

最后，强调人民的团结和国家的统一具有根本性的伦理意义。新中国成立后，毛泽东在《论十大关系》中指出，要正确处理“中央和地方的关系”“汉族和少数民族的关系”“党和非党的关系”“革命和反革命的关系”“是非关系（如何对待犯了错误的人）”，以及“中国和外国的关系”等[①]。在《关于正确处理人民内部矛盾的问题》中，他强调指出：“我们的国家现在是空前统一的”“国家的统一，人民的团结，这是我们的事业必定要胜利的基本保证。”[②]同时，他又在分清敌我和人民内部两类不同性质的矛盾的前提下，着重分析和论述了产生人民内部矛盾的原因、正确处理人民内部矛盾的重要性及方针和政策，强调从团结的愿望出发，经过适当批评达到新的团结的重要性。

从毛泽东伦理思想形成和发展的实际过程来看，其传承中国传统伦理共同体精神的这种中国特色与方法选择，经历了一个由唯心史观向唯物史观转变的过程。青年毛泽东在没有真正接受马克思主义社会历史观、成为马克思主义者之前，是一位新文化运动的积极倡导者，坚决地站在反封建专制统治及其旧文化的立场上。这期间，他曾把个人的价值放在最高的位置，同时又强调实行民权和民主之于根除封建专制强权传统的重要性。他说，在一切价值中，个人的价值最大，个人有无上之价值，个人之价值大于宇宙之价值；个人价值决定团体、社会、国家及整个世界的价值；各种改革，一言以蔽之，“由强权得自由”而已[③]。毛泽东传承中国传统道德价值取向的伦理共同体精神，表明他在伦理思维方面已经选择了唯物史观的科学方法论，与马克思主义伦理思想在这个问题上的主张是一脉相承的。

三、在批判“中国式”旧道德中倡导和培育新道德

在传承中国传统道德推崇伦理共同体精神之优秀品质的同时，反对中

①《建国以来毛泽东文稿》第6册，北京：中共中央文献出版社1998年版，第82—104页。

②《建国以来毛泽东文稿》第6册，北京：中共中央文献出版社1998年版，第316页。

③ 参见刘广东：《毛泽东伦理思想简论》，济南：山东人民出版社1987版，第46页。

国传统的旧道德观念，并在这种过程中培育适应开展革命斗争和建设新中国之客观要求的新道德，是毛泽东伦理思想又一中国特色与方法选择。

毛泽东《新民主主义论》中，强调要用辩证分析的方法看待包括道德文化在内的中国传统文化与外来文化，提出“不破不立”的文化建设方略。他说：“我们必须尊重自己的历史，决不能割断历史。但是这种尊重，是给历史以一定的科学的地位，是尊重历史的辩证法的发展，而不是颂古非今，不是赞扬任何封建的毒素”；“一切新的东西都是从艰苦斗争中锻炼出来的。新文化也是这样，二十年中有三个曲折，走了一个‘之’字，一切好的坏的东西都考验出来了”；一切本性属于帝国主义和封建主义文化的腐朽文化都应被打倒，“不把这种东西打倒，什么新文化都是建立不起来的。不破不立，不塞不流，不止不行，它们之间的斗争是生死斗争”①。毛泽东早在湖南第一师范读书求学期间，就萌发了要用哲学和伦理学之“大本大源”精神改造社会和“民心”的伦理认知。他在1917年8月13日写给黎锦熙的一封长信中说道：中国之所以那样落后，是因为“吾国人积弊甚深，思想太旧，道德太坏。夫思想主人之心，道德范人之行，二者不洁，遍地皆污”。要改变这种落后状况，就必须依靠大哲学家和大伦理学家改造中国的哲学和伦理学，再把经过改造的哲学和伦理学普及到国民之中去②。

这种基于哲学大视野阐发伦理学社会功能的认知，促使毛泽东伦理思想在其形成和发展的过程中，在初始意义上就具备了纠正和改造“中国式”旧道德和培育新道德的中国特色。

在封建社会“现实基础”上形成的封建社会道德，内含三种基本成分。第一种，是在小农经济基础上“自然而然”形成的“伦理观念”，以“各人自扫门前雪，休管他人瓦上霜”为基本特征，其道德选择的正向价值是自食其力和艰苦奋斗，负向价值则是自私自利和自由散漫。第二种，是上文述及的儒家道德及其价值取向的伦理共同体精神，它是因由纠正小

①《毛泽东选集》第2卷，北京：人民出版社1991年版，第708、704、695页。

② 转引自黎永泰：《中西文化与毛泽东早期思想》，成都：四川大学出版社1989年版，第58页。

农“伦理观念”的负向价值之客观要求而创生的道德意识形态。第三种，既不属于小生产者的道德，也不属于受儒家道德教化而成的士大夫的道德，而是儒家道德在其社会化和世俗化过程中形成的“变异道德”，如违背“大一统”伦理共同体要求的割据分权意识和家族观念，只徇私情而不问道德原则的行帮习气和哥们义气等，它们都是毛泽东当年痛感造成中国落后的“积弊甚深，思想太旧，道德太坏”的“中国式”旧道德的典型形式。

中国共产党领导中国革命的实际过程表明，中国传统社会道德中的小生产者“伦理观念”中的负向价值，以及第三种类型的“变异道德”，作为“中国式”的旧道德一直存在于中国共产党和中国革命的队伍之中，起着离心离德、涣散人心的腐蚀作用。毛泽东伦理思想的许多著述，正是为反对“中国式”的旧道德，与之作不妥协的斗争而发表的。这方面最具代表性的著作，早期的当是《关于纠正党内的错误思想》，稍晚一些的是《反对自由主义》等。

在《关于纠正党内的错误思想》中，毛泽东开篇便指出：“红军第四军的共产党内存在着各种非无产阶级的思想，这对于执行党的正确路线，妨碍极大。若不彻底纠正，则中国伟大革命斗争给予红军第四军的任务，是必然担负不起来的。”继而，他批评“放大了的小团体主义”的“本位主义”，“少数不服从多数”的“非组织观点”，“绝对平均主义”等，还特别批评了“党内的个人主义”，包括“报复主义”“小团体主义”“享乐主义”“雇用思想”等[1]。

在《反对自由主义》中，毛泽东列举了自由主义的十一种表现，如：“因为是熟人、同乡、同学、知心朋友、亲爱者、老同事、老部下，明知不对，也不同他们作原则上的争论”；“不负责任的背后批评，不是积极地向组织建议。当面不说，背后乱说；开会不说，会后乱说。心目中没有集体生活的原则，只有自由放任”；“命令不服从，个人意见第一。只要组织照顾，不要组织纪律”；“见损害群众利益的行为不愤恨，不劝告，不制

①《毛泽东选集》第1卷，北京：人民出版社1991年版，第85、89—90、92—93页。

止，不解释，听之任之”；如此等等。毛泽东指出：“革命的集体组织中的自由主义是十分有害的。它是一种腐蚀剂，使团结涣散，关系松懈，工作消极，意见分歧。它使革命队伍失掉严密的组织和纪律，政策不能贯彻到底，党的组织和党所领导的群众发生隔离。这是一种严重的恶劣倾向。”他号召：“一切忠诚、坦白、积极、正直的共产党员团结起来，反对一部分人的自由主义的倾向，使他们改变到正确的方面来。这是思想战线的任务之一。”①

毛泽东批评和纠正“中国式”的旧道德，目的是倡导共产党人和革命者应当具备的新的道德品质。他在《为徐特立六十岁生日写的贺信》（1937年1月30日）中，称赞徐特立是具备“任何时候都是同群众在一块”“处处表现自己就是服从党的与革命的纪律之模范”“革命第一，工作第一，他人第一”“一切革命党人与全体人民的模范”的高贵品质②。他在《纪念白求恩》中说：“白求恩同志毫不利己专门利人的精神，表现在他对工作的极端的负责任，对同志对人民的极端的热忱。每个共产党员都要学习他。”③在毛泽东看来，共产党员必须具备克己奉公、不谋私利、不怕艰苦、埋头苦干的优良品质，他们应该是十分廉洁、不用私人，多做工作、少取报酬的模范。在《论联合政府》中，毛泽东基于中国共产党的这个宗旨，正式提出共产党员要全心全意为人民服务的要求：“我们共产党人区别于其他任何政党的又一个显著的标志，就是和最广大的人民群众取得最密切的联系。全心全意地为人民服务，一刻也不脱离群众；一切从人民的利益出发，而不是从个人或小集团的利益出发；向人民负责和向党的领导机关负责的一致性；这些就是我们的出发点。”④

在批判“中国式”旧道德中倡导和培育新道德，表明毛泽东作为20世纪中国伟大的马克思主义伦理思想家与传统旧的道德观念彻底决裂的批判精神，同时表明他努力建构和倡导中国共产党人的新道德的创新精神。

①《毛泽东选集》第2卷，北京：人民出版社1991年版，第359—361页。

②《毛泽东文集》第1卷，北京：人民出版社1996年版，第477—478页。

③《毛泽东选集》第2卷，北京：人民出版社1991年版，第659—660页。

④《毛泽东选集》第3卷，北京：人民出版社1991年版，第1094—1095页。

在这种精神展现的过程中，毛泽东伦理思想成为催生中国革命传统道德最重要的精神食粮，哺育了一代勇于舍生取义、乐于无私奉献的英雄和模范。毛泽东伦理思想是我们今天加强全党和全社会的思想道德建设最可宝贵的精神财富。

毛泽东伦理思想本质上属于马克思主义伦理思想中国化的范畴。它的中国特色和方法选择，反映了人类伦理思维及思想理论体系建构的共同特点。在剥削阶级占统治地位的国家，作为“统治阶级思想”构成部分的伦理思想的“普遍性形式”，不过是统治者为维护“虚幻的共同体形式”的宣示的说辞而已[①]。关于唯物史观的方法选择，毛泽东伦理思想的话语体系很少有“历史唯物主义”或“唯物史观”的概念，却一直坚持用唯物史观的方法分析和把握中国社会的伦理道德问题。他在《唯心历史观的破产》一文（1949年9月16日）中说：“资产阶级的文化，一遇见中国人民学会了的马克思列宁主义的新文化，即科学的宇宙观和社会革命，就要打败仗。”说：“自从中国人学会了马克思列宁主义以后，中国人在精神上就由被动转入主动。从这时起，近代世界历史上那种看不起中国人，看不起中国文化的时代应当完结了。伟大的胜利的中国人民解放战争和人民大革命，已经复兴了并正在复兴着伟大的中国人民的文化。这种中国人民的文化，就其精神方面来说，已经超过了整个资本主义的世界。”[②]

毛泽东伦理思想体系中也很少出现“伦理”与“道德”的概念，这其实也是毛泽东伦理思想的又一中国特色，它给今人“做学问”一个重要的方法启示：研究伦理与道德问题，贵在基于道德国情和道德生活实际，运用唯物史观科学抽象其义理，而不在于只是操弄伦理与道德的名词。尽管毛泽东伦理思想的话语体系很少使用“伦理”与“道德”的词语，但其以伦理与道德为对象的学理取向却是十分明确的。毛泽东伦理思想是运用唯物史观道德论的原典精神解读和解决中国具体道德问题的成功范例，它作为马克思主义伦理思想中国化的代表理论成果，也是中共第一代领导集体

①《马克思恩格斯文集》第1卷，北京：人民出版社2009年版，第552、536页。
②《毛泽东选集》第4卷，北京：人民出版社1991年版，第1515、1516页。

道德智慧的结晶。

毛泽东伦理思想的中国特色与方法选择，既真实地反映了中国近现代革命伟大而艰辛的光辉历程，也生动地观照了毛泽东个人的革命人生和崇高人格。伦理学作为一门特殊的人文社会科学，其真理性的真谛在于建构者能够把说“道德人”与做“道德人”结合起来。毛泽东伦理思想在毛泽东的身上实现了伦理智慧与崇高品德的高度统一，他作为一位伟大的伦理思想家，刷新了伦理学或伦理思想的建构范式。

1949年5月7日，周恩来在中华全国青年第一次代表大会上的报告中号召全国青年“学习毛泽东”时说，毛泽东作为“我们的领袖是从人民当中生长出来的，是跟中国人民血肉相联的，是跟中国的大地、中国的社会密切相关的，是从中国近百年来和‘五四’以来的革命运动、多少年革命历史的经验教训中产生的人民领袖”①。今天，传承毛泽东伦理思想的中国特色与方法选择所彰显的优秀品质，并实行与时俱进的创新，是中国共产党人和伦理学工作者的共同责任。

①《周恩来选集》(上)，北京：人民出版社1980年版，第332页。

陶行知“人中人”思想及其伦理共同体意蕴*

亘古至今，教育伦理观念是一切教育活动的立足点和出发点，也是建构一切教育思想和理论的内在道义张力，脱离伦理视界便难得一种教育思想的真谛。陶行知“社会即学校”“生活即教育”之教育思想，内含十分丰富的教育伦理思想。虽然他并没有提出和创建一门“教育伦理学”的学科，但是其伦理思想却凸显了他那个时代教育伦理学的主流意见：以人格教育与发展为主题，“着重之点，不是道德本质之为如何，而在道德的人格如何养成”[①]。陶行知终生极力推崇和倡导“人中人”的理想人格，正反映了那个时代教育伦理学的范式特征。

“人中人”，是陶行知教育伦理思想的核心概念，终生极力推崇和倡导的理想人格，也是他推行“生活教育”思想的主皋所在。所谓“人中人”，是相对于“人上人”和“人下人”而言的。他在《如何使幼稚教育普及》一文中说：“我们应当知道，民国只有人中人，没有人上人，也就没有人下人。人中人是要从孩中孩造就出来的。”[②]所谓“人上人”，就是骑在老百姓头上作威作福的统治者，他们是“读书做官”旧教育制度培养出的寄生虫。“人下人”，则是身受压迫剥削而失去自尊心和自信心的人，他们多

* 原载《安徽师范大学学报》(人文社会科学版)2017年第5期。基金项目：国家社科基金重点项目“当前道德领域突出问题及应对研究”(13ABX020)。

① 邱景尼：《教育伦理学》，上海：世界书局1932年版，第4页。

② 徐明聪主编：《陶行知德育思想》，合肥：合肥工业大学出版社2009年版，第41页。

缺乏独立人格。在陶行知看来，人之位卑并不可卑，可悲的是位卑而丧志，甘愿仰人鼻息，做“人下人”。

陶行知认为，培养“人中人”理想人格是道德教育的目标和“指南针”。不过，纵观他600多万字的遗著，“人中人”的话语甚多却没有一处给出学理性的明确界说。尽管如此，我们仍可以从其关涉教育伦理的叙述中看出：所谓“人中人”，就是一种尊奉伦理共同体精神的理想人格。本文试就此作简要的梳理和阐发。

一、为大众谋利益的奉公观念

陶行知认为，“人中人”品格的第一要素，是具备心甘情愿为大众尤其是广大贫苦农民谋利益的奉公观念。

在陶行知的心目中，“大众”就是“天下”，做“人中人”要有“天下为公”的伦理情怀。他在《从五周年看五十周年》中，将《礼记·大学》开篇“大学之道，在明明德，在新民，在止于至善”引申为：“大学之道，在明明德，在亲民，在止于人民的幸福。”他经常给师生宣讲“天下为公，人民第一”的“人中人”道理，说“天下为公”是“人中人”真正的“大德”：“大德不能小于‘天下为公’，人民是我们的亲人，我们是人民的亲人，是必须亲近，打成一片，并肩作战。”[①]基于此，他要求师生破除“知识私有”的旧道德，认为“我们生来此时，有一定使命。这使命就是运用我们全副精神，来挽回国家厄运，并创造一个可以安居乐业的社会交与后代”[②]。可见，陶行知“人中人”思想的伦理共同体意蕴，第一要素是政治伦理共同体精神，主张道德教育要培养政治伦理的理想人格。

中国古人“天下为公”的政治理想，主张在“思想的社会关系”的层面上构建“为政以德，譬如北辰，居其所而众星共之”[③]的政治伦理关系，

① 徐明聪主编:《陶行知德育思想》,合肥:合肥工业大学出版社2009年版,第112页。

② 转引自冯磊:《四通八达的社会》,《杂文月刊》2009年第8期。

③《论语·为政》。

把握“人心所向”这个“最大的政治”[①]。这是中国政治伦理思想和治者道德主张源远流长的传统。陶行知传承发展了这一传统，并赋予“天下”以“人民”之新时代意义。这与陶行知的人生经历和真诚接受中国共产党的主张密切相关。

陶行知少儿时期是在他的家乡——安徽歙县贫瘠山区度过的，深知终日劳作的百姓疾苦，此后虽求学于他乡异国仍与农村保持着密切的联系。他对“农村破产无日，破于帝国主义，破于贪官污吏，破于苛捐杂税，破于鸦片烟，破于婚丧不易”的悲惨状况深恶痛绝，感同身受，自幼养成同情、关心劳苦大众的伦理情怀[②]。他热切地希望“被压迫的一齐来出头”，“人的脚底下不再有人头”[③]，要求从事乡村教育的同仁们“要常常念着农民的痛苦，常常念着他们所想着的幸福，我们必须有一个‘农民甘苦化的心’才配为农民服务，才配担负改造乡村教育的新使命”[④]。他在《领导者再教育》中特别指出，那些瞧不起老百姓、在老百姓面前自恃清高、摆臭架子的人，是不配做“人中人”的，因为“我们最伟大的老师是老百姓，我们最要紧的是跟老百姓学习，我们要老百姓教导我们如何为他们服务”[⑤]。从这一点来看，他的“天下为公”主张，与中国共产党人的社会理想是颇为接近的。

“人中人”为大众谋利益之奉公观念的另一种要素，就是公私分明。由“思想的社会关系”构成的精神共同体，其基础是由“物质的社会关系”构成的现实的社会生活共同体。后者，因由内涵和边界的差异而呈现不同的类型。大而言之有一国一民族乃至整个人类的共同体，小而言之有一个单位部门一项公共事业乃至一个临时组合搭建的共同体。在平常的学校教育生活中，陶行知“人中人”思想所涉及的共同体，多是“公共团体”亦即公共事业意义上的共同体。他主张，“人中人”在这样的共同体

① 韩庆祥：《人心是最大的政治》，《北京日报》2016年5月16日。

②《陶行知全集》第4卷，长沙：湖南教育出版社1985年版，第234页。

③《陶行知全集》第2卷，长沙：湖南教育出版社1985年版，第726页。

④ 徐明聪主编：《陶行知论师范教育》，合肥：合肥工业大学出版社2009年版，第70页。

⑤ 徐明聪主编：《陶行知德育思想》，合肥：合肥工业大学出版社2009年版，第120页。

中必须做到公私分明。

他在《尊重共有财产》中说:"凡是公共团体必须有公共财产",不论它的来源如何都是"大家共同的财产","公私之间应当划条鸿沟,绝对隔离,不使他有毫厘之交通"。在他看来,要做到公私分明,就不能让"公账"与"私账"相互混杂,说:"私账混入公账,公账混入私账,就是混账。公民不但自己不混账,并且要反对一切混账的人。"他特别强调那些"政界中人"绝对不可以把本属于私账的名目拿到"公家开账"。在他看来,"人中人"对待共有财产应持"非吾之所有虽一厘而莫取"的态度,真正做到"一不愿取,二不可取,三不敢取"。他强调指出:"一个人爱国不爱国,只需看他对于共有财产之态度,只需看他对于共有财产有没有不愿取之精神",而道德教育就是要让他们养成"不愿取之精神"。他痛感当时学校里和社会上存在的"公务比私物容易损坏"的不良现象,批评道:"公园的花木,随意乱摘。图书馆的书籍,随意乱翻。还有人希望流芳百世,到处题名,以至于名胜都被糟蹋。学生外出旅行的时候尤其容易犯这个毛病。"[①]为此,他时常提醒学生要爱护公物,养成爱护公物的良好习惯。

不论从伦理认知还是从事实逻辑来看,身在大众之中为大众谋利益与身在"公共团体"中尊重共同体的公有财产是相通的。是否视广大民众为"公"和如何处理公与私的关系,是人类道德实践乃至日常道德生活的基本问题,故也是在"思想的社会关系"的层面上说明人是否持有伦理共同体意识的试金石。自古以来不乏这样一种"政界中人":口头上夸夸其谈大公无私和全心全意为大众谋利益,行动上却一有机会就中饱私囊,心眼里根本没有人民大众。他们人格上的根本缺陷就是缺失"人中人"的伦理共同体意识,其实都是"人外人",冒充"人中人"的伪君子。陶行知用"人中人"这一理想人格话语,生动而又深刻地揭示了人类道德生活和伦理思维的轴心话题。

陶行知关于"人中人"要具备为大众谋福利的奉公观念,还有一点需

① 徐明聪主编:《陶行知德育思想》,合肥:合肥工业大学出版社2009年版,第26—28页。

要特别注意，这就是：他反对学生做“人上人”，并不一般地反对学生“做官”。有人对办育才学校的宗旨产生疑问，陶行知撰写《育才学校办学旨趣》一文郑重申明：“育才学校不是培养人上人。有人误以为我们要在这里造就一些人出来升官发财，跨在他人之上，这是不对的。我们的孩子都从老百姓中来，他们还是要回到老百姓中去，以他们所学得的东西贡献给老百姓，为老百姓造福利。”[1]在他看来，只要乐于做劳苦大众的“人中人”，“做官”与做“人中人”就是一致的。故而他说：“做官并不坏，但只能够服侍农人、工人就是好。”[2]

二、自立而不自私的自我观念

陶行知倡导“人中人”，并不是主张人生在世凡事都要依赖共同体。恰恰相反，他认为，既愿意做“人中人”也愿意并能够做“自立人”，才是人格完美的人，主张“人中人”要自立自强，同时又不要自私自利。

在这个问题上，陶行知首先要求学生“做一个整个的人”。他在《学做一个人》中说：“整个的人”须具备三大人格“要素”：一是“要有健康的身体”，二是“要有独立的思想”，三是“要有独立的职业”。他主张，师生都要懂得学会自立自强，能够坚持艰苦创业。他又说，“自立”与“自动”——“服从”并不矛盾。他在晓庄时曾写过一首广为传颂的“白话诗”《自立歌》：“滴自己的汗，吃自己的饭，自己的事自己干，靠人，靠天，靠祖上，不算是好汉！”[3]他的“生活教育”的主体思想，正是以此为立足点的。他同时又指出，自主自立与做“人中人”并不相悖：“自立不是孤高，不是自扫门前雪。我们不但是一个人，并且是‘人中人’。人与人的关系是建立在互助的友谊上。凡是同志，都是朋友，便当互助。”[4]正是在这种意义上，他后来将《自立歌》加上三段，扩写为《自立立人

① 徐明聪主编：《陶行知创造教育思想》，合肥：合肥工业大学出版社2009年版，第70页。

② 陶行知：《传统教育与生活教育有什么区别》，《生活教育》1934年第1期。

③ 徐明聪主编：《陶行知德育思想》，合肥：合肥工业大学出版社2009年版，第25页。

④ 徐明聪主编：《陶行知生活教育思想》，合肥：合肥工业大学出版社2009年版，第68页。

歌》:“(二)滴自己的汗,吃自己的饭,别人的事情帮忙干。不救苦来不救难,可算是好汉?(三)滴大众的汗,吃大众的饭,大众的事不肯干。架子摆成老爷样,可算是好汉?(四)大众滴了汗,大众得吃饭,大众的事大众干。若想一个人包办,不算是好汉。”[①]经过这样的扩写和调整,就生动地表达了“人中人”思想所富含的伦理共同体意蕴。

在陶行知看来,自立自主自强与自私是截然不同的。他坚决反对那种“为个人而活”“为个人而死”“为名利拼命”,“有祸别人担,有福自己享”的利己主义的个人发展观[②]。他指出,自立的本质要求是“自衣自食,不求靠别人。但是单讲自立,不讲自动,还是没有进步,还是不配做共和国国民的资格。”就是说,自立与“自动”——主动服从并不是矛盾的[③]。他在《介绍一件大事》中说:“我们民族最大的病根,是数千年来的无政府脾气,那凿(井)而饮、耕田而食的农民,在团体里都充满了这种脾气”。其危害在于造成“一盘散沙”,而“一盘散沙之民族断难幸存”,因此,必须实行“团体行动纪律化”[④]。基于这种认识,他强调有必要教导学生服从学校的严格管理,让学生在明白“得学之乐”的同时体验“耐学之苦”:“必使学生得学之乐而耐学之苦,才是正轨。若一味任学生趋乐避苦,这是哄骗小孩的糖果子,决不是造就人才的教育。”[⑤]

陶行知认为,引导学生学会自立自强而不自私,最重要的办法是要引导学生学会自治。他很重视学生自治对于培养“人中人”的意义和方法,在《学生自治问题之研究》中对此做了全面阐述。他说:“‘学生自治是学生结起团体来,大家学习自己管理自己的手续。’从学校这方面说,就是‘为学生预备种种机会,使学生能够大家组织起来,养成他们自己管理自己的能力’。”换言之,“学生自治,不是自由行动,乃是共同治理;不是打消规则,乃是大家立法守法;不是放任,不是和学校宣布独立,乃是

① 徐明聪主编:《陶行知德育思想》,合肥:合肥工业大学出版社2009年版,第45页。

②《陶行知全集》第4卷,长沙:湖南教育出版社1985年版,第350—352页。

③ 徐明聪主编:《陶行知德育思想》,合肥:合肥工业大学出版社2009年版,第17页。

④《陶行知全集》第5卷,长沙:湖南教育出版社1985年版,第22页。

⑤ 徐明聪主编:《陶行知论师范教育》,合肥:合肥工业大学出版社2009年版,第48页。

练习自治的道理。”就是说，学生自治须在共同体中进行。同时，陶先生又强调指出，要防止“把学生自治当作争权的利器”和“误作治人看”，因为这是有悖于培养“人中人”这个“指南针”的。如此来理解和把握学生自治，自然有助于促使学生养成自立自强而不自私的伦理共同体精神，故“学生自治可为修身伦理的实验”，可防止学生“嘴里讲道德，耳朵听道德”却“把道德与行为分而为二”的弊端[①]。

自立与自私虽是一字之差，却是两个不同学科的范畴。自立，属于一般主体论哲学或人生哲学范畴，反映的是生命个体对自己作为主体人存在之地位与意义的自知和自觉，表现为主体意识和主体精神。一个人是否感到人生有意义，归根结底取决于其是否有自立自强的意识和能力。自私，属于伦理学范畴，是个体在认知和处置利益关系问题表现出来的错误态度和不当方式。在中国，自私即所谓自私自利，所涉的利益关系既指“人伦关系”，也指“群己关系”，不同于西方有史以来作为社会历史观和人生价值观的个人主义与利己主义。如果说，自立自强一般并不存在违背共同体意志、侵害他者利益的问题，因而一般不应作为或善或恶的道德评价对象来看待，那么，自私则难免会存在违背共同体意志抑或同时侵害他者利益的问题，因而作为一种恶而成为道德评价（批评或谴责）的对象，是毋庸置疑的。概言之，自立自强的人完全可以同时做“人中人”，而自私的人总是与做“人中人”相悖的。

为了培养学生成为自立自强又不至于自私自利的“人中人”，陶行知基于道德形而上学层面指出，“人中人”要善于把智、仁、勇三者结合起来，具备“智仁勇合一”的品格。

智、仁、勇三者本是中国古人推崇的“天下之达德”[②]，即人应遵奉的最高的道德标准。陶行知认为，智、仁、勇三者是中华民族最可宝贵的道德人格精神遗产。他在《育才学校教育纲要草案》中对三者的逻辑关系作了这样的解读：“不智而仁是懦夫之仁；不智而勇是匹夫之勇；不仁而

---

① 徐明聪主编:《陶行知德育思想》,合肥:合肥工业大学出版社2009年版,第3—7页。

②《礼记·中庸》。

智是狡黠之智；不仁而勇是小器之勇；不勇而智是清谈之智；不勇而仁是口头之仁。”[1]

因此，具体来说，就要坚决反对小团体意识和自私自利行为，就要遵循“群己相益”的处人处世原则。他主张公私分明，并不排斥个人的正当利益和要求，说：“我们承认欲望的力量：我们不应放纵它们，也不应闭塞它们。我们不应让它们陷溺，也不应让它们枯竭。”这是因为，“欲望有遂达的必要，也有整理的必要”，而“如何可以使学生的欲望在群己相益的途径上行走，是我们最关心的一个问题”[2]。这表明，主张“人中人”要心甘情愿为大众谋利益，不能被解读为可以不要正当的个人利益。这种主张与我们今天倡导“公私兼顾”的集体主义道德原则是相通的。

陶行知“人中人”思想的上述学术主张，对于今天青年学生的健康成长是颇具启发意义的。如今一些青年学生自我意识强，在强调自主自立和个性表现时往往忘记了同时要做“人中人”，在行动上表现出轻视共同体需求的个人主义和利己主义倾向。

三、“摇不动”的“国人气节”

在陶行知看来，“人中人”必须是“国中人”，具有鲜明的“中国人标识”，面对国内外各种恶势力能够践履孟子推崇的那种“大丈夫”精神，表现出“摇不动”的“国人气节”。

在中国伦理思想和道德文明史上，孟子推崇的“大丈夫”精神对“士阶层”影响深远。据《孟子》记载，孟子在回答景春（史称孟子时的阴阳家）问及何谓“大丈夫”时说道：“富贵不能淫，贫贱不能移，威武不能屈，此之谓大丈夫。”[3]孟子在总结此前因具备“大丈夫”精神而崛起的那些人的人生经验时，说道：“天将降大任于是人也，必先苦其心志，劳其

① 徐明聪主编:《陶行知创造教育思想》,合肥:合肥工业大学出版社2009年版,第61页。

② 徐明聪主编:《陶行知论师范教育》,合肥:合肥工业大学出版社2009年版,第48页。

③《孟子·滕文公下》。

筋骨，饿其体肤，空乏其身，行拂乱其所为，所以动心忍性，曾益其所不能。”①

陶行知阐发“人中人”的理想人格，常涉及并发挥孟子关于“大丈夫”精神的上述主张。他说：“我们不但是物质环境中的人，并且是人中人。做‘人中人’的道理很多。最要紧的是要有富贵不能淫，贫贱不能移，威武不能屈的精神。这种精神，必须有独立的意志，独立的思想，独立的生计，和耐劳的筋骨，耐饿的体肤，耐困乏的身，去做那摇不动的基础。”②他希望学校道德教育能够始终注意引导学生生活在劳苦大众之中，同时又具有“摇不动”的“国人气节”。

在陶行知看来，“人中人”的理想人格不同于“一般人”的人格，要求学生做“人中人”并不是希望他们只做“一般人”或“普通人”。“人中人”固然要与人民大众打成一片，同时又是人民大众中的出类拔萃者，具有“超凡脱俗”的品格。“人中人”在面对国内外恶势力的侵犯和胁迫时要能做到不动摇、不变节，面对不论来自何方不当名禄的引诱要能做到不为之心动。

陶行知一生坎坷，从不为高官厚禄引诱，也不畏恶势力的诬陷和迫害，矢志不渝地追求他所开创的教育改革事业，为防不测而致使他开创的事业中断，他曾“三写遗书”，将自己生死置之度外③。李公朴、闻一多先后蒙难后，他在给写育才学校的《最后一封信》中，大义凛然地对师生说，他准备“挨第三枪”。他在信中号召师生不畏强暴，坚持斗争，永不动摇，以“‘富贵不能淫，贫贱不能移，威武不能屈’相勉励”，保持这

①《孟子·告子下》。

② 徐明聪主编：《陶行知普及教育思想》，合肥：合肥工业大学出版社2009年版，第16页。

③ 参见《陶行知“三写遗书”》，《共产党员》2011年第5期。第一次是在蒋介石发动“四·一二”政变的前夕，他曾写信给全体同志说：“上海杀机四伏，倘使外国炮火把我顺便轰炸死了，这封信就算作我的遗嘱。”第二次在参加重庆各界公祭昆明“一二·一”死难烈士之前，他写给夫人吴树琴的信：“也许我们不能再见面。这样的去不会有痛苦，希望你不要悲伤。”信中鼓励夫人积极参加普及教育运动，期望成功之日，“再给我一个报告”。第三次是在国民党特务暗杀民主斗士李公朴和闻一多之后，写给育才学校全体同仁的《最后一封信》。

种“摇不动”的“国人气节”[①]。

在世界各国伦理思想与道德学说发展史上，大凡作过重大历史贡献的“士阶层”代表人物，在其身临邪恶势力和艰难困苦中多曾表现出这种“摇不动”的“国人气节”。这在中国，可以追溯到为“吾从周”而颠沛流离却矢志不渝的孔子[②]。在西方，则可以追溯到为捍卫真理和内心的信念而视死如归的苏格拉底。他们追求和捍卫社会理想的高贵品格，是他们思想和理论的有机组成部分。陶行知以其辉煌的一生践行了自己极力推崇的“人中人”理想人格，证明了人类伦理思想与道德文明发展史的这种普遍现象。我们今天研究和阐发他的“人中人”思想，应同时传承他的这种“摇不动”的“国人气节”。

四、“人中人”的理想人格

人类在劳动创造自身的过程中，同时也造就了不以任何个体的意志为转移、谁也离不开谁的社会生活共同体。原始共同体分化解体之后，社会生活共同体的客观需求被阶级差别和对抗的严酷事实所遮蔽。这是催生脱离社会现实和超越阶级的逆向思维，提出诸如“理想国”“大同社会”和“乌托邦”之类命运共同体祈望的价值论根源。马克思主义创始人基于人类社会发展的客观规律和思想进程，揭示了“个人隶属于一定阶级”及其反映在“头脑”里的“一般观念”——个体本位主义价值观的历史事实，批判性地指出：“只有在共同体中，个人才能获得全面发展其才能的手段，也就是说，只有在共同体中才可能有个人自由。”[③]在此理性认知前提下，马克思和恩格斯描绘了人类社会生活共同体发展进步的共产主义远景目

① 徐明聪主编：《陶行知德育思想》，合肥：合肥工业大学出版社2009年版，第123页。

② 这里顺便指出：《论语》注释家们多将孔子豪迈宣示的“郁郁乎文哉，吾从周”注解为“我遵从周朝那样的制度”。这种望字生义的注释其实是一种误解，影响到对孔子思想特别是其儒学伦理精神品质的认知和把握。“那样的有秩序”和“有那样的秩序”因“有”的词序和指称不同而并非同一含义的命题，这种差异，如同今人怀念20世纪五六十年代新中国社会那样的有道德，不能被简单地解读为怀念那个时期的道德一样。

③《马克思恩格斯文集》第1卷，北京：人民出版社2009年版，第571页。

标——“自由人联合体”。

陶行知倡导的“人中人”不同于今人说的“道德人”，作为理想人格也不是今人说的道德理想。它富含的伦理共同体意蕴，是一种涉及政治学、伦理学、心理学等多学科的人格理想，一种用形象话语在“思想的社会关系”层面表达的伦理共同体精神。诚然，面对必须抵抗外敌入侵和应对国民党反动派统治的当时代国情，陶行知要实现其“人中人”的人格理想和道德教育目标是十分有限的。也正因如此，“人中人”才如同祈望“理想国”“大同社会”和“乌托邦”之类命运共同体那样，具有巨大的历史鉴赏价值和当代借鉴意义。通观陶行知著述，他表达“人中人”思想的取材和演绎风格，古今皆备、中外兼顾，雅俗并举、挥洒自如，深入浅出、让人百思不解。这种思想和学术表达范式，也是着实值得今天“知识人”借鉴的。

中国特色社会主义在整体上消灭了阶级差别与对抗的“现实基础”，正处在奔向“自由人联合体”愿景的初始阶段，面临各种社会矛盾特别是由此引发的“涣散人心”的伦理关系矛盾，亟待普及社会生活共同体的思维方式和价值观并彰显其“世界历史意义”（马克思语），与国际社会一道构建“人类命运同体”。马克思在《〈政治经济学批判〉序言》中指出：“人们在自己生活的社会生产中发生一定的、必然的、不以他们的意志为转移的关系，即同他们的物质生产力的一定发展阶段相适合的生产关系。这些生产关系的总和构成社会的经济结构，即有法律的和政治的上层建筑竖立其上并有一定的社会意识形式与之相适应的现实基础。”[①]这一历史唯物主义的基本原理，是我们在认知和把握当代中国道德国情，在此基础上进行伦理和道德教育创新的理论武器。在这种情势下，提出传承和发展陶行知“人中人”思想及其伦理共同体意蕴的话题，无疑有助于各级各类学校传承立德树人的根本宗旨，纠正当今教育理论和实践领域实际存在的重视“人本”理性和工具理性而轻视道德理性尤其是伦理共同体理性的偏向。

---

①《马克思恩格斯文集》第2卷，北京：人民出版社2009年版，第591页。

财富观与民族精神重建*

研究民族精神的学者很少关注财富及财富观问题，即使涉足也多将两者放在对立面上。其实，从实际情况看，对财富价值的理解和态度是民族精神的构成要素，把握一个民族的民族精神离不开对该民族的财富观的研究。改革开放以来中国人的财富观发生了前所未有的变化，这种变化客观上把中华民族精神的重建问题提到了我们面前。

一、财富观的三个方面

马克思主义认为，财富本身的形态是物质的，但人对待财富的态度却是精神的；财富的积累本身是自然过程，但积累财富所涉及的关系却是社会过程。财富问题，本质上是一个物质与精神、自然过程与社会过程相统一的问题。这里的精神包含人们的道德精神，关系包含人们的伦理关系，社会过程包含人们对财富的价值思索和演示过程。在财富面前，人的思想观念和社会的精神文明程度无不生动地展示出来。

西方主流经济学惯用纯粹物质的方法看待财富，如英国学者乔治·拉姆赛曾将财富定义为“那些为人们所必需的、有用的、适合于他们需要

* 原载《当代世界与社会主义》2006年第1期，收录此处时标题有改动。

的，而且不是由自然界自发地、无限丰富地提供的物质”[①]。他们一般回避财富的社会过程这一本质问题，但是，当他们分析积累财富的活动时也常常论及所谓“道德上的后果”。这是西方人的传统。

管子曰：“仓廪实则知礼节，衣食足则知荣辱。”[②]他在这里所说的“仓廪实”和“衣食足”就是财富，并指出了财富与道德存在某种联系。毋庸置疑，在阶级社会里，普通的劳动者在“仓廪实”“衣食足”的情况下一般是会“知礼节”“知荣辱”的，由此出现一种所谓的“太平盛世”。但“仓廪实”和“衣食足”与“知礼节”和“知荣辱”的联系不是必然的，封建专制统治也不可能长久地建造有益于普通劳动者的“太平盛世”，所以管子的这种见解不能入中国传统伦理文化的主流也是理所当然的。中国传统伦理文化的主流是儒学伦理思想，儒学一般是在与道德相对的意义上谈论财富问题的（如孔子说“君子喻于义，小人喻于利”[③]等）。这是中国人的传统。

从逻辑上分析，财富与道德的联系的真谛在于利益是道德的基础这一定理。利益不是抽象的，其实质内涵是特定的社会关系（经济的、政治的、法理的、伦理的），普遍形式是物质的社会关系，在这种意义上可以说道德的基础就是财富（关系），不能离开财富讲道德。但需要注意的是，说财富是道德的基础，并不是说财富就是道德，经验证明财富既可以生发和促进道德，也可能生发和固化不道德。管子见解的失误在于把财富与道德等同了起来，只看到财富与道德关系的一个方面。财富与道德的必然联系，是经由人们对待财富的态度即财富观建立和展现的。所谓财富观，简言之，指的是人们获取、占有和安排财富的方式及与此相关的权力观念、生产观念、交换观念、分配观念等。它在内涵上大体可以分为三个基本层面，即对财富价值的理解、谋取财富的手段、安排财富的方式。

财富是每个人的生活之必需，思量和追求财富是人生的恒常主题。一

---

①［英］乔治·拉姆塞：《论财富的分配》，李任初译，北京：商务印书馆1984年版，第5—6页。

②《管子·牧民》。

③《论语·里仁》。

个人要生存，图谋自身的发展，要抚养子女和赡养老人，都离不开财富，这是一个常识性的问题。然而，正是在这个常识性的问题上，人们的理想信念和价值观却显示出高下之分，表现出不同的财富观。“人为财死，鸟为食亡”反映的是剥削阶级的道德观和人生价值观；“金钱不是万能的，没有钱是万万不能的”，反映的是大多数人对金钱财富价值的理解。

如果说，对财富价值的理解属于纯粹的思想观念，不会与他人和社会发生直接的利害关系的话，那么，追求财富的方式则与他人和社会构成直接的利害关系，因而成为典型的伦理道德问题。通过自己的诚实劳动追求财富，在获得财富的同时也就实现了社会和个人的道德价值，获得财富越多道德价值实现的范围越广。反之，采取违背道德乃至法律的手段谋取财富，在获得财富价值的同时也就丢失了道德价值，财富越多越缺德。

表面看来，如何安排自己的财富是纯粹的个人自由，“自己的钱自己花，想怎么花就怎么花”，与道德无关，其实不然。首先，分配和安排自己财富的观念会影响到个人的道德和精神生活质量，所谓“他穷得除了钱什么都没有了”的评价用语，说的就是财富安排失当出现的异常状态。其次，如何安排自己的财富，会直接影响到子女乃至社会上其他青少年的健康成长。再次，如何安排自己的财富还会对社会风尚产生直接或间接的影响，黄赌毒屡禁不止，显然与一些人安排自己的财富不当是直接相关的。

在社会实践和实际生活中，财富观的三个层面是相互关联、共同展示其道德价值内涵的。其中，对财富价值的理解是思想观念基础，获取财富的方式及手段是主体和核心，安排财富的观念和方式是后果。财富观是主观见之于客观的道德观念系统，其各个层面在演示过程中会产生道德上的后果。

二、民族精神与财富观

不论是在伦理学还是哲学、历史学的视域里，一个民族的民族精神的核心部分都是该民族关于伦理道德的普遍的价值理解和行为方式，这在中国学界没有多少分歧意见。财富观与道德的普遍的内在联系，决定了财富观是一个民族的民族精神的主体部分和通常表现形式，也是评判一个民族的民族精神的实际状态的重要指标。

在传统意义上，中国人的民族精神在财富观上的表现可以概括为：自力更生、自给自足、艰苦奋斗、勤俭持家。这些直接生发于小农经济基础之上的财富观念，经过儒家伦理和政治伦理文化的长期教化，支撑着人们伦理思维和道德生活的实际过程，进而形成了中华民族崇尚团结友善、诚实劳动、推己及人、与人为善、六亲和睦的道德精神和道德生活方式，营造了整个社会和睦相处和友善交往的伦理氛围，为中国封建社会得以维持几千年的稳定并曾几度赢得繁荣，维护中华民族团结统一、生存繁衍、经久不衰提供了最为可靠的思想道德基础。

改革开放特别是大力推行社会主义市场经济体制建设以来，中国人的伦理道德观发生了前所未有的变化，其中变化的核心正是财富观的变化。财富观的变化给中华民族的传统精神既带来了多方面的进步，也造成了一些与时相悖的失落。进步因素集中表现在，在党的以经济建设为中心的方针的引领下，厉行改革开放，大力发展社会主义市场经济，物质财富的增长取得了举世瞩目的辉煌成就，基本上告别了"贫穷的社会主义"，并正在党的十六大精神的指引和鼓舞下全面建设小康社会。在发生这种历史性变化的过程中，人们不再谈财色变，不再因为自己要做君子而视钱财为恶毒物；不再因为要恪守和发扬自力更生、自给自足、艰苦奋斗、勤俭持家的传统精神，就不想利用开放搞活的社会环境和现代科学技术发家致富，不想追求高标准的家庭生活；不再因为要发扬与人为善、推己及人的传统精神，就放弃与人竞争资源和市场的各种机遇，如此等等。总之，人们普遍对财富有了合乎时代要求的正确认识，关心和追求财富，通过合乎法理和伦理的诚实劳动发家致富，越来越被看成是光荣的事情。毋庸置疑，财富观的这种进步正是赢得20多年来的辉煌成就的价值观念基础。如果说，中国传统的民族精神的灵魂是保障国家社会的稳定和人民的安宁的话，那么如今中华民族的精神内涵正在注入力求国家强大、社会繁荣和人民幸福的新因素，它使我们的社会空前地充满活力，民族精神得到空前的振奋，让世界看到了中国的前途和中华民族的希望。

财富观变化的消极因素集中表现为极端个人主义、拜金主义和享乐主义泛滥成灾，从三个不同又相互关联的层面上反映了当代中国社会存在的道德失范问题。极端个人主义的道德失范，“失”在一些人以自己为本位和中心，只要个人快快发财，而置他人的利益、需要甚至死活于不顾，置集体和国家民族的整体发展于不顾。拜金主义的道德失范，“失”在一些人拜倒在金钱的脚下，甘作金钱的奴隶，为了个人快快发财而无视国家的法律和社会的道德规范要求。享乐主义的道德失范，“失”在安排个人财富失当，或者挥霍无度，或者越过自己的财富能力追求享乐，或者只想消财不愿谋财。在财富观上，极端个人主义、拜金主义和享乐主义三者是消极的价值观念系统，其认识和实践的逻辑程式是：从个人主义的目的出发，不择手段追求个人财富，贪图个人享乐。

从思想认识上看，这种消极的逆向变化可以追溯到20世纪80年代初期。其突出的糊涂认识和混乱的社会心理就是：把以经济建设为中心当成是以挣钱为中心，思想上不能真正理解和接受两个文明一起抓、两手都要硬的科学全面观；一些人以为“天既变道亦变”，视个人与社会的道德精神为过了时的东西，把追逐金钱财富这一人生的基本需要看成人生的第一要义，甚至是唯一目的。在中国经济社会转型的过程中一些人率先富起来了，但应当看到这类转轨富豪中不少人也是问题富豪，他们的钱来路不明，拥有钱以后或者大修祖坟，或者吃喝嫖赌，或者携钱亡命天涯，或者像葛朗台那样守着自己的钱财，不愿为他人和社会做一点点积善成德的事情。他们的财富越来越多，心却离社会风尚、离“穷人”越来越远了。这种变化趋势表明中华民族的明礼诚信、与人为善、同情弱者、济危扶贫的传统精神正在失落，这难道不值得人们深思吗?

而那些不会挣钱的人们是什么心态呢？或者自视清高，抱着愤世嫉俗、不愿与会挣钱的人同流合污的对立情绪，或者自视灰溜溜的落伍者，萎靡不振，缺乏进取心和社会责任感，他们的财富观及伦理思维方式即使是在过去的年代也是与中华民族的精神格格不入的。

审视这种逆向变化，我们没有必要非得说清楚它是主流还是次流，但有一点是可以肯定的：它正膨胀着一些人的私欲，麻痹着一些人的神经，腐蚀着我们民族的灵魂，制约着中国社会的持续发展。

三、合乎中国社会发展的财富观

面对财富观的变化引发的中华民族精神的变化，我们需要围绕中国人究竟需要树立什么样的财富观思考中华民族精神的重建问题。

合乎当代中国社会发展客观要求和中华民族精神的财富观，可以从如下几个方面来认知和把握：

首先应当包含以富为荣的观念。而要如此，就应当注意纠正两种落后的思想观念。一是为富不仁的观念。这一思想观念由来已久，实际上是阶级对立和对抗的产物。在阶级社会里，剥削阶级都是富人，被剥削阶级都是穷人，富与贫的对立在一般情况下正是阶级对立的代名词。这种情况使得历史上的中国劳动人民长期存在一种轻富、贬富、仇富的心理，认为富人都是为富不仁的人。改革开放以来，由于一些人对党的富民政策缺乏应有理解甚至存有抵触情绪，加上一些富人自身存在着为富不仁的劣迹，以及贫富差距的不断增大，社会保障机制尚未健全，在全社会形成了新的富人与穷人的对立，使得普通劳动者的轻富、贬富、仇富的心理依然存在。二是“不患寡，只患不均”的小农平均主义思想观念。这一思想观念是小农经济的产物。在小农经济社会里，人们的生产资料和手段差不多处在一个水平线上，除了地主官僚，人们占有财富的多寡相差无几，这种获取财富的方式和安排财富的可用资源，必然养成了人们均贫富的思想观念。在发展社会主义市场经济的条件下，为富不仁和均贫富的财富观都是消极的，它不利于国家的经济建设和发展，不利于人的能力特别是潜能的发挥和增强，同时也为缺乏社会责任感、不思进取的懒汉懦夫提供了心理土壤和舆论环境。为了国家和民族的繁荣昌盛，不能因为有人为富不仁就提倡甚至赞扬以富为耻的思想观念，不能因为存在不合理的贫富差距就默许甚至主张均贫富。我们需要的是在全民族中倡导以富为荣的新的财富观。

其次，应当包含诚信谋财的思想观念。诚信是做人的根本，也是做事的根本。作为一个道德范畴和价值标准，它强调的是表里如一、言行一致、实话实说、实事实做。体现在谋财的手段上必须是：谋财不违法、谋财不缺德、谋财不伤人、谋财不害命。“君子爱财，取之有道”，中国这句古训并没有过时，应当被立为挣钱的路标、会挣钱的人的座右铭。因此，要加强法制建设和道德建设，把依法治国与以德治国紧密结合起来。在这个问题上，笔者以为当前应当特别注意加强对从业人员尤其是企业主的职业法规和职业道德方面的教育和培训。从树立新的财富观的客观要求出发，应当像重视教育和培育党和国家公务员那样重视对企业家的教育和培训。

再次，应当包含合理理财的观念。一个人安排自己的财富应当合理。如前所说，个人的消费不能给个人带来伤害，不能影响子女的健康成长，不能给他人和社会造成危害。除此之外，合理理财还应当包括关心和支持社会公益事业。从人的全面发展观看，物质财富的需要是最基本的需要，在这种需要得到基本满足的同时应当追求高层次的精神需要，这样的人生对社会和自己才是真正有意义的。用自己的财富扶持贫困的人们，帮助弱势群体，不仅解决了他人的危难，也使自己得到一种道德和精神上的愉悦，可谓一举两得。关心和支持社会公益事业，不仅是中华民族精神中的传统美德，也是世界上大多数民族的传统美德。如果说一个并不富有的人都能做到助人为乐，那么富人更应当如此，因为富人具有这方面的优势。到过华西村的人都知道，村头偌大的宣传牌上有两行用仿宋体赫然书写的大字：“家有黄金数吨，一天也只能吃三顿；房子豪华独占鳌头，一人也只占一个床位。”那是吴仁宝为富有的华西人题写的，反映了当代中国富人在安排自己的财富问题上正在形成的优良品性。

综上所说，财富、财富观与道德的关系值得重视，财富观的变化引发的中华民族精神的变化更应当引起人们的重视。面对新时期的世纪挑战，我们需要重建自己的民族精神，而要如此就不可忽视研究和倡导新的财富观。

三种性意识及其逻辑建构*

性意识，在直接的意义上是反映两性关系的产物，讨论性意识问题首先必须对两性关系有一个合乎实际的界说，不应将两性关系狭义地理解为性行为或发生性行为的关系，更不应将两性关系等同于恋爱和婚姻关系中的性爱关系。两性关系本质上是一种特殊的社会关系，或社会关系整体的一个特殊方面；反映两性关系的性意识本质上属于社会意识范畴。两性关系及其意识的文明水准，普遍而又深刻地影响着人类的物质生活和精神生活的水准，关系着每个个体和家庭的幸福，维系着社会的和谐与秩序。

笔者认为，反映两性关系的性意识总体上可以划分为三种基本形式：性自我意识、性伦理意识和性道德意识。一直以来，不少人不能从学理上分辨和把握三者的内涵与边界及其相互的逻辑关联，习惯于将三者混为一谈。这种不合逻辑的认知和评价现象，过去由于受传统性道德的深重影响而主要表现为“泛性道德”的倾向，现在由于受到另类性言论和“性视觉艺术”的严重干扰又出现“泛性自由”的倾向[①]，两种倾向在当代中国社会都普遍存在，由此而造成的性意识迷失和困扰让人们感到“说不清道不明”，在认知和选择上时常陷入“左不是，右不是”的两难悖境，而相关

* 原载《人文杂志》2011年第6期。

① 此处“泛性自由”的倾向，是指公开鼓吹“一夜情”“乱伦”“换偶”等另类性言论，以及公开发布和赞美性交行为等低俗的“视觉艺术”；张扬这些“性自由权利”背离了两性伦理关系的常识，违背了两性关系的基本道德准则，在社会上造成广泛的消极影响。

学界对此乃至对一些违背两性关系常识的公开主张也竟然“集体失语”。因此，在认识论的形上层面分析和阐明反映两性关系的三种性意识及其逻辑结构，探讨如是把握的应有理路是有必要的。

一、性自我意识及其结构

性自我意识的形成带有某种自发性的特点，内在结构大体可以划分为性自知意识、性审美意识、性行为意识、性价值意识等四种不同的形式。

性自知意识，通俗地说就是性别意识。它是反映两性生理差别的意识，但并非与生俱来，而是在与异性作比较的关联中产生的，本质上是反映两性关系（差别）的意识形式。薄伽丘《十日谈》里的年轻人如果没有相遇异性，就不会发现不同于自己的“绿色的鹅”，他的“性自知意识”会是怎样的只能诉诸逻辑的推导。性自知意识或性别意识的产生，表明人的性意识的萌发，它是一个人的性自我意识乃至整个性意识此后逐渐走向健全或完备的逻辑起点。性自知意识或性别意识贵在“自知”，它伴随人的一生，即使在亲密的两性关系之间也具有“不可告人”的自蔽性特点，是否具备这个特点是评判一个人性意识是否形成、是否达到应有水准的初始标准。一个人的性自知意识迷失，就会出现性别角色错位，在认知和对待两性关系问题上就会行为怪异，出现心理学所说的性心理障碍①。

性审美意识是性自知意识合乎逻辑发展的产物，是在性自知的基础上对性的“自然美”的自我发现和肯定，表现为人对性的自爱和自尊，属于“自我欣赏”的性自我意识形式；但它与性自知意识一样也是在与异性作比较的关联（差别与认同）中形成的，其表达一般都具有明确的“他人意识”指向，并非就是“孤芳自赏”。俄罗斯民歌《照镜子》所表达的少女

① 此处需要说明的是，不可将性自知意识或性别意识等同于性取向（选择）意识，性自知意识明晰而性取向（选择）对象并非为异性的情况在实际生活中古已有之（如关于卫灵公与弥子瑕的“分桃”、汉哀帝与董贤的“断袖”、陈文帝与韩子高的“男后”等传说，对此都有所记述），在当今之世更是屡见不鲜。因此，也不可简单地把以同性为性取向（选择）对象的性意识现象当作性自知意识迷失——性别角色错位，视为性心理障碍。

心态，就是对这种性审美意识的生动写照。“他人意识”使得性审美意识总是带有“社会美”的特质，更多地体现两性关系的社会内涵，并连同性的“自然美”成为人们追求精神生活的重要内容，更是文学艺术描述的对象。人类自古以来关于两性关系的审美活动真是丰富多彩，反映两性关系的美学意义的文艺作品更是浩如烟海，其中有许多已经成为人类艺术宝库中的珍品，闪烁着真理和伦理的光辉，充实和引领着人类向往和追逐的精神生活。性审美意识存有民族的国情的差别，但其表达方式总是带有害羞、含蓄的共同特点，这让人对性始终有一种神秘感。两性关系之所以美好、美妙、令人神而往之，就在于它所具有的这种含蓄而神秘的美感特质。两性关系有无美感特质，是否具有列宁所称道的“高等的”“文化的特征”[①]，实则是人类性意识区别于一般动物的性本能的根本标志。性审美意识的这种特点，在恋爱和婚姻的两性关系中也应当同样存在，“情侣彼此把关系和属性审美化。这是一种极其隐秘的心理活动，它‘扩大’‘自我’本身，涉及外在的物质世界，按照美的规律、借助于幻想改造欲求的对象，它表明人的行为方向的一定发展，展示其个人价值体系的一个重要方面”[②]。马克思认为：“真正的爱情是表现在恋人对他的偶像采取含蓄、谦恭甚至羞涩的态度，而绝不是表现在随意流露热情和过早的亲昵。”[③]试想一下：两性关系包括与性爱相关的特定的性行为关系，如果不具有害羞、含蓄的审美意蕴，乃至于可以被作为“性视觉艺术”发布于世，那么人岂不是无异于禽兽？性审美意识的认识论意义还表现在它具有拓展和深化人的审美视域和情趣的功能，能够促使人在自觉和不自觉之中将关于性的审美与关于自然和社会的审美贯通起来，实现性审美意识的升华。而在社会公共关系和公共生活领域，性审美意识又通常会以“异性效应”的神秘方式，发挥着事半功倍的社会效能，体现现代社会的一种高尚文明。经验表明，身处两性关系包括恋爱和婚姻关系之中而又缺乏性审美

① 参见[德]克•蔡特金:《列宁印象记》,马清槐译,北京:三联书店1954年版,第69页。

② [保]瓦西列夫:《情爱论》,赵永穆,范国恩,陈行慧译,北京:三联书店1984年版,第175页。

③《马克思恩格斯全集》第31卷,北京:人民出版社1972年版,第520页。

意识的人，不仅难以体悟爱情和性爱的幸福真谛，而且多难以对社会和人生乃至自然产生美感，往往为消极、颓废的情绪所困扰。

性行为意识简言之即人们通常所说的性欲，通常伴随着对性交合的欲望、渴望和好奇心，以及紧张、恐惧、不安、惊慌失措的心境和情绪，本质上是欲将反映两性关系的“意识形式”转变为性行为事实的一种性心理倾向和态度。这种转变的欲求，在传统社会只有在被法律和世俗认可的特定（狭隘）的两性关系中才能被允许成为事实，在现代社会则不仅仅如此，只要“两相情愿”或“两情相悦”就可能会成为事实，由此而使两性的交合关系带有诸多不确定的因素，影响到两性关系应有的文明状态。然而，后者却可以在弗洛伊德创建的精神分析主义学说那里得到非伦理性的辩护。弗洛伊德认为，决定人的行为选择的不是人的意识和理性，而是个体作为“本我”存在的“无意识的性欲”，因此，不应在伦理意识和道德理性的层面对人的性行为意识及其可能造成的危害作是非善恶的评价。实际上，这样的辩护是不符合人的认知和行为逻辑的。欲，求也，人有所求必受一定的意识支配，人对性的欲求更是如此。性行为意识有主动攻击型的，也有被动接受型的，前者易于引导人“不自觉”地违背性道德，甚至走上性犯罪的道路。所以，弗洛伊德在肯定“本我”的合理性之后，又强调尊重“自我”——“现实原则”和“超自我”——“道德原则”的必要性。

性价值意识，具有统摄和扩展前三种性自我意识的特点，表明主体对两性关系的认识已经开始“社会化”，性意识走向成熟；两性关系也因此而融入更多的社会内涵，真正成为一种特殊的社会关系。性价值意识是性自我意识结构中最具有社会化特征的意识形式，从一个方面反映社会发展的文明水准。如崇尚传宗接代的性价值意识反映的是封建社会的文明水准，仅视性表达为个人“幸（性）福”因而主张绝对性自由的性价值意识反映的是资本主义社会发展的文明水准，奉行色权交易的性价值意识反映的是商品（市场）经济社会的文明水准。社会主义社会的性价值意识究竟应当是怎样的，相关学界至今尚没有给予应有的关注，存在着以性道德价值意识替代性价值意识的现象。在现代社会，两性价值关系日渐宽泛和复杂，性价值意识融和性审美意识所产生的“粉丝”之类的“异性效应”几乎成了一种“社会生产力”[①]，性价值意识的内涵也随之变得越来越丰富，其间的进步、退步抑或堕落与否不应一概而论，但也不可一概不问。

反映两性关系的四种性自我意识形式，虽然主体和视点都是“自我”，具有“自知之明”“无师自通”的共同特点，但都具有丰富的社会内涵。它们各有其特定的内涵和边界，彼此间的层次级差明显，又分属不同的学科。正因如此，需要立足思维与存在的关系将它们列为“性哲学”的对象。

二、性伦理意识与性道德意识及其逻辑关系

讨论性伦理意识与性道德意识的内涵与边界及其逻辑关系，首先需要分析伦理与道德的关系。长期以来，很多人包括一些学者认为“伦理就是道德”，看不到两者之间的区别与联系，即伦理是一种特殊的社会关系，道德是因维护和建构伦理之需而被人们创设的特殊的社会意识形态和价值形态。

在历史唯物主义视野里，任何一种社会关系都是“物质的社会关系”和“思想的社会关系”的统一体，后者由前者决定、伴随前者产生又对前者具有支配性的作用。中国学界一般认为，社会关系包含经济关系、政治关系、法律关系、伦理道德关系等基本类型[②]。其中伦理道德关系就属于“思想的社会关系”，实则就是伦理关系，它是伴随相关的“物质的社会关系”而“自然”形成的，渗透在经济关系、政治关系、法律关系等“物质的社会关系”之中，相应表现为经济伦理关系、政治伦理关系、法律伦理

① 诸如竞选“超女”“美女”等选秀活动，大众参与度都很高，对时下年轻人的性审美意识及价值观的影响很大。近两年，又流行所谓“中性风潮”，以眉目如画的女生和帅气俊朗的男生为推崇的对象。虽然这引起一些人的批评，但“粉丝”们却充耳不闻、自行其是，也自得其乐，以一种“舆论”和“精神”显示它是某种力量的存在。

② 姜春芳等：《中国大百科全书》哲学卷Ⅱ，北京：中国大百科全书出版社2002年版，第758页。

关系、文化伦理关系等诸形态。有的学者曾指出:“实存的伦理关系是客观条件与主观条件的历史性统一,伦理关系本质上是现实合理性秩序中的关系,是有主体精神渗透其中并通过道德、法律、习俗等规则体系维系的关系,它的首要问题是秩序的合理性和正当性。”[①]反映和体现这种“合理性”和“正当性”的意识形式便是相关的伦理意识。恩格斯说:“人们自觉地或不自觉地,归根到底总是从他们阶级地位所依据的实际关系中——从他们进行生产和交换的经济关系中,获得自己的伦理观念。”[②]这里所说的“伦理观念”就是伦理意识,它是反映伴随(并渗透在)“生产和交换的经济关系”之中的“思想的社会关系”的产物,因此,我们只能在“归根到底”的意义上来理解伦理意识——“伦理观念”与“生产和交换的经济关系”的关系。中国人所理解的伦理关系其价值核心是有差别的和谐,即所谓“和而不同”[③],标准是法度[④]、辈分和秩序[⑤],评价用语多为“同心同德”“心心相印”等[⑥],合乎伦理就是合乎法度、辈分和秩序要求的和谐(“和而不同”)的“思想关系”,伦理意识就是合乎法度、辈分、秩序要求的意识。

两性关系作为一种特殊的社会关系,与其他社会关系一样也具有“物质(自然)的社会关系”和“思想(精神)的社会关系”相统一的特性,“思想的社会关系”如果是从法度、辈分和秩序的意义上来考量和把握的,那就是两性关系中的伦理关系,所以黑格尔说:“两性的自然规定性通过

---

① 宋希仁:《论伦理秩序》,《伦理学研究》2007年第5期。

②《马克思恩格斯选集》第3卷,北京:人民出版社1995年版,第434页。

③ 如《论语·子路》曰:“君子和而不同,小人同而不和。”

④ 如《论语·微子》曰:“柳下惠、少连,降志辱身矣,言中伦……”

⑤ 如《礼记·乐记》曰:“乐者,通伦理者也。是故知声而不知音者,禽兽是也;知音而不知乐者,众庶是也。唯君子为能知乐,是故审声以知音,审音以知乐,审乐以知政,而治道备矣”。《孟子·滕文公上》曰:“人之有道也,饱食暖衣,逸居而无教,则近于禽兽。圣人有忧之,使契为司徒,教以人伦:父子有亲,君臣有义,夫妇有别,长幼有序,朋友有信。”许慎释道:“伦,从人,辈也,明道也;理,从玉,治玉也。”(《说文解字》)

⑥ 在各种各样的学习和职业活动中,“同学”“同事”表达的是“同”什么“学”“同”什么“事”的“物质的社会关系”,而“同心同德”“心心相印”表达的则是“同学”“同事”中的“思想的社会关系”,即伦理关系。

它们的合理性而获得了理智的和伦理的意义。”[①]反映“两性的自然关系”中的这种“合理性”的意识形式，就是性伦理意识。它在“思想”的层面上以法度、辈分和秩序的社会确认方式，反映人类两性关系与一般动物性关系的本质差别，作为人性的一个初始标志表明人类最终脱离了一般动物界，也是作为人性的永恒性标志表明人类不断走向文明进步的逻辑方向。鼓吹“一夜情”“乱伦”“换偶”等“性自由权利”的主张以及所谓的“性视觉艺术”之所以应被归于另类性言论，就是因为它违背了人类这种性伦理关系的常识，挑战人类性伦理意识的共识，如果任其流行而成为司空见惯甚至成为“合情合理”的东西，那么人类的两性关系势必将会失去其“思想（精神）”的社会内涵，变得“不伦不类”了，人性也将会从根本上被摧毁，变得“人将不人”了！与性自我意识不同的是，反映性伦理意识的主体和视点从来都是社会。个人可以接受性伦理意识但不可创造性伦理意识，更不可创造性伦理关系。个人可以发现和说明一定社会的性伦理关系，提出反映这种性伦理关系的意识形式，但这些只有在具有客观真理性、得到社会认可的情况下才具有科学发现的意义。

性道德意识，是一定社会的人们为构建和维护其两性伦理关系而创建的。如果说，一定社会的性伦理关系是伴随一定社会的两性关系而形成的，性伦理意识是对两性伦理关系的“合理性和正当性”的经验反映，那么，性道德意识则是对性伦理关系的理性反映，在直接的意义上也是对性伦理意识（关于两性关系的法度、辈分、秩序的意识）进行“社会加工”的社会产物。所以，性道德意识与性伦理意识一样从来都是社会的，反映的多为两性关系上的社会意识形式，其使命就是维护和建构一定社会的性伦理关系，使之合乎一定社会的法度、辈分和秩序的社会要求。个人可以接受性道德意识但不可创造性道德，可以发现和提出性道德意识，但这样的创造只有在有助于维护和建构应有的性伦理关系的情况下才具有科学的意义。个体的性道德意识品质，只是将社会之“道”的性道德意识内化为

---

① [德]黑格尔:《法哲学原理》,范扬,张企泰译,北京:商务印书馆1961年版,第182页。

个体内在素质和素养的结果[①]。概言之，性道德意识的意义在于，在一定的社会历史条件下，通过社会之“道”与个人之“德”相统一的逻辑建构把处于特定两性关系中的“自然人”依据伦理要求转变成“道德人”。

性道德意识的核心价值和主要标准是尊重与责任。尊重，在一般的两性关系中主要表现为尊重男女平等和人格尊严，即尊重对方的性自知——自蔽、性自尊——自爱等意识。责任，除了尊重以外，则还表现为对处置两性关系的后果要承担应负的责任，在特定的两性关系即恋爱和婚姻关系中，责任意识是道德意识的主要因素。没有责任意识、不负责任的恋爱和婚姻关系，是在根本上违背性道德的。概言之，作为两性关系中的道德意识的尊重与责任，主要表现在对性存在的价值、意义和自主性、独立性的自我意识以及要求他人和社会对自己性存在的价值、意义、社会地位的尊重和肯定。

人类进入阶级社会以来，性道德意识的内涵有一部分具有社会意识形态的特性，属于一定社会的观念的上层建筑的组成部分，体现的是一定社会占统治（领导）地位的阶级或阶层在两性关系问题上的理性自觉，以社会之“道”的方式干预和调控人们的两性关系，使其文明水准符合当时社会发展与进步所需要的法度和秩序。具有社会意识形态性质的性道德意识通常都会转变为统治者的意志，进入国家立法的视野，使之成为法律体系的有机组成部分。除此之外，一般的性道德意识形式，多以规则和潜规则的形式散见于社会舆论和习俗之中，在约定俗成的意义上发挥着它引导和干预两性关系以使之具有合乎伦理要求的“合理性和正当性”。

综上所述，反映两性关系的性伦理意识与性道德意识都属于典型的社会意识形式，两者各有其内涵与边界，又相互关联。性伦理意识属于反映两性关系的“思想关系”的社会意识形式，性道德意识属于维护和建构这种“思想关系”的社会意识形式，两者的逻辑关系是在特定的社会规则相适应于特殊的社会关系的意义上建构的。由此看来，在性意识的整体结构

① 孔子曰:“志于道,据于德”(《论语·里仁》);《礼记·乐记》曰:“礼乐皆得谓之有德,德者得也”;朱熹曰:“德者得也,得其道于心,而不失之谓也”(《四书章句集注》)。

中，性伦理意识是由性自我意识通达性道德意识的中间环节，人只有在具有明晰的性伦理意识、正确把握自己伦理角色的情况下才可能真正理解和接受性道德意识，成为两性关系中的“道德人”。

三、三种性意识逻辑建构

从实际情况看，当代中国社会，真正让人们感到“说不清道不明”以至于在价值判断和行为选择上陷入“左不是，右不是”两难悖境的性意识，是“泛性自由”的另类性言论和主张。其基本特点就是高扬性意识的自我形式，贬低性意识的社会形式，蔑视两性关系应有的伦理秩序，用“你有权利做某件事而又可以不去做这件事这样一种现代新秩序”之类似是而非的伪命题，为诸如“一夜情”“乱伦”“换偶”，包括低俗放荡的“性视觉艺术”之类违背两性关系伦理常识的怪异现象作“人权自由”的辩护，从根本上否认性道德的合理性和必要性。这样的“性自由权利”并不符合性意识的逻辑结构，在任何文明社会其实都是不能被允许存在的。历史地看，“泛性自由”的言论和主张在当代中国社会出现具有一定的必然性。人类社会每一次大的变革和动荡都会先行或伴随着人们对传统性意识的反叛，这种反叛的结果通常是以道德悖论现象出现的，即一方面批评了传统性道德不合理的因素、促使传统性意识的更新和走向新的文明，另一方面也会丢弃传统性道德中诸多优良的成分，致使性意识发生某种迷失，如贬低和诋毁两性关系的美感、伦理秩序和基本的道德要求。这种悖论现象在欧洲文艺复兴时期就上演过，那是一个荡涤封建旧的性道德枷锁、呼唤资本主义的性文明的时代，也是一个两性关系堕落、色欲横流的时代。它留给人类关于如何理解和把握三种性意识及其逻辑关系问题的“性哲学”思考，是具有永恒意义的。当代中国社会出现的以“泛性自由”为主要标志的性意识迷失及由此带来的悖论困扰，为我们避免西方史上曾出现过的性意识迷失现象，在反思和批判旧的性道德意识的过程中构建适合当代中国国情的性意识认知和评价逻辑，提供了难得的机遇。

为此，首先要把握三种性意识不同的内涵和共有的边界，依据一定的逻辑的“式”[①]，即逻辑程式对其整体结构做出合理的解释。这种“式”可以大体上做这样的描述：在性意识的逻辑结构中，性自我意识是基础，性伦理意识是核心，性道德意识是“上层建筑”；一个人只有在形成应有的性自我意识的情况下，才能理解其所处的两性关系中的伦理情境，进而接受社会推行和提倡的性道德规则，形成相应的性道德品质。因此，既不可将性自我意识中的性审美情趣（如注重修饰打扮、赞美异性等）、性行为欲念（包括手淫、性幻想等）、性价值观念（如重视“一见钟情”“男才女貌”“异性效应”等），视为性道德问题，也不可将它们截然分开；既不可将性道德意识等同于性伦理意识，也不因强调性伦理意识的核心意义而否认性道德意识对于维护和建构性伦理关系的“上层建筑”意义。产生于一定的性伦理关系的性伦理意识是性意识整体结构的基础和核心。健康的性自我意识的形成需要一定的性伦理意识为基础和前提，围绕维护和构建一定的性伦理关系的客观要求提出性道德意识，必须要以一定的性伦理意识为思想资料。一定时代的人们，唯有依照这种逻辑的“式”理解和建构三种形式性意识的逻辑关系，才能维护和促进两性关系的文明，使之合乎时代道德文明与进步的整体要求。

其次，要确立“伦理优先”的原则。一定时代的人们要把握和建构反映两性关系的三种性意识的应有逻辑关系，最重要的是要从科学地把握两性关系中的性伦理关系入手，对一定历史时代的性伦理关系做出合乎其时代精神的解释，以使之合乎逻辑地成为性自我意识形成的理性基础，性道德提出的客观依据。在特定的两性关系中，人在经验的意义上最先感悟的是其中的性伦理关系，性自我意识是在这种感悟中形成和发展的，与性伦理意识的形成具有某种同步的意义，此后才在家庭和学校的道德教育中接受关于性道德的社会理性，逐步形成相关的性道德意识，以合乎社会道德要求的性观念面对两性关系。试问：在特定的历史时代，一个人如果不明白两性的伦理关系是怎样的，他所形成的性自我意识会符合时代的两性关

① 列宁:《哲学笔记》,北京:人民出版社1993年版,第186页。

系的文明要求吗？又当如何接受旨在维护和建构这种关系的性道德呢？

人类的两性关系，在“男女杂游，不媒不娉”[1]及对偶婚姻时代是缺乏伦理精神和道德约束的。此后，在整个封建专制社会阶段，只允许两性关系存在一夫一妻制（在男权中心的封建社会，纳妾对于小生产者来说只是幻想）的婚姻关系之中，两性关系与婚姻关系具有同等含义，无视婚姻关系之外两性关系的客观存在及其伦理关系的“合理性和正当性”，厉行“男女授受不亲”的道德约束。然而，两性关系作为一种特殊的社会关系是会随着“生产和交换的经济关系”及其“物质活动”的演变而变化的，两性的伦理关系也就自然会以“思想（精神）”的形式发生变化，这种变化到了市场经济公共生活空间空前扩展的阶段，达到空前剧烈的程度。中国的改革开放和市场经济的发展，不断拓宽人们择业和谋生的视野，由此而使得中国人的社会公共关系和公共生活的空间不断扩展，从而使得两性关系和两性交往具有某种普遍的不确定性。这一方面为反思和纠正狭隘的传统两性关系提供了难得的机遇，另一方面也为蔑视两性伦理关系的另类性言论和主张的兴起，提供了天然的土壤，因此确立“伦理优先”原则是至关重要的。就当代中国而言，要想说清性道德问题，首先就要说清已经发生变化的两性关系现状，只有立足于两性伦理关系已经发生变化的客观事实，肯定和阐明当代性伦理关系的“合理性和正当性”，才有可能在此基础上引导人们培育健康文明的性自我意识，提出切实可行的社会性道德要求。不然，只是用传统性道德要求说事，或只是站在其对立面鼓吹“泛性自由”，不仅无济于事，反而会造成更多的混乱，不可能走出“奇异的循环”的悖论怪圈。

再次，需要在应用伦理学的体系中创建一门真正与时俱进的性伦理学。我国传统的伦理思想十分丰富却没有学科意义上的伦理学，道德规范要求也多为为官、为师和行医意义上的“职业道德”。中国古代有相当森严的性道德规范，却也没有性伦理思想。20世纪80年代后期开始分门别类的应用伦理学在中国相继兴起，其快速发展的势头几乎关涉社会生产和

①《列子·汤问》。

社会生活的所有领域。然而，至今尚未在科学的意义上构建一门性伦理学。一些“元伦理学”和涉论两性关系的著述，由于没有遵循“伦理优先”的原则而存在缺少现实感和时代精神的明显缺陷。如涉及性关系的伦理问题仅以恋爱或婚姻关系中的两性关系为对象，因此所谈论的性道德实则是恋爱道德或婚姻道德，没有注意到当代中国人的两性关系早已走出传统两性关系的局限，大量的性道德问题其实是发生在恋爱和婚姻关系之外的两性关系领域，只不过是在有些情况下与恋爱和婚姻道德有关罢了。再如论述的性道德规范和要求，多没有超越传统性道德的视域，有的著述甚至把早恋、婚前性行为、未婚同居也列入不道德的范畴而加以鞭笞，这就有些不合时宜了。反映当代中国人两性关系伦理事实及其要求的性道德，无疑要审视和批评“泛性自由”的性意识迷失现象，为此必须重申和承接传统性道德中的优良品性，但绝对不可因此而站在维护传统旧道德的迂腐立场上。性伦理关系及性道德本是社会和人发展的内在需求，当代中国社会和人的发展与进步呼唤客观反映两性伦理关系及其性道德的性伦理学问世，这或许要经历一个艰难探索的过程。

亲子鉴定：科技维护家庭伦理存在的道德悖论*

在道德评价的意义上，社会生活中时常会遇到这样的情况：一种行为选择的结果会出现两种价值事实——从这个角度看是道德的（善），换个角度看又是不道德的（恶），这就是道德悖论。正在悄然兴起的亲子鉴定，就属于这种情况。用悖论的方法分析亲子鉴定在维护家庭伦理方面的利弊得失，对于正确运用这一高科技手段维护家庭伦理的严肃性，切实加强家庭伦理道德建设，是很有现实意义的。

一、亲子鉴定对于维护家庭伦理的意义

在中国，亲子鉴定（Identification in Disputed Paternity）古已有之，如所谓"滴血认亲"等，学界近几年关注的亲子鉴定都是近现代意义上的。近现代意义上的亲子鉴定出现在20世纪70年代中期，一般认为其标志是HLA（白细胞抗原）技术的使用，而真正得到跨越式的快速发展还是在20世纪末DNA（脱氧核糖核酸）的发现及其技术的发明与运用之后。从这点看，不应认为亲子鉴定"就是用DNA识别技术对父母与儿女之间的血缘关系进行科学认定"[①]。有的学者在对亲子鉴定的含义作界定的时候回避了

* 原载《伦理学研究》2006年第4期。

① 徐嘉：《亲子鉴定和夫妻道德》，《道德与文明》2001年第1期。

它的技术方式，强调了它的学科方法："亲子鉴定又称亲权鉴定，是指应用医学、生物学和遗传学方法，对人类遗传标记进行检测分析，从而判断父母与子女之间是否存在亲生关系。"[①]这种看法较之前一种显然要合理一些，但其存在的片面性也是显而易见的，它忽视了亲子鉴定在维护婚姻和家庭伦理方面所表现出来的伦理意义。

笔者以为，作为维护婚姻和家庭伦理的现代技术手段，界定亲子鉴定的含义首先应当注意两个具有方法论意义的问题。一是在范围上只能限定在遗传学意义上的亲权鉴定，不应涉及其他的鉴定，诸如用于侦察性犯罪的对象和责任的鉴定就不应归于亲子鉴定的范围。二是不能用"纯技术"的方法来理解亲子鉴定，将亲子鉴定仅仅看成是一种识别血缘关系的方法，而应当立足于主体行为选择的动机与目标追求及行为的结果，充分考虑和突出它在伦理和法理上的意义。由此看来，所谓亲子鉴定，是指运用现代科学技术来辨别人类遗传标记，鉴定子女与父母之间的血缘关系，以确定彼此的伦理和法律关系与责任的科学认定活动。

不难理解，亲子鉴定的出现与一夫一妻的婚姻制度的形成是密切相关的，表明人们对与这一婚姻制度相关的伦理问题的高度重视。一夫一妻制的确立是婚姻和家庭伦理进步的一个重要里程碑，这种历史性的进步同时赋予子女与父母之间的血缘关系以某种神圣性和崇高性，具有不可替代和不可侵犯的价值内涵。正因如此，自古以来，在叙述和评论婚姻和家庭伦理的话语系统中，夫妻之间性关系的专一性和夫妻与子女之间的血缘关系的专一性一直具有同义语的意义，两者既同为维护夫妻关系的基本纽带，也同为体现婚姻和家庭伦理文明的基本标志。近现代意义上的亲子鉴定正是以这种源远流长的婚姻和家庭的伦理观念为思想基础的。过去，男人们不易检测和识别子女与自己是否存在亲权的关系，如今可以用现代科技手段来轻而易举地达到这一目的，应当说，这是现代亲子鉴定技术给婚姻和家庭伦理的维护带来的一个福音，也是为社会伦理的文明进步带来的一个福音。《泰晤士报》报道，英国最新调查发现了一个惊人秘密："每25位

① 孙宏钰等:《6163例亲子鉴定的回顾》,《中山大学学报》(医学科学版)2002年第23期。

父亲中有一位在默默地为别人抚养孩子”，“男人在不知情的情况下为别人抚养孩子的比率最高可达30%。”揭示这一“秘密”，维护家庭伦理的严肃性的正是亲子鉴定①。

中国运用现代科技手段进行亲子鉴定大体上与国际同步，因其准确率高而发展极为迅速。中山医科大学法医物证学教研室以其1982年至2001年期间所受理的6163个案例为材料作了比较分析，发现采用DNA技术检测的准确率可达99.99%②。这对于维护当代中国人的婚姻和家庭伦理的严肃性，抵制性随意和性堕落、打击性侵害和性犯罪，具有明显的现实意义。但是，毋庸讳言，亲子鉴定同时也引发出一系列新的婚姻和家庭伦理问题，产生多方面的消极影响。据有关材料称：“这几年，北京人做亲子鉴定的越来越多了，并且人数还在逐年攀升。”鉴定的结果，大约有15%属于非婚生子或女，由此而导致夫妻感情破裂，婚姻关系的解体③。亲子鉴定这种“两面性”正是引起学界和社会对其广泛关注的根本原因所在，也是研究亲子鉴定的必要性和意义所在。

二、亲子鉴定提出的家庭伦理新问题

亲子鉴定在维护婚姻和家庭伦理的同时所提出的新的婚姻和家庭伦理问题主要是：

第一，强化了男子亲权的意义，忽视了女子亲权的意义，与现代社会“男女平等”的婚姻和家庭伦理的文明进步方向相背离。在现代社会，男女平等是衡量婚姻和家庭伦理关系是否合乎社会文明的重要的道德标准。它不仅体现在男女双方平等享有婚姻和家庭的权利和权益，也体现在男女双方平等承担婚姻和家庭的义务和责任；同时，这种平等的体现还应当是全面的，就亲子鉴定而论，男女双方都应享有要求对方接受亲子鉴定的权

① 引自《北京科技报》2005年8月17日。

② 孙宏钰等：《6163例亲子鉴定的回顾》，《中山大学学报》（医学科学版）2002年第23期。

③ 参见张蕊：《亲子鉴定，没了血缘丢了亲情》，《北京娱乐信报》2005年1月4日。

利，也都应承担对方要求做亲子鉴定的义务和责任。但是，目前的“亲子鉴定”只是单方面的鉴定，即只能鉴定妻子婚前（婚外）的性行为及后果，却无法鉴定丈夫婚前（婚外）性行为及后果，仅能维护男子亲权。这种权利的不平等势必会给妇女带来人格尊严方面的权益伤害。因为，如果丈夫发现孩子是自己亲生的，他即使再三表示歉意，客观上也已伤害了妻子的人格尊严；如果丈夫发现孩子不是自己亲生的，即使他不提出离婚，妻子也会感到“低人一等”，只能“夹着尾巴做人”，从此失去作为合法妻子应有的人格尊严。很显然，目前的亲子鉴定张扬的是男子亲权的意义和男子的人格尊严，却忽视了女子亲权的意义和女子的人格尊严，实际上是以损害妇女的正当权益和人格尊严为代价的。其直接的危害在于：客观上强化了本已存在的“男尊女卑”“男权中心”和“夫权中心”这类有悖于现代婚姻和家庭伦理文明的旧道德。在这个问题上，过去研究亲子鉴定的学人是极少给予必要的关注的。

第二，诱发和助长夫妻间的不信任情绪，容易导致婚姻和家庭信任危机。婚姻的伦理基础是爱情，爱情的伦理基础是信任，而对性关系的信任又是根本性的信任，这种信任又不是仅凭什么“技术鉴定”的手段就能够获得的。人与人之间的信任是相互的，不信任也是相互的。丈夫提出亲子鉴定无疑是出于对妻子的不信任，这首先就会引起妻子对丈夫的反感和不信任。在这种情况下，妻子不论是为了表明自己的清白还是出于无奈，都会“配合”丈夫的要求，但原有的信任也会随之荡然无存。一个社会，如果动辄就要做亲子鉴定，仅仅以此来维护婚姻的性伦理和血缘伦理，甚至将此当作一种“时尚”，就势必会在全社会造成婚姻和家庭信任危机，影响到婚姻和家庭的稳定性。有对夫妻的感情本来比较稳定，做亲子鉴定的结果证明孩子是丈夫亲生的，但最终还是离婚了。医生介绍说：“丈夫提出做亲子鉴定时，她很爽快地就答应了。既是还自己一个清白，也算是给丈夫一个交代。同时她已经在心底暗自打定主意：既然夫妻之间缺乏了最基本的信任，这段婚姻也该就此结束。”有的研究者一针见血地指出，亲子鉴定虽然能够使家庭血缘关系明晰，但不论丈夫与孩子是否存在亲权的关系，其结果都易于导致感情破裂。据中新网2005年2月6日电，媒体报道称，大量的事实证明，在被鉴定的案例中只有近10%属于非婚生子女，但因亲子鉴定而导致夫妻感情破裂直至离婚的却远远超过10%。远远超过的原因，正是不信任情绪所致。

第三，强化了性关系的生理和血缘伦理意义，弱化了性关系的社会伦理意义，与婚姻关系的现代文明走向不协调。在旧中国，自天子至庶人，性关系的意义被理解为就是为男人宣泄性欲、传宗接代提供“合法”的途径，男子的亲权具有至上性。因此，一个女子新婚之夜若是不能“见红”，就会被视为不光彩、不道德的事情，从此失去在夫家的应有地位；而结婚之后就必须恪守“嫁鸡随鸡、嫁狗随狗”的“妇道”，在性的方面不得有任何婚外的非分之想，否则就是大逆不道，直至遭受灭身之祸。如前所说，专一性的性关系和父母与孩子之间的血缘关系是婚姻的基础，也是家庭伦理的基础，在这点上传统文明与现代文明并无二致。但同时应当看到，血缘关系的伦理价值并不是婚姻和家庭伦理的高级形式，更不是婚姻和家庭伦理的唯一形式，血缘关系之外尚有情感关系，情感关系对于维护婚姻和家庭伦理无疑起到决定性的作用；婚姻和家庭中血缘关系的伦理意义本应是有限的，现代文明更应强调性的专一性和血缘关系的社会伦理意义。目前的亲子鉴定张扬的只是婚姻关系中的性的专一性，维护的是家庭中不同辈分的人之间的血缘关系的伦理意义，却同时忽视了不同辈分的人之间的情感关系的伦理意义，相对于现代家庭伦理文明来看不能不说这是一种倒退。

第四，剥夺了胚胎正常生长的权利，侵害了孩子正当发展的权益，表现出对生命权和发展权的某种蔑视。目前的亲子鉴定对象不少是胚胎，如果被鉴定为非婚受孕，一般都会采取堕胎的方式结束胎儿的生命。这种做法是否合法，目前尚无立法意义上的根据，但有一点是可以肯定的：其与人类理性控制人口盲目增长而实行的堕胎是两码事，事实上是对胎儿生命权的某种蔑视，从生命伦理学的角度看是违背道德的。一般的父母离异会在孩子的心灵上投下一种阴影，由非婚生的原因而导致父母离异的孩子心灵受到的创伤会更严重。当他们赶出原来的家庭之后，在中国这样的历史传统和世俗文化所营造的伦理氛围中名誉会受到严重的侵害，这对孩子今后的健康成长是极为不利的，将会渐渐成为一个突出的社会问题。学界有人就此提出，在解决婚姻和家庭的问题上不应唯夫妻感情是从，有时需要推崇“孩子至上”的观念。此说虽然不尽合理，但有一点是值得注意的，这就是：在解决亲子鉴定所带来的婚姻危机的问题上，不能不考虑到孩子的正当权益及其今后的健康成长。

三、亲子鉴定应慎行

综上所述，亲子鉴定在维护婚姻和家庭伦理的同时，又给婚姻和家庭伦理的维护带来了一系列的新问题，悖论特性非常明显。因此，对亲子鉴定的使用应当采取谨慎的态度，以尽可能减少其负面作用。

首先，应当在全社会确立慎用亲子鉴定的观念，不可因为这项先进技术在鉴定血缘关系和维护婚姻伦理方面的独特作用而盲目加以推崇。科学技术对于维护和推进人类文明来说本来就是一把“双刃剑”，使用不当其负面作用就可能会成为一种灾难。一项科学技术的负面作用，从全社会的角度看或许比较容易化解，以至可以忽略不计，但对于一个家庭来说就可能会是一种灭顶之灾。亲子鉴定的负面作用正具有这样的倾向。从时序看，一项新技术的使用往往会使一部分人先受益，由此而可能会造成利益（权益）关系失衡，引发新的矛盾，这几乎是难免的，但不能因其对一部分人有利就对其引发的新矛盾熟视无睹，正确的选择应当是通过权衡得失和进行价值比较提出恰当的调控措施，尽可能地减退其负面作用，在家庭伦理建设方面更应当作如是观。

其次，要建立和推行有限使用亲子鉴定的体制，即通过制定相关的制度和推行相关的观念，把亲子鉴定限制在特定范围之内。要改变目前那种“只要当事人自愿并交付相关费用就给予做亲子鉴定”的做法，同时要倡导“亲子鉴定的功用在于分清离婚纠纷中抚养孩子的伦理与法理的责任，而不在于诱发夫妻感情破裂和导致婚姻解体”的观念[①]。在我看来，亲子鉴定的适用范围只能限定在两种情况之内，一种情况是为了判定夫妻因感情不和或已经破裂而提出离婚时涉及的孩子的抚养责任与义务的问题。在这种情况下，亲子鉴定只是被用作解决婚姻纠纷的一种司法鉴定手段，一种“不得已而为之”的措施。另一种情况是，与解决婚姻纠纷无关的关于孩子的亲权和抚养责任问题，如纠正在医院发生的“抱错孩子”的错误、打击贩卖儿童的犯罪行为、结束不合法的收养关系等。

再次，为亲子鉴定立法，做出相应的法律规定，实行依法鉴定的严格制度。这样的法律不仅要限定亲子鉴定的适用范围，而且要规定亲子鉴定的使用程序，同时还应当对实施亲子鉴定的相关机构的设备和技术条件及其人员的素质条件等，做出法律意义上的规定，对不完全具备这种条件实施亲子鉴定的机构和相关人员，也要有必须承担相应法律责任的规定。

①《亲子鉴定带来的尴尬》,《中国妇女报》2004年6月22日。

自尊的伦理反思（一）

一、自尊及其结构与意义

自尊，亦即人们平常所说的自尊心，是一个日常用语。从经验上讲，每个人都知道自尊是什么，然而如果被问及“什么是自尊”时，人们的看法会不尽相同，文学、哲学（伦理学）、教育学、心理学都关注自尊，但关于“什么是自尊”的理解和表述却不一样。近代以来，法学和政治学所关注的公民权利和人的尊严与价值也多具有自尊的意蕴。

（一）自尊的含义

心理学关注自尊问题最多，以至于视阐释自尊为自己学科的特权。然而，心理学界目前仍缺乏一个普遍认同的定义。在英文中，自尊这个词来源于拉丁语，是指个体对自身价值的估计。在德语中，自尊是指人们对自己价值的感受。在全球法语地区，称自尊为自爱。牛津英文词典的定义是“欣赏自己”，使用年代可以上溯到古英文。在西方国家，最早的自尊定义是美国心理学家詹姆斯于《心理学原理》一书中提出的著名公式，即自尊＝成功÷抱负。他认为，个人对于自我价值的感受取决于其实际成就与其潜在能力的比值。纳撒尼尔·布兰登在《自尊的六大支柱》中给自尊的界定是：人们在应对生活基本挑战时的自信体验和坚信自己拥有幸福生活权力的意志，对人们的生活有本质的促进作用。此外，还有很多心理学家也从各自的角度对自尊做了界定，如罗杰斯认为，自尊是指自我态度中的情绪和行为成分。科特尔认为自尊是指个人在“积极”与“消极”这一维度上的价值判断。爱泼斯坦在论述自尊时强调情感的重要性[①]。

相比较而言，国内心理学界对“什么是自尊”的回答虽然存在差异，但大体上还是较为一致的。如朱智贤认为自尊是社会评价与个人的自尊需要的关系的反映；顾明远认为自尊是指个体以自我意象和对自身社会价值的理解为基础，对个人的价值值得尊重程度或其重要性所作的评价；林崇德认为自尊是自我意识中具有评价意义的成分，是与自尊需要相联系的、对自我的态度体验，也是心理健康的重要指标之一。再如魏运华在其研究自尊的专著中指出：“所谓自尊，是指人们在社会比较过程中所获得的有关自我价值的评价和体验。”[②]吴俊华在《自尊论》中说：“人的要求自尊或自尊的要求乃是生活在一定社会条件下的结果，是一种社会属性而不是自然的特性。因而我们也就可推论说所谓自我就在他我之内；所谓自我意识就是对其他意识的意识；所谓自尊就是意识到别人对我的意识、承认和重视。”[③]概言之，国内学界多将自尊视为人对自身价值的一种自我肯定的心理活动和意识现象。

这里所说的“人”，应既指人的生命个体，也指人的群体和族群，即所谓“人们”。因此，自尊可因主体的不同而分为个体与集体两种不同的基本类型。群体或族群自尊，主要就是人们平常所说的民族的或国家的自尊，多与民族性格和国格相关联，通常表现为关乎国家和民族生存状态及

① 伊斯雷尔·爱泼斯坦(Israel Epstein，1905-2005)又名艾培，波兰裔中国作家。1915年出生于波兰，自幼随父母定居中国。1931年起在《京津泰晤士报》任新闻工作。1937年任美国联合社记者。1939年在香港参加宋庆龄发起组织的保卫中国同盟，负责宣传工作。抗日战争期间，他努力向世界人民报道中国人民的英勇斗争。日本投降后，他在美国积极参加反对干涉中国内政的斗争。1951年应宋庆龄之邀，回中国参与《中国建设》杂志创刊工作。1957年加入中国籍。1964年加入中国共产党。

② 魏运华：《自尊的心理发展与教育》，北京：北京师范大学出版社2004年版，第38页。

③ 吴俊华：《自尊论》，上海：上海文化出版社1998年版，第29页。

其发展前途与命运的共同体意识。研究自尊和自尊心问题，需要走出把自尊等同于自我，仅关注个体心理问题的思维窠臼。

仅仅基于生命个体，把自尊界说成是尊重自己、维护自己的人格尊严——不容许别人侮辱和歧视的心理状态，而漠视别人同样持有这种心理状态的看法，是不正确的。或可言之，仅在生命个体的人生需要和发展的意义上言说自尊或自尊心，而忽略同时也应在民族和国家的共同体需要的意义上言说自尊或自尊心问题，都是不准确的。实际上，一个人在其集体——民族和国家缺失的自尊的情况下，要维护个人的尊严与价值也会受到限制。这个道理，早已为那种国家沦陷和民族分裂的悲惨历史境遇所证明。当然，集体的自尊需要个体自尊来维护和实现。就是说，个体自尊与集体自尊本是一种相互依存、相得益彰的逻辑关系，缺一不可。

就生命个体而言，除了患先天性智障者，自尊心人皆有之，它是自我的重要组成部分。心理学认为，自我（self）与自我意识（self consciousness），是具有同等含义，主张理解自尊必须先了解自我[①]。所谓自我，是指个体对自己存在的察觉，即自己认识到自己，认识自己的一切，包括自己的生理特性和状况、兴趣爱好、与周围人的关系，以及自己的能力等，总之一切与自己有关的现象与问题，都可以归于自我的结构之中。

初生乳儿混沌未开，分不出我与非我，不知自身的存在。及至牙牙学语，就开始产生自我意识，拥有了区分自身与他身的能力。一般而言，人有了自我意识就有了自尊，自尊心与自我意识同样“古老”。人的自尊正是在自我意识的基础上发展起来的。一个人在具有了自我意识之后，他的自尊就开始表现在他行为的各个方面，最常见的微细表现就是“不好意思”——脸红、爱表现——逞能好强、平常与别的孩子比吃喝比穿戴。未开化的人类也有自己的自尊方式，如用文身或各种奇异的装束来表现美和自己的尊严。精神病患者也多是有自己特别的自尊方式的，不仅如此，许多精神病人的发病原因，多与自尊心没有得到应有的满足有关。

同样之理，世界上每个民族都会有呵护本民族尊严的自尊心，懂得民

① 参见魏运华：《自尊的心理发展与教育》，北京：北京师范大学出版社2004年版，第21页。

族自尊心对于本民族生存和发展之前途和命运的意义。重视自尊或自尊心，是生命个体的心理和人性发展水平处于正常状态的重要标志，也是民族整体和社会处于文明进步状态的基本标志。

对自尊和自尊心的认知存在科学与否之别，自尊和自尊心的表达也存在是否合乎理性分野。人的一生，是是非非，功过曲折，都或多或少、或直接或间接地与其持有的自尊是否合乎科学、是否合理直接相关。历史地看，一个民族的兴衰存亡及其在世界民族大家庭文明之旅中扮演的角色如何，也与其所持的民族自尊心是否合乎科学、合乎理性直接相关。

就是说，不论是属于生命个体意义上的，还是属于群体意义上的，自尊和自尊心的实质内涵都并不完全“属于自己”，理解和把握自尊的一切基本问题的方法论原则，是需要将其置于人己和群己特定关系的社会平台上。

（二）自尊的结构要素与特点

自尊作为人对自身价值的一种自我肯定的心理活动和意识现象，有着内在的构成要素和表现形式，如自知、自主、自立、自信、自爱、自律等。

自知，即知己，知道自己——“我”的实际生存状态和发展趋势与前途，包括自己实际承担的责任及应享有的权利与义务、生存的境遇与发展的可能、自己在他人和群体中的印象等。因此，自知或知己与知他即知彼是有着内在逻辑关系的。事物总是相比较而存在，一个人的自知或知己只有在知彼中才能正确获得。

自主与自立，顾名思义就是该自己决定的事情就自己决定，应是自己做的事情就自己做，用陶行知的话说就是：“吃自己的饭，滴自己的汗，自己的事情，自己干。”[①]总之，自主与自立，强调的是依靠自己的力量解决自己的问题。与自知一样，在有些情况下，自主与自立与理当听取别人意见包括接受别人的必要帮助，并不是矛盾的。不这样看自主和自立，就

① 徐明聪主编：《陶行知德育思想》，合肥：合肥工业大学出版社2009年版，第25页。

有可能会使自主与自立这种可贵的自尊品质，变成自以为是、自命不凡、我行我素、独来独往的人格缺陷。

自信，又称自信心，作为自尊的一种结构要素，简言之就是指相信自己能够成功把握挑战、克服困难和抓住机遇、创造辉煌的预期。美国当代著名心理学家阿尔伯特·班杜拉在其社会学习理论中提出的自我效能感(self-efficacy)，指的就是自信。一般说来，自信与信他并不存在直接的关系，是否信他与自信与否不会发生直接的影响。相反，自信与他信在许多情况下是对立的、相互冲突的，自信心强的人往往恰恰不那么相信他者，而过于相信他者的人却往往缺乏自信心。

自爱，简单地说就是自己爱惜自己。爱惜自己是人之常情。不爱惜自己以至于随意贬低自己的人，不是人生价值观出了问题，就是心理出现了疾病。在自尊的表现或构成要素中，自爱通常被解读为伦理或道德范畴，这是很有道理的。因为自爱一般会与爱他与否相关联。一个真正自尊的人，不会因自爱而成为自私自利的人；反过来看，一个不自爱的人，不见得就会爱他。

自律，通俗地说就是自己管束自己的言行，使之不失之于社会倡导和推行的价值准则与行为规范的要求，也不违背自知、自主、自立和自爱的自我意识。自律受人的意志支配，后者是指人决定达到某种目的而产生的一种心理状态，常以语言或行动表现出来。就自尊实质内涵而论，自律其实也是一种自主、自立、自信和自爱，影响这些自尊要素的实际状态和功能。社会生活中大量的人生实践表明，不少自尊心很强的人，最终会逐渐失去自主、自立、自信和自爱的自我要求，与其缺乏自律的自尊心是直接相关的。从这点来看，自律是自尊构成的一个特殊要素，在维护和优化自尊心的过程中往往起着主导性决定性的关键作用。

不难理解，在以上自尊的构成要素中，自知是自尊的前提，自主、自立和自信反映自尊的常态；自律则是自尊的方向盘和调节器，保障自尊处于正常和健康状态，理性展现自尊的意义。由于各结构要素发展水平和表现形式存在差别，自尊在整体上也表现出不同的类型。

国外心理学界有人依据自尊的稳定性特征，把自尊分为特质自尊（trait self-esteem）和状态自尊（state self-esteem）两种基本类型，即所谓“内隐自尊”与“外显自尊”。前者指的是一种持续的、稳定的自尊，后者是指一种暂时的、不稳定的、随着发生的事情而发生变化的自尊[①]。这种基于表现形态的分类依据，与自尊结构要素的发展水准和结构状态是直接相关的。一般说来，发展水准高一些，各个要素之间结构和关联度合理一些，自尊的稳定性就强一些，反之则不是。

自尊，因其结构各要素发展水平不平衡和关联度不同而表现出诸多特点。如有的自尊更多表现出自知之明的特点，有的自尊表现出特别自主和自立的特点，有的自尊表现出特别自信和要强的特点，有的自尊表现出特别自爱和自律的特点，如此等等。自尊的这些特点，还反映在不同性别、年龄、职业的人们身上。

不仅如此，不同民族的自尊，在同一种结构要素发展水平不平衡和关联度的强弱方面的特点，也是存在差异的。由此而表现出不同的民族自尊心。

（三）自尊的主要表现

自尊各要素的综合反映及其展现的特点，便是自尊的表现。对此，可以基于自尊主体从如下几个方面来进行梳理和概述：

其一，生活目的明确。简单地说，就是对“我为什么活着”有明确的认知，关涉人生目的问题。生活目的明确的人大体上有三种。第一，只是为自己和他们的家庭而活着，显得不是那么高尚，但他们并不因此而侵害他人和社会集体，社会道德评价上不会视他们为不道德的人。第二，主要是为他者和国家集体而活着，乐于助人，乐于为国家集体作贡献，社会道德评价上会视他们为道德高尚者。第三，既为自己也为他者而活着，这样的人为数最多。这些“活着”的目的都是十分明确的。从道德上看，他们的人生目的有高下之分，但他们的人生目的都属于健康的自尊心范畴。

① 参见魏运华：《自尊的心理发展与教育》，北京：北京师范大学出版社2004年版，第50页。

其二，乐于承担责任。表现为对自己及个人所生活的时代负责的态度。这里所说的负责，事实上存在一种对自己责任与对社会的责任关系。对自己负责作为一种自尊的表现，也是对社会负责的立足点和根据所在。缺乏自尊、不能对自己负责的人多不具有对国家和社会负责的责任心，也是很难做到对社会负责的。一个具有健康或正常自尊心的人，应当能够理性地看待对于自己与对国家和社会之间的责任关系，并且立足于做好自己面对的学习和工作上的事情。

其三，能够悦纳自我。简单地说就是喜欢自己，接受自己与生俱来的生理和环境条件。在人生旅途的任何情况下，都能接受自己。有的人在遇上难以应对的麻烦、遭受挫折和失败的情况下，便看不起自己，生自己的气，变得自卑强烈，甚至由此而患上抑郁症，甚至走上自绝于世的不归路，这些都是缺乏自尊的典型表现。由此来看，悦纳自我作为自尊的一种表现，包含着意志力的成分。真正自尊的人是意志坚强的人，古往今来的英雄都具有这样的品格。

其四，重视维护尊严。尊严，一般是指人格，与自尊具有同质的含义。自尊的人，重视维护个人名誉，同时重视规避可能陷落某种耻辱，视名誉为自己的第二生命，视耻辱为自己不齿的丑事。在实际的社会生活中，这样的人多重视自己的“面子”，一般不会轻易放弃自己的意见和主张，他们敢于提出疑问，敢于坚持己见，敢于挑战权威。有的人更善于缄默，不该说的话不说，不该说话的时候不说话。当然，这种自尊的人当中，也有固执己见者，他们重视维护尊严的选择所表现出来的实则是一种人格缺陷。还有一种人，他们重视维护尊严却往往采取放弃尊严的方式，如阿谀奉承、逢迎拍马等。

其五，自我评价准确。这是健康或正常的自尊的重要表现。所谓准确评价自我，简言之就是对自己诚实无欺。属于实现和维护自尊的能力范畴。自尊，不论是何种要素，也不论其关联度如何，都与实现或满足自尊的能力相关。这种能力如何，自己心里明白，旁观者也清楚，能否准确评价这种能力，一般都会受到自尊的影响。乐做自己力所能及的事情是一种自尊的表现，勇做自己力所难及的事情也是自尊的一种表现。然而，好高骛远，所表现出来的就是一种不健康的自尊心了。

（四）自尊的意义

自尊的意义，可以从很多方面加以分析和阐述。但须知，自尊本质上属于经验范畴，理解自尊的意义并不需要多少高深的学问，研究和阐发自尊的意义一般也不是什么学术活动，用经验的方法就可以加以证明，甚至"举例说明"就可以了。这样说，并不是要否认对自尊意义的把握不需要理性思维。理解和把握自尊的意义，总的说来有助于人们培养健康的自尊心。对此，可以从个体和民族两个方面来加以分析和说明。

从个体来看，自尊会激励和鞭策人去追求人生价值，义无反顾地实现人生价值。一般说来，追求和实现人生价值固然离不开正确的人生观和价值观的指导，但这并不等于说有了正确的人生观和价值观的人，就一定会自觉地去追求人生价值，实现人生价值。如果说，人生价值观是人生发展和前进道路上的指路明灯，那么，自尊就是竖立指路明灯的心理基石。一个自尊的人，明白追求和实现人生价值需要作为社会理性的正确的人生价值观的指导，但同时也懂得仅仅如此是不够的，除此之外还需要有自知、自主、自立、自信、自爱、自律等自尊要素及其彼此关联结合而成的心理基础。把这些"属于自己的理性"与属于社会理性的正确的人生价值观统一起来，才能有效追求人生价值，实现人生价值。这里需要特别说明的是，这里所说的人生价值，既是学业、职业和事业意义上的，也是伦理道德意义上的。

不仅如此，自尊对于个体的意义还表现在，可以帮助主体运用自主、自爱、自律要素适时调整人生姿态，避免人生追求的过程中可能出现的失误和挫折，最终达到实现人生价值的目标。并且，可以帮助主体从中总结人生经验，包括总结因失去自尊而造成人生挫折或失败的教训，从中加深对自尊意义的认识。

古人云：哀莫大于心死。这里所说的"心"，就是自尊心。一般说来任何人的人生道路都不会一帆风顺，缺乏应有的健康或正常自尊心的人其人生处境和发展道路更可能会是磕磕碰碰的。至于那些抱有自轻自贱、破罐破摔心态的人，则可能会遭遇可悲的人生结局。

考察自尊的意义，还可以基于尊重的视角。在社会生活中，自尊与尊重是相互关联的，如身影相随。在人际相处和交往中，自尊的人会得到自尊的人的尊重，尊重自尊的人会得到自尊的人的尊重。由此，彼此会受到鼓舞和激励，激发和获得人生发展的动力，努力搞好各自的学习和工作，充分施展各自的才华，实现自己应有的人生价值。

就民族自尊而言，自尊的意义同样可以用经验的方法加以说明。民族自尊心是指尊重本民族、反对外来歧视和欺侮的整体心理素质。正确理解民族自尊心，其意义主要体现在它是维护民族尊严和民族利益、坚决反对种族歧视和外族压迫、实行民族自立自强自卫的心理和思想基础。中华民族以自己优秀的民族传统自立于世界民族之林，在改革开放和对外交往中，每个人都应增强民族自尊心，自重自爱，保持国格人格。为此，大力提倡学习中华民族的历史，坚持反对恶意歪曲和否定中华民族历史的历史虚无主义，坚决反对崇洋媚外的民族虚无主义，是十分必要的。

关于自尊及其意义的研究，这里有必要指出的是，如今学界存在一种应当纠正的倾向，这就是：把本属于经验层面的自尊问题说得很复杂；把本来有点复杂的问题说得让业外的人们听不懂，看不明白；把本来完全可以用中国话说得很清楚的问题改用外语来表达。须知，自尊心人皆有之，当今人类处于激烈的社会竞争之中，需要健康或正常的自尊心，关于自尊基本问题的知识需要能够让人人明白，它的研究活动及其成果，应以助推自己实现社会化和大众化为主旨。

当然，这样说，并不是要否认在形而上学层面或运用现代科学实验技术研究自尊的必要性。

二、自尊的多学科视域

作为自尊的基本理论话题，不能不看到自尊实际上属于多学科关注和研究的对象，若是仅视其为心理学的对象那就是一种学科误识，很难认识自尊的基本面貌。故而，此处特别单列一个专题来讨论自尊的多学科视角问题，意在将自尊研究真正置于科学史理性的视域之内，纠正一直以来这种不该有的偏向，大体叙述一下人类认知和表达自尊的基本情况。

（一）文学视域内的自尊

学界一般认为，文学是指以语言文字为工具形象化地反映客观现实、表现作家心灵世界的艺术，包括诗歌、散文、小说、剧本、寓言童话等，是文化的重要表现形式，以不同的形式（称作体裁）表现内心情感再现一定时期和一定地域的社会生活。作为学科门类理解的文学包括中国语言文学、外国语言文学、新闻传播学。

文学是最早关注和表达自尊的学科。文学叙事绘人历来特别关注事件的典型属性和人的典型个性，通过典型事件表达人的个性尤其是自尊品格，以表达文学作为一种“人学”的使命和意义。近代以来，文学的这种使命意识和意义取向更为明显。

文学视域内的自尊，不仅表现在文学作品的创作方面，也表现在文学批评的诸多领域。关注和表达自尊，既是文学现象出现和发展的内在张力，也是作者成就他们事业的人生动力和价值所在。

就文学创作的作品而言，不论是神话、诗歌、小说还是戏剧，创作者都会自觉或不自觉地把自己的“自我肯定”的意识反映在作品之中，赋予作品主题和主人翁以某种自尊的品质。这种品质，更多的是通过文学作品塑造的性格、呈现的意境、描绘的事件、推动的情节、演绎的律动等方法表现出来。

在中国文学史上，文学关注和表达自尊既可以从远古时期的洪荒歌谣和神话传说、抒情言志的伟大起点《诗经》、先秦轴心时代的诸子散文、乱世悲歌与名士风流的魏晋骈文及记人叙事的典故中略知一二，也可以从由全盛而走向衰落的唐宋诗词悟出其中的意蕴，更可以从明清的小说特别是诸如《三国演义》《西游记》《三言二拍》《聊斋志异》《儒林外史》《红楼梦》塑造的那些栩栩如生的人物性格，体验感悟出来。

文学创作表达自尊，首先值得关注的便是神话。神话反映的是原始人对其周围世界和他们自身的奥秘的某些探索。不言而喻，原始人所创造的那些神以及各种巨大莫测的神威，只不过是还没有被人们认识的各种自然威力在人们头脑中所引起的幼稚的幻想而已，是原始人通过幻想把各种各样的自然力加以形象化、人格化的产物。

茅盾曾就古代神话存在诸多“不合理原因”指出：“最初原始形式的神话，必十分简陋；后经古代诗人引用，加以修改藻饰，方乃谲丽多趣。但是那些正是代表原始人民之思想与生活之荒诞不合理的部分，古代诗人虽憎恶之，而因是前人所遗，亦不敢削去，仅略加粉饰而已。这便是文明民族如希腊、北欧、中国的神话里尚存有不合理部分的原因。”[①]神话，是一种看似荒诞的无稽之谈，实则不是。它作为一种古老的文学作品，记录了早期人类对自然和自身的理解，对于宇宙万物的认识，以及在这一认识过程中所表现的独特的思维方式和幻想的故事。

实际上，世界上有影响的宗教的出现在原初的意义上多与神话传说有关，在成型之后也都带有明显的神话特性。印度的佛经，一部分就是神话，耶稣教的《圣经》其实就是神话。宗教的经典文本，多既是道德哲学或伦理学的作品，也是文学作品。作为文学作品，神话与宗教的相同或相似之处是来源于传说，不同之处主要在于前者以神性谕示人事，后者则直接以信仰教条指示和引导人。在当今之世，神话已经失去其谕示人事的功能，退出世俗社会，而宗教却仍在发挥着干预世俗生活的巨大作用。

中国古代神话主要散见于《山海经》《庄子》《楚辞》《淮南子》《列子》《穆天子传》等古籍中。其中许多主人翁似神似人亦似物（鱼、鸟

① 茅盾:《神话研究》,天津:百花文艺出版社1981年版,第13页。

等)，而叙述的事件或故事则都是人事。如《庄子·逍遥游》曰："北冥有鱼，其名为鲲。鲲之大，不知其几千里也。化而为鸟，其名为鹏。鹏之背，不知其几千里也。怒而飞，其翼若垂天之云……鹏之徙于南冥也，水击三千里，抟扶摇而上者九万里，去以六月息者也。"这里所说是"物事"，似乎与人事毫无关联，其实不然，它是在说人事，所表达的人的自尊自强的精神是何等有气魄。至于直接描写的神话人物，其展示的自尊自立精神更是显得光彩照人。如填海的精卫、补天的女娲、射日的后羿、追日的夸父、奔月的嫦娥、治水的鲧禹、移山的愚翁等。他们的自尊自强的人格对一代代中国后人的成长，都起着启蒙和鞭策的教化作用。他们在中国，至今依然都是家喻户晓的古代英雄。

中国汉以后的诗歌散文，特别是宋元明之后的叙事小说和戏剧中的人物，大多独具自尊的性格特征。大凡小说，都必塑造有主人翁和其他人物形象。所谓小说，其根源实则是神话和传说，在中国旧文学里看得并不是很重要。班固《汉书·艺文志》说："小说家者之流，盖出于稗官。街谈巷语、道听途说者所造也。孔子曰：'虽小道。必有可观者焉。致远恐泥，是以君子弗为也。'然亦弗灭也。闾里小智者所及，亦使缀而不忘。"[①]中国如今所说的小说，英文称其为story，或fiction、novel、tale、romance[②]。中国今人认为是小说的，古人其实多并没有当作小说看待，但是中国古代小说所叙述和描写的人物虽然各种各样，却都与自尊品格相关。如曹操、张飞、周瑜、李逵、武松、鲁智深、孙悟空、哪吒等无不具有鲜明的自尊个性特征，他们都是世代中国人心目中的英雄。描写他们的《三国演义》《水浒传》《西游记》，在中国历史上实际上充当了道德教化的教科书。中国近现代以来的文学创作塑造的人物，更是具有鲜明自尊个性。很多人在幼年时期就通过阅读和听讲（评书）等途径，知道"哪吒闹海""孙悟空三打白骨精"的故事，从中受到不向恶势力低头的教育。当代文学创作

① 稗官，古时喻言小官。这种官职事无大事，只是周游民间，专门采集民间发生的琐碎小事情，报告给政府知道。

② 转引自胡怀琛：《中国小说研究》，北京：中国书籍出版社2006年版，第3页。

中，唯有那些反映人的自尊品质的影视作品才能给人们留下深刻的影响，如《检察官》《红高粱》《秋菊打官司》《亮剑》等。

文学研究包括文学理论和文学批评，关注的大多是文学的本质亦即“文学是什么”的问题，强调文学要表达人的个性，以关注和表达人对于生存状态的自尊自觉意识以及对于美好生活前景的向往和追求为己任。

中国文学批评史上，涉论人的自尊不多，但是涉及中华民族自尊精神却很多。这里最值得一提的是鲁迅。毛泽东曾在《新民主主义论》中称赞“鲁迅的骨头是最硬的，他没有丝毫的奴颜和媚骨，这是殖民地半殖民地人民最可宝贵的性格”[①]。他在《七绝二首·纪念鲁迅八十寿辰》（1961年9月）中写道：

（其一）

博大胆识铁石坚，刀光剑影任翔旋。

龙华喋血不眠夜，犹制小诗赋管弦。

（其二）

鉴湖越台名士乡，忧忡为国痛断肠。

剑南歌接秋风吟，一例氤氲入诗囊。

——摘自《毛泽东诗词集》[②]

鲁迅作为中国现代文学的奠基人，不但在文学作品创作上开了一代新风，推出一批如《狂人日记》《阿Q正传》《孔乙己》《故乡》《社戏》等家喻户晓的不朽之作，而且在文学理论和文学批评方面也卓有建树。1907年，他在《摩罗诗力说》中评价19世纪欧洲浪漫主义“摩罗”的批评论文中，呼唤中国也能出现一批这样的“精神界展示”，以“发为雄声，以其过人之新生，而大其国义天下”，也就是祈求文学启蒙，文学救国。鲁迅看到，在封建制度和封建思想的束缚下，国家“发展既央，隳败随起”，

①《毛泽东选集》第2卷，北京：人民出版社1991年版，第698页。

② 中共中央文献研究室：《毛泽东诗词集》，北京：中央文献出版社1996年版，第205页。

民族精神萎靡“若渊默而无动”。国家民族要新生自强，发展壮大，首先就要“立人”，也就是要发展自尊自强的自我，个性解放，使国民“自觉之声发”。在他看来，“诗人者，撄人心者也”，凡人心都有“诗”，重要的问题是要人文学家去“撄”。他在《科学史教篇》和《文化偏至论》等文中，强调人性进化的重要。鲁迅的很多作品都凸显了呼吁必须解放人性和发展个性、向封建势力及其腐朽思想展开坚决的斗争的主体。在他看来，中国人的当务之急是“一要生存，二要温饱，三要发展”[①]。

关于鲁迅，最后还应特别值得提到的是，他为中华民族的苦难和求解放而呐喊，以笔代戈，战斗一生，表现出鲜明的个人自尊和民族自尊的人格和“横眉冷对千夫指，俯首甘为孺子牛”的精神，无愧为当今中国知识分子学习和效法的杰出楷模。鲁迅身后留下的小说集《呐喊》《彷徨》《故事新编》等，散文集《朝花夕拾》，散文诗集《野草》，杂文集《坟》《热风》《华盖集》《华盖集续编》《南腔北调集》《三闲集》《二心集》《而已集》《且介亭杂文》等，成为中华民族的精神宝库，其中有数十篇被选入中、小学语文课本，并有多部小说被先后改编成电影。

西方人关注和表达自尊的文学，最早可以追溯到既是哲学伦理学也是文学的《荷马史诗》[②]。荷马时代，希腊处于从氏族制度向奴隶制度过渡时期，《荷马史诗》通过对阿喀琉斯不计前嫌、为民族英勇杀敌，最后战死疆场的描写，歌颂了“为国捐躯，虽死犹荣”的爱国主义和英雄主义精神，同时也高扬了一种民族自尊心的可贵品质。不难理解，这当中同时也彰显了一种高度重视自我价值和尊严的自尊心。本来，民族自尊心与个体的自尊心就存着内在的逻辑关联。很难想象，一个具有强烈的民族自尊心的人，会是一个不自尊的人。当然，这种逻辑不可以反过来推论，以为一个自尊心很强的人一定会有强烈的民族自尊心。实际情况往往相反，一个自尊心很强的人在关键的时候很可能失却起码的民族自尊心，因为他的自

① 鲁迅:《华盖集·忽然想到》(六)。

②《荷马史诗》相传是由古希腊盲诗人荷马创作的两部长篇史诗——《伊利亚特》和《奥德赛》的统称,是他根据民间流传的短歌综合编写而成,共24卷,集古希腊口述文学之大成,是古希腊最伟大的文学作品和哲学伦理学作品。

尊本来就缺乏应有的伦理精神和道德素养。

西班牙作家塞万提斯的长篇小说《堂吉诃德》中的同名主人翁堂吉诃德，因迷恋古代骑士小说而将自己装扮成古代骑士，极力要创建自己锄强扶弱的骑士伟业和“太平盛世”。其诸多置自己生死于度外的举动，尽管违背常识，有的近乎荒诞，却无不投射出他那种特殊的自尊心，故成为流传甚广的喜剧式人物。

苏联作家尼古拉·奥斯特洛夫斯基1933年写成长篇小说《钢铁是怎样炼成的》。书中记叙主人翁的成长道路告诉人们，一个人只有在革命的艰难困苦中战胜敌人也战胜自己，只有在把自己的追求和祖国、人民的利益联系在一起的时候，才会创造出奇迹，才会成长为钢铁战士。保尔·柯察金是一个自立自强的英雄。他的英雄主义精神曾经影响了整整一代中国年轻人。

法国著名现实主义作家阿尔丰斯·都德（1840—1897年）的《最后一课》，是一部赞颂民族自尊的短篇小说。写的是普法战争后法国战败，割让了阿尔萨斯和洛林两地。普鲁士占领后禁教法语，改教德语，爱国的法国师生上了最后一堂法语课。这部流传甚广的经典短篇小说1912年被胡适首次翻译介绍到中国，从此，在一个多世纪的时间里，它被长期选入我国的中学语文教材，超越了不同时期、不同意识形态的阻隔，成为在中国家喻户晓、最具群众基础的爱国主义教育名篇。

下面摘录《最后一课》那些高扬民族自尊心、感人肺腑的文字：

整个教室有一种不平常的严肃的气氛。

我看见这些情形，正在诧异，韩麦尔先生已经坐上椅子，像刚才对我说话那样，又柔和又严肃地对我们说：“我的孩子们，这是我最后一次给你们上课了。柏林已经来了命令，阿尔萨斯和洛林的学校只许教德语了。新老师明天就到。今天是你们最后一堂法语课，我希望你们多多用心学习。”我听了这几句话，心里万分难过。啊，那些坏家伙，他们贴在镇公所布告牌上的，原来就是这么一回事！

我的最后一堂法语课!

我几乎还不会作文呢!我再也不能学法语了!难道这样就算了吗?我从前没好好学习，旷了课去找鸟窝，到萨尔河上去溜冰……想起这些，我多么懊悔!我这些课本，语法啦，历史啦，刚才我还觉得那么讨厌，带着又那么沉重，现在都好像是我的老朋友，舍不得跟它们分手了。还有韩麦尔先生也一样。他就要离开了，我再也不能看见他了!想起这些，我忘了他给我的惩罚，忘了我挨的戒尺。

可怜的人!

……镇上那些老年人为什么来坐在教室里。这好像告诉我，他们也懊悔当初没常到学校里来。他们像是用这种方式来感谢我们老师四十年来忠诚的服务，来表示对就要失去的国土的敬意。

……

他转身朝着黑板，拿起一支粉笔，使出全身的力量，写了两个大字：

“法兰西万岁!”

现代以来中西方的文学包括影视作品的创作，多保持了这种注重表达人的自尊传统，并且特别注意演绎具有悖论性质的中心事件，展现人物的自尊品质。在中国，冯小刚执导的影片《天下无贼》，以其常态的题材和主题出奇制胜，赢得家喻户晓、感人至深的艺术感染力。影片描写了男贼王薄和女贼王丽本是一对扒窃搭档，也是一对浪迹天涯的亡命恋人。他们在一列火车上遇到了一个刚从高原上挣了一笔钱要回老家盖房子娶媳妇、不相信天下有贼的名叫傻根的农民，王薄最初想对他下手，后来却被他的纯朴所打动，决定保护傻根，圆他一个天下无贼的梦想。就这样，男贼王薄和女贼王丽因“良心发现”而由坏人变成好人。黄建新执导的电影《求求你表扬我》中的主人翁杨红旗，为了赢回“做儿子的尊严”而苦求报社登报表扬自己见义勇为的故事，看了催人泪下。西方现代文学以安乐死为题材的作品，大多是以高扬生命和人生尊严为主题的。如根据雷蒙·桑佩德罗的真实故事改编，由亚历桑德罗·阿曼巴执导的影片《深海长眠》，就是这样的代表作。影片写道：主人翁雷蒙因意外事故高位截瘫，他在床上躺了26年之后向政府申请安乐死，受到拒绝。最后，他还是用自己的方式实现了他的愿望，沉入他深爱的大海。影片高扬了人的生命尊严。

总之，文学不论是东方还是西方，各国无不以关注和表达人们的自尊特别是民族自尊心为己任，体现文学关注人和表达人的本质特性。

（二）哲学视域内的自尊

自尊作为哲学的研究对象，与“主体性”和“自我”这两个概念密切关联。一切形态的哲学，不论是唯心论的还是唯物论的，也不论是认识论的还是实践论的，都会肯定个人的主体性和生命个体的真实存在。这种认知，是确认自尊作为哲学范畴的逻辑前提和基础。然而令人深思的是，至今没有哪一种哲学包括马克思主义哲学，公开视自尊为自己的特定范畴。不能不说，这是哲学史上最大的一个学科盲区，而哲学至今对此都尚没有起码的学科自觉。

哲学视域内的自尊问题，多与人们熟知的主体和主体性、主体意识和主体精神密切相关，一般以自我意识的形式出现。作为哲学范畴的自我意识，属于个体作为主体的认知范畴，指的是人对自己的属性、状态、行为、意识活动的认识和体验，表现为对自身的情感、意志和行为方式进行调节、控制的过程。哲学范畴的自尊，实质内涵可以一言以蔽之：强调认识自己的重要性，以自尊和自爱的方式认识和把握自己的思维和行为。

中国人自古以来十分重视自尊和自爱，关于自尊的哲学思考和记述多是伦理学和道德主张意义上的，集中表现在重视知荣辱和知羞耻的自我意识和人格修养，并且多具有人格与国格相一致的特性。这方面的美德故事很多，流传至今的“不食嗟来之食”①和“晏子使楚”②的美谈，赞扬的就

① 参见《礼记·檀弓》：“齐大饥。黔敖为食于路，以待饿者而食之。有饿者，蒙袂辑屦，贸贸然而来。黔敖左奉食，右执饮，曰：‘嗟！来食！’扬其目而视之，曰：‘予惟不食嗟来之食，以至于斯也！’从而谢焉，终不食而死。”

② 春秋末期，齐国大夫晏子出使楚国，晏子巧妙回击楚王三次侮辱（如“楚人以晏子短，楚人为小门于大门之侧而延晏子。晏子不入，曰：‘使狗国者从狗门入，今臣使楚，不当从此门入。’”）维护了自己和国家的尊严。

是这种自尊。

中国古代还有许多著述，直接将自尊的道德人格与国家治理关联起来，主张将其运用到人才培育和治国理政的基本方略上。如在孔子看来，“行己有耻，使于四方，不辱君命，可谓士矣”[①]，又说：“道之以政，齐之以刑，民免而无耻；道之以德，齐之以礼，有耻且格”[②]。故他主张“为政以德”，认为“为政以德，譬如北辰，居其所而众星共之”[③]。孟子则认为有无羞耻感的自我意识，是人之为人的基本标志：“无羞恶之心，非人也”“耻之于人大矣”“不耻不若人，何若人有？”[④]荀子承接了孔子“君子喻于义，小人喻于利”[⑤]的义利观，将关于荣辱与否的自尊意识与对待义与利的道德态度关联其来，说：“先义而后利者荣，先利而后义者辱。”[⑥]经汉唐而至宋明以来，中国古代视荣辱和知耻知羞为道德自尊要素，以至于将其作为“做人”的基本尺度。如朱熹说：“耻者，吾所固有羞恶之心也。存之则进于圣贤，失之则入于禽兽，故所系为甚大。”[⑦]陆九渊说：“夫人之患莫大于无耻，人而无耻，果何谓人哉？”[⑧]在陆九渊看来，人唯有自爱自惜，方能知耻而自尊，他说：“人唯有知所贵，然后知所耻。”[⑨]

概观之，中国古代哲学关注自尊问题多立足于伦理与道德的视角，将人皆而有之的自尊归于荣辱观念和知耻知羞意识。自尊在中国传统文化史上属于道德范畴。故清代以后的思想家们多直接在道德的意义上言说知耻之道德教化的重要性。如龚自珍说：“上下皆无耻，则何以为国？因此，要使国家振兴，当‘以教之耻为先’。”[⑩]

①《论语·为政》。
②《论语·为政》。
③《论语·为政》。
④《孟子·尽心上》。
⑤《论语·里仁》
⑥《荀子·荣辱》。
⑦朱熹:《孟子集注》。
⑧《陆九渊集》。
⑨《陆九渊集》。
⑩《明良论》。

如果说，中国古代与荣辱观和知耻知羞相关联的自尊思想，更多的是重视内心的“里子”的道德人格，那么到了近现代则更重视“面子”或“脸面”的尊严感，重视人的人格尊严和声誉。这种悄然发生的变化，究其原因，总的来说与中国近现代以来社会发生的变化是直接相关的。

值得注意的是，中国历史上文学和哲学关注自尊所表达人格精神，已经成为中华优秀传统文化的重要组成部分。其间，特别值得令人注意的是这种优秀自尊文化的建构者们的优秀品格。孔子一生颠沛流离，一度“惶惶然如丧家之犬”，然而矢志不渝，坚持聚众讲学，为的是实现“吾从周”的个人理想，恢复像周代那样有伦理和道德秩序“礼”（不可将“吾从周”直译恢复像周代那样的“礼”），由此而成为中华民族文化的奠基者，被后世尊奉为“大成至圣文宣王”，与其对自己人生价值和人格尊严的肯定和尊重是否有关呢？回答应是肯定的。同样之理，苏格拉底为坚守他的真理而毅然赴死，不能不说其间也包含一种对于自己的尊严和价值的肯定和尊重。

哲学史上，主观唯心主义哲学多关注人的自我，强调从自我出发认识世界和把握自我的重要性。其中，又以唯我论哲学表现最为突出。它或者从个人的感觉经验出发，或者从个人的精神活动出发，把世界看作是个人感知的结果或者个人精神创造的产物。根据这种观点，只有自我及其意识才是唯一真实的、本原性的存在，唯有我是世界的创造者，是世界上唯一的实体，我才是一切。西方哲学史的主观唯心主义认识论哲学，大多具有这样的特点。

德国约翰·戈特利布·费希特的哲学，在西方哲学史上有重要影响，康德谈论“自我”，具有理论理性和实践理性的二元论特性，而在费希特看来，人类的一切活动只有一个本原，这就是自我。他的“知识学”哲学体系有三条基本原理，即“自我”在纯粹抽象的活动中假定自身、“自我”设定“非我”“自我”在自身中把一个不可分割的“非我”与可分割的“自我”对立起来，从而使得“自我”与“非我”在自我意识中时常相互限制又彼此相关。费希特基于此，把“自我”和“自我意识”规定为一切事物无条件的出发点。他说："自我是一切实在的源泉。只有通过自我，并且与自我一起，才得出了实在这个概念。"①

值得注意的是，关注自尊的哲学不论属于哪一种，也不论是关于本体论、认识论还是实践论的意见，都与道德哲学或伦理学相关，抑或与人生哲学相关。不过，尽管如此，也不应将此与伦理学视域内的自尊相提并论。

（三）伦理学视域内的自尊

伦理学视域内的自尊，属于个体道德范畴，在中国传统伦理思想史上与良心和尊严感具有同等含义。

良心一词，最早见于《孟子·告子上》"其所以放其良心者"一语。中国学界一般认为，良心是一种直觉性的稳定的心理状态，指的是人们对自己所思所为的是非、善恶及应承担道德责任的判断和认知，是各种道德情感和情绪在自我意识中的统一。在道德上，良心既是一种自我认知和选择能力，也是一种自我评价和监督能力。

在人们的社会道德生活中，良心作为伦理学视域内的自尊范畴通常表现为良知和良能两种相互关联的道德能力。良知表现为人们观察和判断自我面临道德生活情境的能力，良能表现为人们进行道德选择和价值实现的能力。良知与良能都属道德智慧范畴。两者之间，良知是道德选择和价值实现的前提和基础，良能推进道德选择和价值实现过程的逻辑力量。缺乏良知，所谓道德选择和价值实现就无从谈起，而缺乏良能，道德价值实现的结果可能就会成为一种悖论事实。王阳明特别强调"致良知"的重要性，说："无善无恶是心之体，有善有恶是意之动，知善知恶是良知，为善去恶是格物。"②他强调良知的重要性，却同时忽视了良能的重要性。这是阳明心学的一个缺陷。

---

① [德]约翰·戈特利布·费希特:《论学者的使命人的使命》译者"费希特哲学实现兼评"之序,梁志学、沈真译,北京:商务印书馆1984年版,第8、9页。

② 转引自罗国杰主编:《伦理学名词解释》,北京:人民出版社1984年版,第280页。

良心的形成自然与人的某些本能有关，在这点上抑或可以说，良心带有某种动物的特性。但是，良心本质上不是动物本能，也不是与生俱来的，而是人后天接受道德教育和进行自我修养的结果。

由于道德是历史的民族的范畴，所以良知良能也是历史的民族的范畴，不同民族对良心有不同的理解，同一个民族在不同的历史时代对良心也有不同的理解。孟子关于“人之所不学而能者，其良能也；所不虑而知者，其良知也”[①]的看法，其实并不正确。

尊严感，作为伦理学视域内个体道德的自尊范畴，在中国人的日常道德生活里一般被理解为“脸面”或“面子”。在中国人看来，“丢脸”或“丢面子”是很严重的个体道德事件或道德事故，不仅会使人觉得丢失道德风貌的人生价值，甚至会被认为失去人的价值，活着没意义。生活表明，自杀现象大多与发生“丢脸”或“丢面子”的道德事件有关。

自古以来，中外伦理学都具有十分明显的维护政治伦理和利他主义的倾向，中国伦理学同时还特别强调民族自尊意识和自豪感的道德价值，并将良心作为培育和体现个体道德的德性基础。这些，无疑都是无可非议的。但同时也应看到，忽视尊严感的伦理学意义，不能将自尊和尊严感同良心联系起来，是一种需要加以澄明的学科盲区。伦理学研究有必要引进自尊和尊严感，将自尊作为道德范畴来看待。

（四）心理学视域内的自尊

心理学，具体来说是社会心理学和人格心理学，一直把自尊作为自己的对象和范畴，著述真是浩如烟海。至19世纪末，美国本土第一位哲学家和心理学家威廉·詹姆斯（William James，1842—1910）通过自己的杰出工作使得自尊正式成为心理学的研究领域。

威廉·詹姆斯的贡献主要表现在：提出自我具有主体我和客体我的两重性的学理命题。他认为，自我有自我知觉，自尊和自我行动三种表现形式，并据此对客体我作了物质自我、社会自我和精神自我的区分，进而对

①《孟子·尽心上》。

自尊心理产生的机制及其行为意义做了分析。詹姆斯因其对于心理学的理论创新和贡献，而被美国称为心理学之父，同时也成为世界自尊研究领域内公认的奠基者和里程碑式人物。

20世纪初以来，自尊心研究在西方学界随着心理学研究的进展而得到进一步的发展。1902年，美国社会学家查尔斯·霍顿·库利（Charles Horton Cooley，1864—1929）出版了《人的本性和社会控制》。他在这部著作中提出后来影响很大的“镜像自我”的命题，认为人只有以社会生活为中介，才能发现他自己，才能意识到他的个体性。因此，一个人认识自己，以形成自己的看法和感觉，就需要借助他人的言谈话语和行为举止，以形成关于自我的视像①。

中国近代以来心理学关注人的自尊问题，大体上承接了中国古代伦理思想家关注自尊问题的传统，同样多限于伦理与道德的视角。如一些学者把中国人看重的自尊称为“脸面”，代表一个人在认知和践行社会道德规范方面所获得的荣誉或名誉。不能获得这种荣誉或名誉则是“丢脸”的事情。这种自尊观，实质内涵是人的道德人格和“道德人”的尊严与价值。这种近代学术史现象，在20世纪20年代的“人生观大讨论”和多种样式的伦理学著述中都有表现。这种研究范式到了20世纪末，随着对外开放之风开始发生改变。教育心理学家佐斌教授撰写的《中国人的脸与面：本土社会心理学探索》，实则是一本基于伦理学或道德哲学学理考察的学术专著，具有一定的代表性。

中国近代以来的心理学视域内的自尊研究，在中国台湾地区的学界也有反映，一些学者专心于道德人格的认知心理包括认知历程和认知模式的研究。

关于心理学视域内的自尊研究，这里有必要指出：中国大陆学界关于自尊研究有种意见认为，自尊研究是近代以来的学科现象，并仅将其归属为心理学的视域，这是不正确的。自尊心多种多样，形形色色，由此而呈

① 参见闫振存:《论主体自我教育的内在机制及其对当代教育的启示》,《北京师范大学学报》2005年第5期。

现一种自尊心谱系，成为多学科范畴。不同的学科，对自尊心的本质特性及实质内涵有不同的界说，并关涉自尊心的不同形态。人们的自尊心究竟有多少种，很难说得清楚，只能在主要学科视域内给予大体上的考察。

（五）社会学视域内的自尊

社会学起源于19世纪末期，是一门从社会哲学分离演化出来的现代社会科学学科，专门研究社会作为一种整体的事实存在，视角涉及人的社会行为、社会结构、社会问题等以及社会关系（人际关系）等范围。在涉及社会关系或人际关系的领域内，社会学关注人的自尊问题。社会学视角中的自尊，一般都认为个人的本质和意义在于自由和创造，而个体创造的目的仅在于消除个人与物质、个别与普遍、自由与必然、发现自己与自我献身之间的对立。因此，自尊总是伴随着人对于自我实现和自我确定的永无止境的人生价值追求，具有十分鲜明的伦理与道德意义。`

社会学认为，在社会与个体的整体中"发现自己"，应是一个人思考和把握自尊的永恒主题。自尊的人不应该故步自封，不应该以邻为壑，不应该与世隔绝，而应该努力寻求与他者融洽的处世之道，努力建立与他所在的社会的融合关系。否则，必然会时常感到孤独无助，难成好事，甚至一事无成。

这方面的研究，特别值得关注的是20世纪后半叶的苏联。20世纪六七十年代，苏联曾有关注自尊问题的大量的社会学专著出版，如伊·谢·科恩的《个人社会学》和《自我论——个人与个人自我意识》等。前书曾获苏联社会学学会一等奖，后书中译本1986年由三联书店出版，在我国学界曾产生广泛影响。

苏联关于自尊的社会学研究，所关注的问题实则是关于个人自我意识发展，属于社会心理学范畴。他们一般认为，自尊包括三个主要形态：一是生理心理的认定性，指身心过程和结构的统一性和继承性。二是社会认定性，指个体借以成为社会的人即一定社会或群体成员的特性，包括按照社会阶级归属、社会地位和社会准则与信念区分的个体。三是自我认定性

(或个人认定性)，指个人自我信念明确的个人生命活动、目标、动机、生活宗旨的统一性和继承性。

这里最有意义因而也是最值得关注的是自我的认定性。它包括存在的自我、体验的自我和概念的自我三个部分，每个部分又各有相应的特殊心理过程。与存在的自我相应的是自我调节和自我监督，与体验的自我相应的是自我感觉，与概念的自我相应的是自我认识和自我评价。

伊·谢·科恩的《自我论——个人与个人自我意识》，其所涉论的问题领域充分体现了社会学关注自尊的学科特点，却并不是一部单纯的社会学或社会心理学的著作，而是一部立足于个人与社会的关系和个体道德心理的多学科视角的跨学科著作。这种著述方法其实是值得研究自尊问题参考的。

《自我论——个人与个人自我意识》分导言、上篇、下篇三个部分。导言部分以“人的‘自我’之谜”为题，集中探讨了相对于“人”的具体的“自我”究竟是什么。开篇便用有趣的笔触记述了一个生动的案例：

一个一年级大学生在系办公室探头探脑，迎着一位走出来的逻辑学教授说：“教授，有一个问题使我苦恼，我想向您求教。”

教授问：“什么问题?”

大学生说：“怎么说呢，有时候我觉得我并不存在。”

教授追问：“谁觉得你不存在?”

“我自己觉得。”大学生惊慌失措地答了一句，扭头溜了。[①]

科恩就此指出，那位教授的追问是毫无道理的，违背了大学生关注“自我”的自尊心。如果把追问“谁觉得你不存在”改为“觉得什么不存在”，就可以与那位大学生继续对话下去，触及大学生自己也觉得说不清楚的“自我迷失”，讨论自尊的问题也就可以由此展开。科恩为此感到遗

① 参见伊·谢·科恩:《自我论——个人与个人自我意识》,佟景韩、范国恩、许宏治译,北京:三联书店1986年版,第11—12页。

憾，接下去进一步指出认知“个人意识”的重要性。因为相对于“人”的“个人”的“自我”，既不是“我们”的“我”，也不是“个人”的“你”或“你们”的“我”，因此“个人意识”也就是“自我意识”。不难看出，科恩在这里强调的“个人意识”也就是自尊心，所谓“个人与个人意识”的问题，归根结底就是自尊的问题。重视“个人与个人意识”，也就是尊重“我”的自尊，而“我”是“人”最为普遍的存在，尊重人在这种意义上就是最终“我”。科恩进一步指出，不同学科对“自我”概念的不同阐释并不重要，重要的是不同学科和不同学者从“不同侧面”关注“自我”问题，这就是所谓的“‘自我’之谜”。这种见解，是科恩在导言中考察“人的‘自我’之谜”的真实意义所在。

《自我论——个人与个人自我意识》的上篇部分“从文化史看个人”，论述了文化史上人的标准形象的演变，第三部分“愿你自强不息”论述了个人自我意识发展的心理学问题。

谈及社会学关注的自尊问题，不能不提及当代美国著名社会心理学家亚伯拉罕·马斯洛提出的需要层次理论。这一理论，是马斯洛1943年在《人类激励理论》的论文中提出来的。他认为，人的需求像阶梯一样从低到高按层次分为五种，分别是：生理需求、安全需求、社交需求、尊重需求和自我实现需求。五种需要是有层次的，就追求满足需要的实际过程看，一般是从低层次需要到高层次需要：生理的需要→安全的需要→社交的需要→尊重的需要→自我实现的需要。不难看出，每一种需要得以满足都与人的自尊相关，而五种需要由低级到高级的递进关系，本身也贯穿着人对要求和满足自尊的自我诉求。

总而言之，在社会学视角里，自尊的性状和意义得到学科的关注和肯定，是明白无误的。

（六）政治学视域内的自尊

历史地看，政治学与政治哲学并没有严格的学理界限。中国学界有种观点认为，政治哲学属于政治学，即为政治学的一种分支学科，这恰恰是把学科归属关系说颠倒了，从学科对象与任务来看，政治学应当属于政治哲学范畴。西方人一般不做这样的区分，通常认为政治哲学是一门以研究政治关系的本质及其建构和发展的特殊学科，“旨在探讨人类最好的政治制度和生活方式，为此要研究人的本性或本质，国家的起源或基础，社会经济制度的组织原理，道德或价值取向的根据，正义或公正的实质等基本问题”[①]。可见，政治哲学在西方通常被赋予深刻的伦理与道德的意蕴。或许正因如此，政治哲学在我国随着改革开放的深入发展而兴起以来，一直被涉足者们将其与政治伦理学相提并论，以至“混为一谈”，将其视为人文社会科学领域一门极为重要的显学。

古今中外，政治学或政治哲学的范畴体系都没有自尊的概念，政治学体系没有分析和阐述自尊心的内容。这种学科缺损现象给人的印象是，政治学似乎可以不关注人的自尊和自尊心问题。其实不然。实际情况是，在关涉各种政治关系和政治生活中，自尊心问题是普遍存在的，政治学不能不关注人的自尊或自尊心问题。

在应然的意义上，政治学视域内的自尊问题，不是对政治学实然状态的叙述，而是基于实然的许可和祈求阐发的。

政治学视域内的自尊，应表现为人关注自己在国家政治关系和政治生活的实际地位，包括特定组织中的集体生活所能发挥的实际作用的重视程度，以及与此相关和由此而产生的心理状态。中国历史上，那些贤能志士都十分重视自己在国际政治生活中“三不朽”即“立功、立德、立言”，就是这种自尊心的表现。它既是政治学意义上的，也是伦理学意义上的，或者可以概括称之为政治伦理学意义上的。故研究中国传统伦理思想和道德文明史的人们，通常都会涉及中国古代贤能志士看重的“三不朽”。实际上，这也是从古到今的一种普遍的自尊心，所不同的是，不同时代的人们所立之“功”“德”“言”的社会属性和内涵存在差别，评价标准不一样。由此而使得政治学或政治伦理学意义上的自尊心，历来具有两种性质

① [美]列奥·施特劳斯、约瑟夫·克罗波西主编:《政治哲学史》，李洪润等译，北京:法律出版社2015年版，译者前言。

不同的样态。一种是正向正能量，有助于治国安邦，有益于社会和人的发展进步。另一种反之，破坏治国安邦，妨碍社会和人的发展进步。这两种不同的自尊心，在当今之世依然存在。

政治学意义上的自尊形态，还有一种可以关联管理学的考察角度，重视个人的实际作用，如专横、霸道，以至于飞扬跋扈等。

（七）法学视域内的自尊

在中国，法学在学科分类意义上有广义与狭义之分。广义的法学指的是法学门类，包括法学类、监所管理类、马克思主义理论类、社会学类、民族宗教类、政治学类、公安学等六大类学科。这里所说的法学是狭义上的，指的是以法律和法律活动及其规律为研究对象的科学。业外人士习惯在法学专业或法律专业的意义上理解法学。

中国法学界有人基于“法律学人共同体”的视角，考察了西方法学自《十二铜表法》始的发展历程，将法学划分为“法学”与“律学”两个部分，是颇有道理的[①]。

古今中外的法学体系都广涉人的尊严与价值，却都没有将自尊摄入自己的理论和知识体系。从法理学的源头上看，中国法学思想源于春秋战国时期的法家哲学思想，在先秦被称为“刑名之学”，从汉代开始有“律学”的名称。在西方，古罗马法学家乌尔比安(Ulpianus)对“法学”(古代拉丁语中的Jurisprudentia)一词的定义是：人和神的事务的概念，强调法学乃区分正义和非正义之学。

近代以来，法理学体系和法律规范体系的内在逻辑，都是围绕人的权利与义务建构和演绎的，而法定的权利和义务无不关涉人的尊严与价值。即使因你犯死罪而把你枪毙了，也是表示对你的尊重，因为把你当人看。

诸如“法律面前，人人平等”这类最为重要的法理学和法律学理念，其实都与维护每个人的尊严与价值直接相关。在现代法治国家，“法律面

① 参见宋功德:《法学的坦白》,北京:法律出版社2001年版,第5—6页。

前，人人平等”不仅是对执法者提出的执业要求，也是对公民提出的自尊自重的人格要求，为民当自尊应是法理学与法律学的人格基础。在这种意义上可以说，“法律面前，人人平等”与“作为公民当自尊”是法治建设一个问题的两个方面。很难设想，在一个公民普遍缺失自尊的国度里，会有真正的法律权威、真正建成法治国家。

总体来看，法学视域内的自尊尚是一个有待揭示、发现和加以阐明的当代法理学理论和学术话题。

以上，我们考察了多学科关注或应关注自尊的基本情况，这里需要特别指出的是，自尊作为多学科范畴，不论属于哪种学科的范畴，其本质都不可能离开社会的本质特性，实质内涵都是生命个体对自己存在价值的自我肯定和张扬。

三、自尊的形成与发展

自尊，作为人对自身价值的一种自我肯定的心理活动和意识现象，不是与生俱来的，也不是后天自发形成的，而是在后天的环境影响和教育引导下形成的，与人生的实际过程特别是参加社会生产等实践活动的境遇密切相关。

（一）自尊与人类同步诞生

提出自尊与人类同步诞生这一观念，在目前的学界或许会受到质疑，更谈不上会很快形成共识。但是，在历史唯物主义视野里，从逻辑上来推论，对这一观念不应存有任何质疑。

在历史唯物主义看来，劳动创造了人类自身。当初，类人猿为适应生存环境的变化而不得不改变自己的生存状态，开始所谓劳动创造人的新生活之旅。其动因和持续推动力就是源自某种“要活下去”的“自尊”或“自尊心”。虽然，这种心理状态既不可能是抽象的个体意义上的，也不可能是模糊简单的群体意义上的，与后来诞生的真正人类的自尊或自尊心有着显著的不同，与今天我们研究的自尊或自尊心问题更不可同日而语，但是，视其为一种“主动”适应生存状态的自尊或自尊心，应是毋庸置疑的。就此而论，说自尊形成是与人类诞生同步的，无可厚非。在这种意义上可以说，正因为有了属人的自尊或自尊心，类人猿才逐渐地完成了由身体到心理的全程进化而最终脱离了动物界，演化为人类。自尊，充当着人区别于一般动物的一种“人之为人”的人性标志。

人类在童年时代，在许多方面或许处于蒙昧状态，但对自由自在的生活和满足自身欲望的追求，则不可能是无知无识的，乃至于对自然和社会生活群体的考察和敬畏，也不可能是完全受非理性力量支配的，而是或多或少伴随着一种自我肯定的心理活动和意识现象。

德国早期共产主义者威廉·魏特林曾指出：正是这种心理活动和意识现象，使得“人类在他们童年时代的状态是一种幸福的状态”[①]。对这种历史进化现象，在各种人文学科和哲学的领域都有反映。

（二）家庭对自尊形成与发展的影响

家庭是自尊形成和发展的奠基时期。一个人自尊的形成起始于家庭，一方面直接受到家庭成员（主要是父母）教育方式包括家风的直接影响，另一方面受到家庭内外伦理环境的潜移默化的影响。

这期间，家庭成员之间的伦理关系，特别是亲子（女）的伦理关系，对孩子的自尊形成的直接影响是至关重要的。这种影响其实无须多加理论分析。家庭伦理关系处于“心心相印”和“心照不宣”的默契式和睦状态，会在潜移默化中给孩子以自知、自爱和自信等自尊要素的积极影响，反之则不是。

有关研究表明，儿童从两到三岁开始便出现自尊需要，有了自我要求。最初的表现是要求自己进行独立的活动，这些要求一旦得到鼓励和引导，就有助于孩子自尊的形成。反之，被成年人阻止或限制，他们就会感到自己受到某种伤害，这种伤害本质上是对自尊要求的伤害，不利于自尊

① [德]威廉·魏特林:《和谐与自由的保证》,孙则明译,北京:商务印书馆1960年版,第62页。

的形成是不难想见的。孩子这样的感觉如果反复出现，人的自尊心形成就会受到阻碍，更谈不上自尊的发展。相反，会渐渐形成自卑、自闭等失常的心理。俗语所说的“龙生龙，凤生凤，老鼠生儿会打洞”，其实是在说“龙育龙，凤育凤，老鼠育儿会打洞”的道理，亦即人的自尊形成在家庭教育阶段的这种规律。

关于父母教育对孩子自尊形成和发展的影响，还有两个特别值得注意的问题。一是父母的教育方式和能力的影响，教育方式简单粗暴，孩子自尊的形成会受压抑，或者出现自尊失常的情况。二是父母的自尊状态。一般说来，具备正常或健康自尊的父母会教育孩子具有正常和健康的自尊心，反之，不自尊的父母是很难教育孩子具有健康和正常的自尊心的。因此，基于自尊在家庭教育阶段的形成和发展的客观要求来看，应重视父母的教育方式和自尊心状态。

有条“爸爸说”的微信曾传播甚广。

其一：

“爸爸，为什么很多人都不等红灯倒计时结束变绿灯之后再走呢?”

“可能因为他们有急事吧!”

“那我们也急着上学啊！为什么要等倒计时结束变成绿灯才走呢?”

“那我问你，交通规则是不是规定红灯停绿灯行呢?”

“是啊。”

“坚持对的事情，不受错误的引诱，这叫自立。”

其二：

“爸爸，为什么今天天气暖和了我们要穿厚一点的衣服呢?”

“因为现在春天刚来，天气还没有完全变暖，早晚变化还是很大的。”

“那为什么有的人天气一暖就赶紧穿上夏天的衣服上街呢?”

“每个人都有自己穿衣服的理由，但我们自己知道什么时候穿什么样的衣服。春捂秋冻，衣服的首要功能是御寒。要懂得爱护自己的身体，这叫自爱。”

这位父亲教育孩子的方式是值得称道的，他站在客观立场思考问题，通过循循善诱的启发和引导，在不伤害孩子自尊的情况下给予孩子思考问题的机会，让孩子自己感觉到在爸爸的身边愉快地成长着，懂得的道理越来越多。

孩子自尊的形成与发展，与家庭外部环境包括自然环境和人际关系环境也是有关的。大量事实表明，在农村特别是偏僻山区长大的孩子与在都市长大的孩子相比较，自尊的形成和发展在奠基的意义上势必会存在差别。鲁迅小说《故乡》中描写的“闰土”和“迅哥儿”，栩栩如生地显示出这种差别。

（三）学校对自尊形成和发展的影响

不论是从学校教育理论还是实践来看，都不大关注和关心学生自尊的形成和发展，这种情况在中国学校教育尤其突出。而人的自尊形成和发展的关键时期，恰恰是接受学校教育时期。其间，接受学前教育和中小学的基础教育阶段最为重要。

学前教育对于人的自尊形成和发展的核心内容与意义，在于养成自知和自信。这种养成通常是在做各种游戏和表演活动中实现的，应以鼓励和表扬为主要的养成方式。特殊情况下的批评是必要的，但应坚决制止和杜绝动辄吆喝、恫吓乃至“虐童”的方式。

学前教育与家庭教育，大体上在同一个时间时段，两种教育对自尊形成和发展的影响，应力求相辅相成、相得益彰。因此，促使两种教育相互配合十分必要，而从目前的实际情况看，学前教育工作者多缺乏这方面的自觉意识，倒是家长一般比较配合学前教育的老师。

基础教育阶段的学校教育对自尊形成的关键性影响，体现在教育培养的目标、内容和方式三个基本方面。目标关涉是否把培养自尊的人格作为目标要素，内容关涉是否包容自尊人格的结构要素，方式关涉经由什么样的途径和采用什么样的方法培养自尊人格。如何科学把握这三个方面，取决于学校教育的理念和方式。

设计教育培养什么样的人的目标，既不可站在“个体本位”的立场上，也不可因强调国家和社会的需要而忽视促进个体自尊人格健康发展的必要性，而应当把个体与国家社会的需要统一起来。须知，大量事实证明，缺乏自尊的学生是很难真正成为国家和社会建设所需要的人才的，而能够成为国家和社会建设所需要的人才，一般都是具有正常或健康的自尊品质的人才。

整个基础教育阶段，是自尊形成和发展最为重要的关键时期。老师的表扬和批评对学生自尊的形成和发展所起的作用同样是至关重要的。表扬，会让学生产生荣誉感和成就感，从而能够使学生产生自我肯定的意识和“再一次”自我表现的需要与欲望。批评，会使学生产生自我肯定的意识和受挫感，从而通过反思发现应有的自我。在这里，批评不是目的，批评之后应有促使学生反思的引导，否则只会妨碍自尊的形成和发展。不论是表扬还是批评，都应伴随鼓励，鼓励学生欣赏自己，在自己犯错时也能够看到自己的长处，学会扬长避短。表扬和批评都要实事求是，不可夸大事实。表扬旨在激励，让受表扬的学生在领略荣誉中感到一种做学生的尊严，同时也要防止受到表扬的学生包括未受到表扬的学生感到是一种偏爱。批评旨在促使学生感到愧疚，在愧疚中找回尊严，因此要特别注意让学生感受到批评者的善意，批评者不可夹杂着主观臆断和不良情绪，否则会适得其反，不利于学生自尊心的形成和发展。

就是说，表扬和批评对于自尊心形成和发展所起到的关键作用，应体现在表扬和批评之公正与公平的善意。这对于缺乏自尊的学生来说显得尤其重要。

有这样一个很能说明问题的案例：

一天，上课铃响声过之后，老师发现黑板上留着上节课的内容，便生气地问道：“今天谁是值日生？为什么不擦黑板？”班里一片寂静之后，一位因学习成绩不好、老师们多不喜欢他而很自卑的矮个子男生跑上来，认真而又快速地擦干净了黑板，默默地回到了座位。这时，老师冲着这位同学说："看到了吧，这就是由于一个人不负责，耽误了大家这么宝贵的时间。"话音刚落，一些同学小声议论起来："今天不该他值日呀……"随后，一位平时颇为傲慢的学习尖子女生站起来嗫嚅着说："……今天是我值日。"老师脸色变得和蔼可亲："你先坐下，下次要注意了。"

在这个案例中，老师的态度和做法显然是有失公平的。试想一下，如果老师当时能够问明黑板未擦的真实情况，及时表扬那位主动擦黑板的男生，批评未尽值日义务的女生，对于唤起男生的自尊心、纠正女生骄傲自满情绪——失常的自尊心，都会是有帮助的。

总体来看，在学校教育阶段，学生自尊的形成和发展受到三个方面因素的影响：

一是受到学习成绩和学习环境的影响。思想品德教育、文化课程和专业课程教学，以及促进身心发展的体育和校园文化建设，这些方面是影响学生自尊发展的决定性因素。因此，争取思想品德优良、学习成绩优秀、身心全面发展，应是学校教育阶段促进自尊形成和发展的主旋律。

二是受到师生关系的影响。在基础教育的小学和初中阶段，师生关系对学生自尊的形成和发展的影响，同样是决定性的。在这个阶段，在学生的心目中，教师是父母的化身，他们会像看待父母那样看待教师，也希望教师能够像父母那样的爱护和对待他们。因此，教师对学生的理性关爱，直接影响学生自尊的形成和发展。

三是受到同学关系的影响。学生在进入初中学习阶段之后，一般都开始关注和重视同学关系，关注同学在自己心目中的印象，也会关注自己在同学中的形象。一些学生回到家里也会情不自禁地跟父母说"谁跟我的关系怎么样""我跟谁的关系怎么样"之类的话题，有的甚至还会关注"谁在追谁"或"谁长得帅（靓）"之类的"新闻"。学生在说这类话题时，总是会自觉或不自觉地把自己放进去，同时也就在说自己。其间的心理活动，无不与自尊的形成和发展关联在一起。

高等教育阶段，是人的自尊形成和发展的特殊阶段。人的自尊基本形成，面对的是如何健康发展的问题。在这个阶段，自尊的发展应当以自爱、自立、自信和自律为主要元素，促使大学生的自尊心具备对于国家和社会的责任担当意识，包括对于家庭和自身的责任担当意识，成为乐于对国家、社会、家庭负责，同时也对自己负责任的自尊自爱的人才。

因此，在整个学校教育阶段，教师和家长都应当把关注学生自尊的形成和发展放在十分重要的位置。一个人走出校门，他的自尊类型和品质也就基本定型了，此后的自尊发展主要取决于他的个体条件和能力。

（四）影响自尊形成和发展的个体素质

自尊形成和发展受到个体素质的影响，是显而易见的。关于这个问题，大体上可以从两个方面来考察和分析。一是善于进行社会比较的智慧，二是抗缺陷的能力。

自尊形成和发展离不开善于进行社会比较，包括善于进行与他者比较和自我比较，以及善于进行民族之间的比较。

所谓社会比较，从宏观上来说，既有不同国家和民族的比较，也有不同社区乃至不同单位的比较，如此等等。一般说来，强盛国家和民族，条件优越的社区和单位，包括受教育条件良好的学校，有助于人形成和发展民族自尊和集体荣誉感。不过，这里的关键是要善于比较，亦即能够看到强盛和优越的原因及其与自己的逻辑关联，从而能够在比较中获得激励和鞭策自己奋进的自豪感和自信心的正能量。反之，反而可能会迷失自我，形成失常的自尊心。

自尊形成和发展过程，关键因素在于是否善于与他者比较。人们所进行的社会比较，多数情况下是在与他者相处和交往过程中进行的。“比上不足，比下有余”，是与他者比较的常态自尊心理，自尊正是在这种心态下逐渐形成和发展的。而“人比人，气死人”，则属于不正常的自尊心态。自我比较的方式，通常是自我反省、自我欣赏和自我鞭策。不论是与他者比较还是自我比较，都会自觉不自觉地受到社会理性的指导和监督，因而本质上都是社会比较。所谓善于比较，实际上就是基于一定的社会理性进行比较，其实质内涵就是科学的社会历史观和人生价值观。人在自尊形成和发展的过程中出现心理障碍，以至于出现变态或病态自尊的问题，归根结底是没有在进行“自然而然”的比较中接受社会理性的指导和监督。

民族自尊形成与发展，也存在民族之间是否善于比较的问题。这种比较有纵向与横向两个方面。纵向比较，一是在记忆中与历史作比较，在理想中与未来做比较即展望未来。横向比较，也就是在现实世界里与其他民族做比较。

民族自尊是指尊重本民族、反对外来歧视和欺侮的心理现象。它以维护民族尊严和民族利益为核心，主张民族自爱自重、自强自立，不同民族之间一律平等，坚决维护民族的统一和团结，反对一切种族歧视和外族压迫。民族自尊是反映在长期的历史进程和积淀中形成的民族意识、民族文化、民族习俗、民族性格、民族信仰、民族宗教，民族价值观念和价值追求等共同特质，通常表现为民族精神，是一个民族生命力、创造力和凝聚力的集中体现。中华民族精神是中华民族在五千多年的发展中，形成的以爱国主义为核心，团结统一、爱好和平、勤劳勇敢、自强不息的伟大民族精神。

民族自尊与个体自尊的形成和发展，是一种相互依存、相得益彰的互动过程。民族自尊心通常为民族成员的自豪感和自信心。

抗缺陷能力对于自尊形成和发展的影响，可以从不同的角度加以分析。不言而喻，先天的生理缺陷，一般会给人一种“生不如人”的思维定势，因而在先决条件的意义上制约自尊的形成和发展。当然，这不是绝对的，有些人正因如此恰恰形成特别强的自尊心，并在强烈自尊的驱动和鞭策下作出超过正常人的成就。后天遭遇不测的挫折或伤害而造成生理或心理缺陷，会影响自尊的正常形成和发展，也是不言而喻的。病态心理学上称之为的“内闭症”，与此直接相关。

正因如此，心理学界有一种观点认为，人的外表、年龄和性别是影响个体自尊的形成和发展的重要因素。这种看法的合理性应是毋庸置疑的，不过同时也应看到，这种影响仍然与如何进行社会比较相关联。其一，比较的自我认同度，或自我悦纳状态，亦即上文提及的“比上不足，比下有余”而获得自尊，或者“人比人，气死人”而失去自尊。其二，比较的社会价值标准，关涉人生价值观。自尊的形成和发展受到个体所持的人生价值观的影响，是一个无须多加分析和说明的问题。人生价值观标准不同，比较的视角和所得出的结论就会不一样。其三，比较的历史意识，亦即将今天的“我”与昨天的“我”相比较。不论比较所得出的结论是“进步”还是“退步”，对于自尊的形成和发展都是有益的，因为进步会使人自豪，鼓舞再接再厉；退步会使人觉醒，催促翻然改进。当然，这也不是绝对的。

四、自尊的类型与本质特性

自尊人皆有之，自尊的意义亦人皆知之，然而作为理论话题，学界至今却很少关注自尊的分类和本质特性。心理学运用其基本学理和事实求证的方法，对个体自尊的类型及其本质做了一些有益的探讨。然而，仅如此显然是远远不够的，不仅是心理学，其他人文科学、哲学社会科学都应当在这方面有所作为。为此，有必要走出心理学的思维窠臼和局限，在自尊一般形态的意义上进行考察和分析，进而分析自尊的社会价值观内涵，揭示自尊的社会本质。

（一）自尊的三种基本类型

给自尊进行分类是一种复杂的工作，每一种学科都可以根据自己的方法，将自尊划分为不同的类型。这里，我们基于自尊存在状态的视角及其与社会价值观的逻辑关联，跨学科地将自尊划分为三种基本类型。

第一种类型，自然的自尊。它是每个人对自己作为生命个体存在的事实所持有的自我肯定，一种自然而然类型的自尊。包括对自身及周围世界的物质关系和人际关系的自然而然的认知和理解，基本内涵是自知和自爱。

就人生态度而言，处于自然自尊状态的人自我保护意识特别强，处世哲学是“事不关己，高高挂起”和“事若关己，则每事必问”，“井水不犯河水”和“河水不犯井水”的态度。他们多没有高标准的人生追求，持与世无争、知足常乐、自得其乐的人生态度。自然自尊的人，多不重视人际关系，在与他者相处和发生必要交往时，一般不会依赖别人，不会希冀从别人那里得到什么好处，也不会主动帮助别人。大多是一种自保自立、“万事不求人”的人。这种自尊的人，在人生旅途中虽然也会有挫折，有悲伤和痛苦，但都能够自觉地进行心理调适，保持一种我行我素的自尊状态。

实际上，现实生活中许多人的自尊都属于这种自然类型，而且具有特别的稳定性，有些人甚至一辈子都不会发生根本性的变化。这是因为，自尊一旦形成就具有稳定个性，影响自尊形成的社会生活环境和个体素质也具有相对的稳定性。

基于生产和交换的经济关系来看，这种互不侵犯、轻视互助互利的自然自尊的形成，根源于小生产者的生产和生活方式。小生产者一家一户搞饭吃，养成自力更生、自给自足的思维定势，形成“各人自扫门前雪，休管他人瓦上霜”的伦理意识和道德价值观。立足于更广泛的社会关系和生活方式来看，自然型的自尊的形成与每个人的人生履历和生活态度直接相关。

在发展市场经济及其营造的社会生活环境中，自然型的自尊正在“自然而然”地发生着变化。

第二种类型，自强的自尊。自强内含的语义逻辑是自强不息的，语出《周易》：“天行健，君子以自强不息”。自强不息的意思，直接理解是通过坚持不懈的努力使自己强大；深层的理解是身处逆境或遭遇挫折仍不放弃，通过持之以恒的努力成就自己，使自己强大。

自古以来，大凡崇尚自强自尊的人，从来都不会妄自菲薄、自怨自艾、怨天尤人。回溯历史，大凡对人类文明进步做过突出贡献的人，都具有自强型的自尊人格，他们是推动社会文明人类的代表。自强自尊人格的思想和价值观基础是特定的理想、信仰和信念，是在接受一定的教育和训练的过程中逐渐形成的。自强自尊的人，笃信“天生我材必有用”“滴自己的汗，吃自己的饭，自己的事情自己干”的人生哲学。他们具有奋勇向前、戒骄戒躁，历经磨难而矢志不渝的品质，这也是他们最可宝贵的人生经验。自强型自尊，最能反映自尊的意义。

第三种类型，自由的自尊。这种类型的自尊，内在结构的主要成分和实质内涵是自主和自立。崇尚这种自尊的人，强调以自主自立的方式追求自由，同时把获得自由看成是满足自尊、彰显自尊意义的基本途径和标志。重视这种自尊的人认为，自由是人所特有的本性，是自尊的内核，没有人的自由就无所谓人的自尊，自由是最高的善，人应当崇尚自主自为的活动。

历史上，崇尚自由型自尊的人大体有两种。一种是从事政治活动的革命者，他们视自由是至高无上的人格，将反抗和推翻压制自由的旧制度作为自己的责任和人生奋斗的目标，以至于为此而不惜献出自己的生命。裴多菲的诗“生命诚可贵，爱情价更高，若为自由故，二者皆可抛”，是表达这种自尊的精彩诗篇。

另一种是知识分子崇尚的自由型自尊。这种自尊的人，或者看重“逍遥游”的思想自由，或者推崇“从心所欲不逾矩”的行动自由。两种人的区别在于，前者轻视以至忽视社会规则（必然性）对自由的约束，不能明白自由不是脱离因果法则的激情或冲动。后者则重视社会规则（必然性）对自由的约束，尊重社会规则。这两种具体的自由型自尊，在当代中国知识分子群体中，是屡见不鲜的。从实际情况看，持前一种自由观的知识分子，易于接受现代西方自由主义思潮的影响，自由型的自尊人格使得他们中的一些人固执己见，所表达的自由思想和行动往往违背中国社会发展进步的客观要求，成为一种消极因素。持后一种自由观的知识分子，乘着改革开放大潮之势自由驰骋，自立自强，在为国家做突出贡献的过程中实现着自己的人生价值，成为中华民族的骄傲。

不难看出，上述三种基本类型的自尊的发展水准是不一样的。但是，它们并不是截然不同的，也并不是彼此孤立的。我们只是在相对的意义上来给它们分类，认识和把握它们之间存在的差别。实际上，就特定的生命个体而言，三种基本类型的自尊往往会反映在同一个生命个体身上，并且记录着个体自尊形成和发展的不同阶段，观照不同的自尊水准。

实际上，民族自尊的形态同样存在上述三种基本类型。世界上，有些民族的自尊带有鲜明的“自然而然”的特质，这些民族恪守自保自立的价值观念和生活方式，就文明进步状态而言多滞后于其他民族。有些民族的自立自强意识特别强，在一些历史时期甚至表现出狭隘民族主义的倾向，崇尚用强力表达自己的民族自尊，实现本民族的对外扩张和掠夺其他民族，并以此为荣耀，抒发民族自豪感。有史以来，不少民族屡遭战祸和掳掠，与这种狭隘的民族自尊不无关系。世界上还有一些民族的自尊属于自由型自尊范畴，特别强调尊重自我的权利和利益。民族自尊之间之所以存在这些差别，究其原因，总的来说是由不同的自然环境、社会制度及由此造成的文化传统造成的。如崇尚自由型的自尊，与民族长期实行商品经济和民主政治即由此而形成的价值观传统有关。

中华民族的自尊，多以崇尚自力更生、自强不息、爱家爱国和热爱和平为基本特质，维护了数千年的国家统一和民族大团结。在进入中国特色社会主义新时代的今天，中华民族传统自尊正面临着创新性的发展。

关于自尊的分类，除了基于自尊状态作如上所述实行的分类以外，还可以基于自尊关涉的问题，将自尊划分为性别自尊、学业自尊、职业自尊等不同的基本类型。它们对于自尊所关涉的人生意义，都是不言而喻的。

（二）自尊的社会价值观内涵

讨论这个问题的意义在于揭示自尊的实质内涵，说明任何类型的自尊都不可能无缘无故存在和表现的，必有其社会价值观基础。

一般语言学家通常将自尊与自尊心混为一谈，相提并论，认为自尊就是“自己尊重自己，不向别人屈服，也不容别人随意侮辱”的意思[①]。这

① 路丽梅等主编:《新编汉语辞海》下卷,北京:光明日报出版社2012年版,第773页。

种认识只是看到自尊的表象，没有看到自尊的实质内涵和本质特性。纯粹“属于自己”的自尊，并不存在。

实际上，自尊与自尊心并非同一含义的概念，两者之间有着必然性的联系，但也存在明显的差别。自尊心是自尊的心理状态，也是自尊的心理基础，自尊既是一种心理状态，更是一种行为方式。正因存在这种差别，在日常生活中，人们通常是在自主、自爱、自重、自助、自愿等意义上理解和把握自尊，却很少使用自尊心的概念。自尊有着不同的类型和表现，实质内涵都是个性与共性的统一，个性是自尊在特定个体身上表现出来的形式，共性关涉自尊现象最深刻的内涵，即社会价值观。

一是世界观（包括社会历史观）。世界观是人们对世界的基本看法和观点。社会历史观属于世界观的组成部分，又具有相对独立性，是关于人类社会的起源、本质和发展规律等一般问题的基本观点和理论体系。当世界观和社会历史观成为人们认识和改造世界和社会的指导思想和行动准则时，它们也就成了价值观。一般说来，人们怎样看世界、社会和历史，就会持有什么样的关于世界、社会和历史的价值观，进而在“以什么样的观念看世界”的意义上深刻影响人的自尊。这种影响，多见于民族自尊。

二是人生价值观。就其具体内涵而论包含人生观和价值观两个部分。人生观是世界观的一个重要组成部分，受到世界观的直接制约和深刻影响，指的是人们对于人生目的和意义的根本看法，它决定着人生活动的目标、人生道路的方向，也决定着人们行为选择的价值取向和对待生活的态度。当人生观被用来思考和指导人生行为时，它就被赋予价值观的内涵，因而成了人生价值观。

每个人的人生价值观在不同时期会发生变化，这种变化是受到人的人生环境和其他方面价值观，如政治价值观、法律价值观、伦理道德观等多方面的影响的结果。

三是政治与法律的价值观。政治价值观一般是指人们对其所在国家的政治制度及其理论和策略的看法，以及由此形成的作为政治认同思想和行为模式的选择标准等。在一定的国家，社会成员在总体上都存在一种基本一致的政治价值观念，它直接影响着政治行为主体的政治信念、信仰和态度，并且总是要通过人的尊严——“主人翁”的姿态表达出来。法律价值观，简言之指的是对法定权利与义务的价值认同，它与政治价值观具有同质性。这是因为，一般说来，法律制度与政治制度是一致的，在一定的国家，人们持有什么样的政治价值观，也就会同时持有什么样的法律价值观。

自尊的不同价值观内涵，使得不同类型的自尊实际上存在层级差别。这种差别，若是基于认知和处置自我与他我包括社会集体的人生价值观及伦理道德观来划分，大体有唯我、唯他、兼顾三个层级。

唯我级自尊，通俗地说就是特别地尊重自己、看重自我存在的价值，尤其是特别看重自己的人格尊严。唯我级自尊的人多持有“井水不犯河水”的人生态度，为此，一般不会求助于他者包括社会集体，认为求助是一种“没面子”和“丢人现眼”的事情。为此，在自己力所不能及的困难面前，也不会提出求助他者的要求。为我级自尊的人，对他者作为自尊的人的自我存在，一般不管不问，抱有事不关己高高挂起的态度，不会主动去关心和帮助他者。但是，一旦有人有求于他们，他们或许也会为了自己的面子而伸出求助之手，甚至为此而不遗余力。

唯我级自尊，人生态度和行为方式是自律自励的，这样的人一般都不自私，但也不可能无私，更不可能大公无私。他们在处置与人相处和交往的伦理关系问题上，一般也会顺其自然，不会违背应遵循的道德原则。

唯他级层级的自尊，具有十分鲜明的利他型的人格特征。持有这种自尊人格的人，遇事常会表现出站在“替他人着想”的处世立场，与人相处和交往常会表现出谦让的处世态度，由此而获得个人的存在感和尊严感。唯他级自尊的人往往具有某类宗教性的情绪，以如此做人而求得心安理得，让别人看得起自己。世界上，信教者的人格一般具有这样的自尊特征。

在社会评价的视野里，持有唯他型自尊人格的人，常常都会被视为“大公无私”的道德高尚者。其实，真正道德上的高尚者，他们的自尊人格并不是唯他型的。大公无私的人，他们“讲道德”遵循的是社会倡导的道德标准，目的不仅仅是为了获得个人的存在感和尊严感，而是为了做“道德人”，促进社会道德进步。当然，我们只能在相对的意义上，将唯他型自尊与大公无私的人格作出这样的区分。实际上，作这样的区分既很困难，也无必要。

兼顾级的自尊，在现实社会生活中最为普遍。主要表现就是既重视自己的尊严和价值，也尊重他者的尊严和价值，包括维护和尊重集体的民族的尊严和价值。兼顾级自尊的普遍性，反映自尊形成和发展的常态。

（三）自尊的社会本质

发端并繁荣于西方的自尊研究，自20世纪下半叶以来已经日益成为中国心理学研究的热点并已取得相当丰硕的成果，但是，由于缺乏对自尊的社会本质特性的深刻理解，致使自尊研究远离了中国本土文化和人们的现实生活。

进入21世纪以来，心理学界试图说明自尊本质的著述并不鲜见，有的学者为此还撰写专著。但是，由于使用的方法和资料并未走出心理学的窠臼，基本不曾涉及自尊的社会价值观内涵，因此是难能揭示和说明自尊的本质的。有的著述所谈论的“自尊的本质”，其实并非自尊的本质。

自尊并不是与生俱来的个体人性，也不是永恒不变的，自尊的形成和发展受到社会价值观的深刻影响，本质上属于社会范畴。因此，揭示和说明自尊的本质，不可避开自尊现象的社会价值观内涵。就是说，不可避开自尊与社会的逻辑关联，脱离自尊形成和发展的社会现实基础。就是说，分析和揭示自尊的本质必须遵循辩证唯物主义和历史唯物主义的方法论原则。

列宁在研读黑格尔《逻辑学》时指出：“辩证法是研究对象的本质自身中的矛盾”，“人对事物、现象、过程等的认识深化的无限过程，从现象到本质、从不甚深刻的本质到更深刻的本质”是“辩证法的要素”之一，要促使“人的思想由现象到本质，由所谓初级本质到二级本质，不断深化，以至无穷”[①]。自尊作为个体的一种心理现象，其本质不过是自尊的一种不甚深刻的本质，透过这种“不甚深刻的本质”而理解和把握它的“更深刻的本质”，才能真正在个体与社会、主体与客体、主观与客观相统一的各种内在矛盾关系中揭示自尊的真正本质，亦即它的社会本质。自尊的实质内涵和本质特性，不过是生命个体对自己存在的社会价值的认同。

揭示和说明自尊的“特殊本质”或“更深刻的本质”，最重要的方法是必须将其置于历史唯物主义视野之内，基于人们自足能形成和发展的“现实基础”之上。马克思在《〈政治经济学批判〉序言》中将他与恩格斯发现和创立的历史唯物主义“简要地表述”为：“人们在自己生活的社会生产中发生一定的、必然的、不以他们的意志为转移的关系，即同他们的物质生产力的一定发展阶段相适合的生产关系。这些生产关系的总和构成社会的经济结构，即有法律的和政治的上层建筑竖立其上并有一定的社会意识形式与之相适应的现实基础。物质生活的生产方式制约着整个社会生活、政治生活和精神生活的过程。”[②]从以上分析自尊的社会价值观实质内涵来看，自尊从来都不是纯粹属于生命个体自己的，它与立足于“现实基础”之上的“物质生活的生产方式制约着整个社会生活、政治生活和精神生活的过程”合乎逻辑地关联在一起，因此不可避免地具有社会价值观的内涵。

由此看来，自尊的社会本质，就是以生命个体特定的个性方式表现出来的社会价值观及其行为特征。

---

① 列宁：《哲学笔记》，北京：人民出版社1993年版，第191、213页。

②《马克思恩格斯文集》第2卷，北京：人民出版社2009年版，第591页。

自尊的伦理反思（二）

一、自尊失常的表现及成因

自尊失常或失常自尊，是相对于正常和健康的自尊而言的，指的是因自尊要素发展水平不正常或要素结构不合理而造成的自尊缺陷。在心理学视域里，自尊失常属于“病态心理学”范畴。

自尊失常的情况相当复杂，很难也没有必要面面俱到地去讨论。这里，只能列举它的一些主要表现，从内因和外因两个方面分析其形成的原因，同时提出矫正的基本理路。

（一）自卑

自卑，是较为常见的失常自尊。自卑的突出表现是妄自菲薄、自轻自贱，通俗地说就是自己瞧不起自己。自卑的人，多为“我不行”的心理定势所困扰。他们面临困难与挑战时，多规避问题和矛盾，选择退却和不作为的行为方式。

因此，自卑的人多平庸。学业上安于一般甚至甘居落后，职业上不求有功但求无过，事业上无所追求。自卑的人多缺乏理想信念，不思进取，身处竞争环境会因面临被淘汰而心态失衡，这又会加固他们“我不行”的思维定势。

人们一般将自卑放在自尊的对立面来认识，这是无可厚非的，但同时更应该看到，自卑作为失常的自尊是一种特别的自尊。自卑的人，内心世界一般都深藏一颗强烈的自尊心。这种失之常态的自尊心，在特定的情境下可能会突然间爆发出来，自暴自弃，甚至走向极端，自绝于人生，或者攻击他人。

就自尊结构要素而言，自卑形成的主要原因是缺乏自立意识和自信精神，而之所以如此，又往往与个体缺乏善于比较和抵抗缺陷的能力有关。这样的人时常受到“力不从心”的心理状态的困扰，所谓“力不从心”的实际情况，既可能是对力不从心即能力不足的真实反映，也可能是对力可从心的虚假或虚幻反映，不过是受自卑心态的自我误导而已。

因此，纠正自卑需要讲自立自主之类的道理，但更重要的是要提高自卑者立身处世的能力，帮助他们获得成功，在重新发现自己的过程中找回正常和健康的自尊。

（二）自恋

自恋，顾名思义就是爱恋自己，表现为特别注重自我欣赏。自恋，是一种极端的自爱。具体来看，自恋有两种不同的表现形态，一是特别自怜或自护，亦即自我同情式的自恋。这样的自恋者，十分珍惜自己的身体和声名，不愿在任何场合做有损害自己身体或自己名声的事情，也不准别人对自己做出同样的事情。这种自怜的人多是自私的人，属于先秦杨朱所说的“拔一毛以利天下而不为”的那一类自私者。二是注重自我欣赏的自恋。这种自恋者特别看重自己的长处，时常自夸长处，为此而甚至刻意掩饰自己的短处。有的自恋者，逢人便说“我如何如何行”。也正因如此，自恋心严重的人特别护短，时刻注意防止他者揭短。

自恋的人，如不注意听取别人的意见又不愿自我矫正，其性格久之可能会走向偏执。据央视网 2018 年 3 月 26 日报道，北京有一名男子从 29 岁相亲到 65 岁，仍未能找到对象，原因就是他始终不肯降低择偶的标准，因而找不到心仪的女朋友。他的择偶标准是：女方要长得漂亮，比他年纪小，还希望女方会写诗。一直到了60多岁，他仍然是孤身一人，渐渐也就放弃了找对象的想法。

自恋者多忽视他者的长处，或不愿看到和承认他者的长处，缺乏尊重他者的品性，为此而使自己显得孤单，甚至造成群体生活中的矛盾。

任何人都有不足之处。帮助自恋者发现自己的不足以纠正失常的自尊，最好的办法就是让他们多些“经风雨见世面”的机会，让他们从中发现自己的不足，自觉调整心态。

（三）自负

自恋的人不一定自负，瞧不起身边的人。自负，作为一种失常的自尊，可以从自居、自矜、自大、自夸等角度来理解。

自负的人，多是有能力的人，他们有自负的“本钱”。问题出在过于自信，以至于自以为什么都比别人强，常以具有可以让别人学习和模拟的某种能力而自居，因而常用鸟瞰的心态和姿态看别人。正因如此，便自高自大，有些自负的人还会因为自己的某种优势看不起别人，相处和交往中常与他人发生矛盾，以至于成为“不受欢迎的人”。还有一种自负的人，本身其实并不具有什么优势条件，亦即自负的“资本”，他们自尊其实是处在自欺欺人的状态中。

因为过于自信而自负，故自负与自信有着某些相像的特性。但细究之，两者是有着原则界线的。自负是一种失常的自尊，自信则是一种正常和健康的自尊。

一般说来，自负这种失常的自尊，于己于人并无大碍。但也应看到，自负严重的人为了维护或保全自己的“面子”，在有的情况下会萌发嫉妒的心态，以不友好的态度甚至恶言相向，诋毁和中伤比自己强的人，致使人际关系紧张。

帮助纠正自负心严重的人，是需要讲诸如“山外青山楼外楼，还有英雄在前头”之类的道理的，为防止特殊情况下自负的人因发泄嫉妒情绪而伤人，采取相应措施也是必要的。

（四）自闭

心理学认为，自闭是一种儿童心理疾病，主要表现为不同程度的语言发育障碍、人际交往障碍、兴趣狭窄和行为方式刻板等。这里谈论的自闭属于自尊失常的范畴，在形成起因上或许与儿童自闭症有一定的逻辑关联，但其性状不可与儿童的自闭症相提并论。

自闭作为失常的自尊，多发生在成年人的身上。突出的表现就是不善言语，不善与人相处和交往。因此，在集体生活中，别人往往并不知晓自闭的人所思所求，一般也不会主动伸出援助之手。值得注意的是，自闭这种失常自尊具有隐蔽性，人们一般不易发现。自闭的人往往同时又很自卑，因而自尊心特别强，很敏感，很在意别人对自己的态度一旦觉得自己受到某种伤害，会进行激烈的反抗和反击，以至于走上极端，曾一度震动全国的马加爵连杀四人就是一个极端的典型案例。

（五）自欺

自欺作为一种失常的自尊，与自卑和自负有关，但它们并不是一回事。自卑的人，为了获得自尊的需求，往往会以自欺的方式掩饰自己缺乏自立能力，给自己一种虚假的自信心，求得自尊心理上的满足。自负的人不一定具备可以满足自尊需要的能力，眼高手低，或缺乏自信心，于是给自己造成一种“我也行”的心理映像。就是说，人之所以要自欺，都是为了给自己和他人制造“我也行”的假象，满足一种自信心理的需要。所谓自欺欺人，就是这个意思。

在人际交往和相处的过程中，自欺的人一般也会给人一种“他也行”的自尊假象，表现出自欺欺人的特点。细究之，“自欺”目的就是为了“欺人”，实则是“欺人”的一种方式。从伦理与道德上来看，自欺欺人是一种害己又害人的不良品质，所以自欺这种失常的自尊，一旦表现出来都会受到道德舆论的谴责。纠正自欺的方法，除了当事人自知其害、自觉加以纠正之外，就是他者出于善意给以适时指出。

上述失常的自尊都具有缺乏自知即自知之明的特点。它们形成的原因是复杂的，既有教育培养条件和环境优质因素不足的原因，也与个体自立意识与能力不足直接相关。因此，纠正自尊失常的方法，也不应当千篇一律。

二、自尊失常的特殊形态——嫉妒

嫉妒问题，包括嫉妒和被嫉妒两个方面，是人类社会生活里的常见现象，对社会和人发展进步的不良影响是显而易见的。一个社会，如果弥漫着嫉妒的社会氛围，这个社会的发展进步就缺乏应有的舆情氛围。一个人如果为嫉妒的心态所困扰，其人生发展和价值实现无疑也会受到影响。

一般而论，我们可以将嫉妒归于失常自尊的一种类型，但仅作如是观是不够的，因为它有许多不同于一般自尊失常的特殊性，特别需要引起我们的关注，故在这里作为一个单列的问题来加以探讨和分析。

（一）嫉妒及其发生机理

学界一般视嫉妒为心理学范畴，心理学也多以此自居。《心理学大辞典》认为："嫉妒是与他人比较，发现自己在才能、名誉、地位或境遇等方面不如别人而产生的一种由羞愧、愤怒、怨恨等组成的复杂的情绪状态。"这种解释将嫉妒的产生仅归结为一种情绪，是认为自己不如别人的自我发现，并不确切。嫉妒，不仅仅是一种情绪，也是一种价值观；不仅仅是一种自我发现，也是一种他我的发现，包括狭隘民族自尊心意义上的嫉妒[①]。其实，即使是作为一种情绪，嫉妒也不只是"不如别人"的负面心态，因觉得"被别人忽视"而感到不快感，也是一种嫉妒，而且是一种普遍存在的嫉妒。

① 如：看到民族实际存在优于本民族之处，就感到心里难受，有意贬低，甚至做反面理解而加以攻击。

正确理解的嫉妒，指的应是人们为肯定或竞争一定的权益而对幸运者或潜在的幸运者怀有的一种冷漠或憎恶的心态，以及由此产生的屈辱感和挫折感。嫉妒是一种比较复杂的心理状态，焦虑、恐惧、悲哀、猜疑、羞耻、自咎、消沉、憎恶、敌意、怨恨等不愉快的心理现象，都与此有关。在日常生活中，人们惯用“吃醋心”“红眼病”等来表达嫉妒。

嫉妒心态发生的机理是利害关系，与价值观特别是人生价值观被扭曲直接相关。正因如此，嫉妒是最具有伦理负作用的道德范畴，仅在心理学视域里研究嫉妒显然是远远不够的。

（二）嫉妒的特性

一是普遍性。由于社会生活中普遍存在导致和诱发嫉妒的刺激因素，人际相处和交往总是与人们的利益关系相关联，易于发生价值观对立和冲突，亦即普遍存在诱发嫉妒心理的机理，所以，嫉妒作为一种失常的自尊现象是普遍存在的。可以说，如同自尊心人皆有之一样，嫉妒之心也人皆有之。人与人相比，不存在有无嫉妒的问题，只存在嫉妒的程度和性状的差别。

二是隐蔽性。嫉妒者中很少有人会公开承认自己存有嫉妒心态，群体生活中也很少有人能够看出身边某人是嫉妒者。这是因为，有嫉妒心的人多会想方设法掩饰自己的嫉妒心，从而使得嫉妒成为一种隐蔽的“阴暗心理”，成为人的心理世界中的一个灰色地带。嫉妒心严重的人心里多缺少阳光，总是有一种孤独感，感到自己生活在不被重视的角落里。当嫉妒心暴露无遗以至酿成恶性事件时，人们才会看到嫉妒心态的本来状态，并为其可能或已经酿成的人生灾祸而感到不可思议和惋惜。

三是近视性。嫉妒心态多发生在人际关系比较直接的人们之间，关系越近往往越易于产生嫉妒心理，产生的嫉妒心也往往越厉害。传统社会里人们常说的“同行是冤家”，说的其实就是嫉妒的发生机理及其近视性特性。除了同行、同学，甚至“同在一个屋檐下”的兄弟姐妹之间，也可能会发生嫉妒心态。嫉妒的近视性，还常常作为时间范畴和人的一种个性类型存在于“接班人”的身上，表现为对前任贡献和功名的漠视以至无视。

四是攻击性。攻击性是隐蔽性的特殊表现——为了攻击而隐蔽，因为被发现而攻击。嫉妒的攻击性主要表现为恶言相向的诋毁，直至人身攻击，包括伤人性命。

（三）嫉妒者的思维方式与话语特点

嫉妒者的思维方式，可以一言以蔽之：不服气、不佩服比自己强的人。因为“不服气”“不佩服”而衍生出其他不正常的思维活动，如贬低别人的长处、夸大自己的长处而掩饰自己的短处，以求得自己的心理平衡，并由此表现一些不同于常人的话语特点。嫉妒者常用的话语有贬低语、讽刺语和骂詈语三种基本类型。

贬低语，多为“没什么了不起”“就那样”的语形模式。语义大约有两种，一种是因嫉妒而攻击，缩小被嫉妒者的能力和成效，以至罔顾事实、造谣生非。另一种因嫉妒而放弃，如“让能干的人去干吧！”“这些葡萄肯定是酸的！让那些馋嘴的麻雀去吃吧！”等。

讽刺语，表现为故意抬高以至夸张被嫉妒的人强似自己的方面，带有所谓“捧杀”的意蕴，让旁人因觉得夸张失实反而忽视甚至从反面理解被嫉妒者的长处，由此而造成一种负效应。

骂詈语，世界各国各民族都有很多骂詈语，其中也多有出自嫉妒的骂詈语。在中国，骂詈语花样多，有一些很别致。有语言学者专门研究过中国的骂詈语，著有《骂詈语研究》，其中“骂詈的动机和作用”“骂詈的功能”“骂詈的策略”等篇章，叙述和分析的骂詈语，多涉及嫉妒的话语特点，如“指桑骂槐”“明褒暗骂”等。

（四）嫉妒作用的两面性

嫉妒对社会与人的发展进步所起的作用，可以从积极与消极的两面来分析和认知。

积极作用，缘于因“不服气”而“逞能”，形成与被嫉妒者“飚劲”

的自立自强的意志，由此而产生一股奋发向上的积极力量。实际上，有些功成名就的人，一些人群中存在的“你追我赶”的氛围即所谓正能量，固然与他们遵奉正确的价值观有关，同时与他们因“不服气”而“飚劲”的嫉妒心态不无关系。在这里，嫉妒作为一种失常的自尊，其人生意义和价值同样是毋庸置疑的。

消极作用，与“能力有限”有关。这样的嫉妒者面对被嫉妒的人也“不服气”、也想“逞能”，但因能力有限而无法“飚劲”，于是，渐渐地退却下来，实行自我原谅，用“酸葡萄”的话语自我安慰，求得心理平衡。或者，走向“我命不好”“天生我材必无用”的自卑。

嫉妒的消极作用还表现在：嫉妒心严重的人，为了缓解“心里难受”，求得心理解脱而诽谤中伤被嫉妒的对象，也可能会自残。从这个角度看，嫉妒作为一种特殊的失常自尊是伦理关系的一种腐蚀剂。

关于嫉妒，最后有必要指出的是，正如奥地利社会学家赫·舍克在《嫉妒论》中指出的那样，社会生活中的一些嫉妒者往往同时也是被嫉妒的人。“他们都对一些信仰学说、谚语和意识形态等感兴趣，其目的在于用这些东西在某种程度上摆脱嫉妒，使人们能够过上一种差强人意、相安无事的日常生活。”①这同时也是在告诉人们，克服和摆脱嫉妒心态，培育正常和健康的自尊心，关键还是要恪守嫉妒者自己所持的信仰和自觉意识。

三、自尊的自我养成与矫正

前文讨论过自尊的形成与发展，那是立足于教育与环境影响的视角分析和叙述的。这里换一个角度，立足自我养成与矫正来分析和探讨自尊形成与发展的个体机理与要求。从根本上来说，自尊的形成和发展更多的是依赖个体的自我养成，包括自我矫正。

在这种意义上可以说，自尊的形成与发展也就是自我养成与矫正的过

① [奥地利]赫·舍克：《嫉妒论》，王祖望、张田英译，北京：社会科学出版社1988年版，第7页。

程。矫正，指的是对自尊发生失常特别是嫉妒的偏差实行纠正。这种偏差的情况在自尊形成和发展过程中是会经常发生的，所以自尊的形成发展和自我养成，离不开自我矫正。

（一）自尊的自我养成与矫正原则及其意义

自尊的自我养成与矫正，属于自尊的自我教育的范畴，与伦理学界历来关注的自我教育相似，但也不完全一样。差别在于，前者是限于道德养成意义上的，强调养成善待他者包括社会集体的思维和行为习惯。后者则除了道德养成，还包含养成一般意义上的心理和思维品质，而且凸显养成尊重自己的思维和行为习惯的自我要求。

所谓自尊的自我养成与矫正，指的是个体在特定的教育条件和环境影响下，主动对自己提出自尊要求的自觉意识和行动过程。这一过程包含对自尊出现偏差和失常状态的自觉矫正。

自尊或自尊心人皆有之，关于自尊和自尊心的重要意义亦人皆知之。然而，懂得自尊的形成与发展主要依赖自我养成并伴之以自我矫正，却未必人皆知之，知之者也未必能够自觉行之。这种“懂得”和“知之”，实则是关于自尊自我养成包括矫正的自知和自觉。

一个人自尊自我养成和矫正的过程，需要正确处理三种关系，遵循三种原则。

其一，正确处理自己与他人之间的关系，遵循相互理解和尊重的原则，养成通过尊重别人获得自尊的思维和行为习惯。这个原则所包含的道理，既可以从逻辑分析中获得，也可以在经验中感悟而拥有。从逻辑分析来看，自尊不是特定个体的专权，也不是凭空获得的，它需要以尊重他者作为前提和基础。其间的逻辑程式是，别人尊重你也就意味着让你从中获得了自尊，你尊重别人就意味着储备了别人尊重你、从而让你获得自尊的前提和基础。因此，当你给了别人获得自尊的机会，别人也就会相应地给你获得自尊的机会。由此来看自尊的自我养成，实质也是他我养成。事实证明也是如此，生活中那些注意尊重别人的人，一般也都是注重自尊的人。这种关系中的自我矫正，主要目标就是纠正不能自觉尊重别人的思维和行为习惯。

实际生活中有这样一些个性很强的人，他们特别看重自己的面子却轻视和无视他者的面子，以至目无尊长，行事旁若无人，对身边人给予善意的提醒和批评也置若罔闻。这种所谓个性实则是一种自负，如上所说是一种失常的自尊，是需要自我矫正的。

其二，正确处理自己与事情之间的关系，遵循因时因势处理事情的原则。诚然，一个人在任何事情面前，始终是主体和主导方面，事情始终是客体和被导方面，由此而确立自立自强的自尊姿态。但是，同时也应明白，人的一生遇事情很多，其中有大有小，有繁有简，如何正确处理与复杂事情的关系，保持一种清醒的认识和清晰的思路，力求成事，是自尊养成与矫正的不可回避的现实话题。大事繁事多是由小事简事构成的，从小事简事做起，每做一事必求其成，是自尊养成的要旨。一个人成天忙忙碌碌于具体的事务之中，就难免会失去自我，最终必为事务所困，难成大事，以至于一事无成，陷落心灰意冷的心境，所谓自尊的自我养成就成了一句空话。从这个角度看自尊的自我养成与矫正，最可靠的途径就是力争“成事”，扎扎实实地做事，一步一个脚印做事，在这种过程中最终做成大事，让“成事”一直引导自我养成自尊。

其三，正确处理自己与自己的关系，遵循自知之明的原则。这一原则要求，一个人在自尊自我养成与矫正的过程中要始终了解自己，了解自己的真实情况和人生处境，正确估量自己的能力，防止因为自尊而过高估量自己，好高骛远。

为此，一要切忌自以为是、主观武断，避免出现亚里士多德那样的笑话[①]。在日常生活中，有些人犯类似“亚里士多德笑话”这类“低级错误”并不鲜见，原因就在于“过于自信”。

---

① 男人和女人的牙齿的数目本来是一样的。亚里士多德却误以为妇女牙齿的数目比男人少。这种错误,他本来是可以避免的,而且办法很简单:只消请他的夫人把嘴张开亲自数一数就行了。但他却没有这样做。

二要注意检查信念是不是有充足的证据。信念是自尊结构中最稳定的深刻内涵，正因如此一些人往往忽视支持它的根据是否可靠，信念由此而可能变成偏见，一些失常的偏执的自尊心的形成，与此是直接相关的。一个人如果听到一种与自己相左的意见就感到失去自尊，那么检查一下支撑自己信念的那些自尊要素是否因为时过境迁而缺少了根据，就是必要的了。这有助于矫正失常的自尊心。

三经常提醒自己：天外有天，人外有人。那些在某个领域作出突出成就的人，在自尊的自我养成与矫正方面，更应当注意常以此自省。

四要经常挑战和责难自己。要经常给自己设置假想敌的自我，让假想敌的自我作为对立面来置疑、质问自己。如此经常反身自问，就能使人保持一种正常和健康的自尊状态。这对于那些富有心理想象力的人来说，尤其重要。

关于自尊自我养成与矫正的意义，在中国，可以用家喻户晓的“君子成人自成人”这句古训来表达。这句话所表达的意思，既是强调自尊对于成人成器的重要性，也是自尊之自我养成与矫正对于人成人成器的重要意义。

毫无疑问，考察自尊之自我养成与矫正的意义的立足点应是现实的社会生活，将人视作社会的人。人的生命个体，在本原和本能的意义上是最为现实的利己的社会存在物，也是最为抽象的社会存在物，唯有在历史唯物主义视野里，置于“一切社会关系总和”的语境中，经过人性的社会化[①]的甄别和洗礼，才能成为具备自觉理性的社会存在物，即社会的人。不然，所谓自尊就会自然而然地与利己的本能特性相伴，以至于成为自私的代名词。故法国当代学者阿尔贝特·施韦泽说：“受制于盲目的利己主义的世界，就像一条漆黑的峡谷，光明仅仅停留在山峰之上。所有生命都必然生存于黑暗之中，只有一种生命能够摆脱黑暗，看到光明。这种生命

①《马克思恩格斯文集》第2卷，北京：人民出版社2009年版，第501页。

是最高的生命——人。”[①]维特根斯坦也曾说过，在应然的意义上“人是人的心灵的最好图画”[②]。

（二）自尊在家庭教育阶段的自我养成与矫正

自尊在家庭教育阶段的自我养成与矫正的重要性，是不言而喻的。家庭作为人生成长的摇篮与奠基平台，影响人一生的成长和成功，首先就体现在对于自尊之自我养成与矫正的奠基意义。

家庭教育的特定对象是孩子，本质上属于上辈对于下辈的养成教育。这种教育的关键在于抚养，即既“抚”又“养”，而不是喋喋不休地讲大道理。抚养旨在帮助孩子养成正常和健康的自尊的过程中，同时促成孩子具备对于自尊的自我养成与矫正的能力和习惯，主要方式是提携和指导。

自尊之自我养成与矫正在家庭教育阶段，提携和指导有其特定的含义。提携所指是牵扶、携带的意思，指导所指是引领和引导的意思，提携与引导通俗地说就是手把手地教导。家长须知，由提携与引导到最终放手，是孩子的自尊心在家庭教育阶段自我养成与矫正的必经过程，也是家长应当承担的责任。

心理学界特别强调，自尊在家庭教育阶段自我养成与矫正受两种因素影响最为明显。一是亲子关系，二是父母的教养方式。其他方面的因素，如家庭财富、父母的受教育程度与社会地位及所从事的职业等，对孩子自尊之自我养成与矫正的影响，都不是很明显。事实证明也是这样。

为了提携和指导，给孩子制定相关家规是必要的。如没有认真吃饭不让吃零食，作业没做完不准看电视，该睡觉时必须睡觉等。如此，让孩子渐渐明白自己管理自己的重要性，并渐渐学会管理自己，初步具备自律的能力。在这种情况下，家长则应创设一些机会，“放手”让孩子获得自我养成自尊的思维和行为能力。

① [法]阿尔贝特·施韦泽:《敬畏生命 五十年来的基本论述》,陈泽环译,上海:上海人民出版社2017年版,第17页。

② 转引自钱焕琦:《走向自觉——道德心理论》,北京:人民出版社2003年版,扉页。

如：提携和指导孩子自己学会洗手、吃饭、穿鞋、穿衣服、安装和收拾玩具等，明白自己的事情自己做的道理，逐渐养成这方面的能力和习惯。别以为这些都是小事，对孩子学会自我养成自尊却是十分必要的。有位妈妈说，原来给孩子洗手都觉得是一件麻烦的事，因为要抱着他凑近水龙头，他还扭来扭去弄了一身的水，后来受人指点，拿过一只小凳子靠近水龙头，指引孩子自己洗，孩子从此有了“自我”的感觉。

孩子上学后，仍然需要提携和指导，如督促孩子学会自己检查作业、收拾书包等，让孩子在明白管理自己的道理中学会自立和自律。在这种成长过程中，还应安排孩子与家长一道做诸如洗碗、洗地板之类的家务事，分享家庭快乐，看到自己在“长大”。

传统家庭教育，父母重视的主要是道德教育，亦即“做好人的道德人”的教育，重视孩子的德性养成，特别是诚实守信和孝敬父母与长者。现代社会，家庭教育也重视道德教育，但是更多的家庭重视的是孩子智力和能力的开发和提升。为此，很多父母不惜辛劳配合学校抓紧孩子的课外学习，有的父母为了让孩子有更好的课外学习条件还花钱让孩子参加各种各样的辅导班，有的为此甚至不惜负债在身。与此同时，缺失对孩子自我养成自尊品质的指导。

自尊在家庭教育阶段的自我养成与矫正，父母应特别注意矫正自己的一些失常的自尊习性。其一，要矫正过度宠爱的不良习性。为了照顾孩子的面子而丢了自己作为教育者和长辈的“脸面”，对孩子的要求有求必应，以至于无求也应，使得孩子养成了不尊重他者的不良习惯。其二，要矫正苛刻要求的不良习性。有些父母因自己“混得”不怎么样而特别自尊，指望在孩子身上实现自己不曾实现的理想。为此，对孩子的要求只是学习，除了学习一切实行包办代替。其三，要矫正出言不逊的不良习性。有些父母教育孩子常恶言相向，伤害了孩子的自尊心。

上述这些父母的做法实际上是剥夺了孩子自我养成自尊的机会，对孩子养成健康的自尊心是十分不利的。自尊在家庭教育阶段的自我养成与矫正，父母最重要的责任就是要引导孩子学会自主自立的意识和初始能力。

孩子长大后，立身处世还得靠他们自己，人生道路还靠他们自己走。事实表明，那些在家庭教育阶段实际上被大量剥夺了自尊之自我养成与矫正机会的孩子，长大后多缺乏自知、自立、自信、自强、自爱等正常和健康的自尊要素，还可能形成诸如自闭、偏执等失常的自尊心。这样的孩子成为某种人才之后，在职业岗位的某个领域或许能够做出某种成就，但是并不能真正感悟自己作为人才的尊严感，体验到人生的幸福。

有位父亲在回忆目送他的孩子上大学时的心境时说道："在过去的年代里，他从深爱他的父亲和母亲这里得到了保护和关爱，他学到了很多。从今往后，他需要学习的课程是我们无法交给他的。他需要合理安排自己吃饭、睡觉、洗衣服、买东西，需要学会与不同性格的同学相处，与不同的老师交往。我们相信，他能证明自己，能独立生活，因为我们让他学会自主自立，他真的长大了。"

（三）自尊在学校教育阶段的自我养成与矫正

自尊对于学生的学习的重要性不言而喻，而相对于家庭教育阶段而言，学校教育阶段自尊的自我养成与矫正更为重要。自尊在学校教育阶段的自我养成与矫正，大体上可以从学前教育、基础教育、高等教育三个阶段来考察和分析。

学前教育是教育的组成部分，教育活动的最初阶段。广义的学前教育是指所有对学龄前儿童身心发展有影响的活动，它来自社会、学校、家庭等各个方面。狭义的学前教育是指专门的学前教育机构所实施的教育，即托儿所、幼儿园的教育，它是近代以来教育发展进程中出现的普遍现象。此处讨论的学前教育阶段的自尊自我养成与矫正问题，是基于狭义理解的学前教育阶段而言的。

学前教育在时间段上，一般是与家庭教育并行的，会受到家庭教育的影响，因此应当注意如何与家庭教育接轨、并轨和配合，带有家庭养成教育的某些特点。孩子上了幼儿园多因"上学"而成为学生感到很高兴，幼儿园固然要提出"做好学生"的要求，但实现预期还是应以提携和指导的方式为主，通过各种游戏性的比赛引导幼儿渐渐学会以自己的方式养成自尊的心理和行为习惯。

就自尊矫正而言，由于家庭教育存在一些缺陷，如娇生惯养使得一些孩子的自尊带有唯我独尊的失常心态，过于严格要求又使得一些孩子养成自卑或自闭的失常心态等。因此，学前教育应带有为家庭教育阶段纠偏的性质。这就要求，从事学前教育的教育工作者要自觉分担家庭教育的责任，具备给孩子“补课”的意识。为此，要创设一些带有家庭教育特色的条件和环境，提携和指导孩子学会自我养成自尊，以矫正在家里自尊失常的心态和行为习惯。从媒体曝光的一些典型案例来看，一些幼儿教师之所以会干出违反孩子自尊自我养成规律的错事、坏事，直至触犯法律，与缺乏这种自觉担当意识和措施是直接相关的。

基础教育，包括小学和中学教育，中学教育又可以根据学生不同的生理和心理特点划分为初中和高中两个不同阶段。自尊的自我养成与矫正，在这些不同的阶段有其不同的特点和发展水平要求。基础教育阶段，中学生正处于青春期，生理与心理的发展变化使得他们对自尊的需求特别敏感和强烈。

中国的基础教育目前基本上是应试教育，即应对通过考试升学的教育，因此如何正确看待学习成绩——考试分数，是学生自尊的自我养成与矫正的关键所在。教师要为学生理性看待和重视学习（考试成绩）提供先决条件，不可以唯学习成绩以至考试分数是论，对学习成绩好的学生高看一眼，对学习成绩差的学生则另眼相看，更不可以以此为准则论定自己与学生的亲疏关系。学生看自己，也不可以唯学习成绩以至考试分数是从，学习成绩差的学生不应当自轻自贱，觉得低人一等。从有利于学生自尊的自我养成与矫正考虑，基础教育阶段，包括高中教育阶段都应当高度重视引导学生树立正确的学习目的和态度，帮助学生改进学习方法，逐渐学会学习，确立学习自尊心。

高等教育阶段，大学生自尊的自我养成与矫正，条件比基础教育阶段要优越得多。就大学生自身条件而言，他们长大了，因拥有相关专业学习的条件而确立了自己的理想和目标，有了自主、自立和自信的人生资本。就大学相关教育的条件而言，不仅开设了有助于自尊自我养成与矫正的课程，还配备有专门的机构和设施，能够帮助大学生调整和纠正失常失态的心理与行为问题。不过，尽管高等教育自尊的自我养成与矫正条件优越于基础教育阶段，但实际情况表明，由于受到校内外一些不良因素的影响，大学生中出现自尊失常的情况也并非绝无仅有。大学生对此应当有清醒的认识，确立自我矫正的自觉意识，养成自我矫正的能力。

就学校教育和人才培养来看，社会上存在这样的不争事实：一些并非受过正规学校教育的人，或并非出自名牌大学的大学生，却成为优秀的人才，对国家和人民做出突出贡献，他们自己也因此而获得优越的生活条件，幸福感指数很高。究其原因，多与他们具有高强而又健康的自尊心相关，而这种自尊的形成又得益于他们择业后注重职业自尊的自我养成与矫正。

（四）自尊在职业岗位的自我养成与矫正

自尊的自我养成与人的职业岗位关系密切。人在职业岗位的自尊就是所谓职业自尊，它的实质内涵是从业者对自己职业的社会价值与责任的自我认同，具体表现为从业者对职业规矩和操作规程包括职业道德的自觉遵从。

每个人都希望到好的职业岗位工作，既体面又能多挣钱，而实际上很多人的职业岗位是不能让人如此称心如意的。有的岗位体面却挣钱不多，有的岗位能挣不少钱却又不大体面，还有的岗位既不体面也挣不了多少钱，但为了生计和“养家糊口”又不得不干。这些不同情况会对人的职业自尊产生不同的影响，因此都需要从业人员在自己的岗位上实行自我养成和矫正。职业岗位上自尊的自我养成和矫正的基本理路，是理性看待和处理基本的职业关系。

一是理性看待利益关系，尊重自己。任何一种职业都存在特定的利益关系，利益关系是一切职业关系的基础，职业道德和行业风尚的基础，也是职业自尊自我养成与矫正所要面对的基本问题。

利益关系有狭义与广义之分。狭义的利益关系是指物质利益关系，广义的利益关系包含精神生活和人格尊严方面的需求关系。前者一般是通过从业者的贡献及其获得回报（直接的方式是工资和福利）体现出来的，后者除了以前者为基础更多的是通过从业者实际获得的“人的价值”和“人生价值”表现出来的。由于受职业的不同性质和责任的影响，利益关系对人们职业自尊的形成和影响也存在差别。

一般而论，从事体力劳动的人较为关注物质利益，惯以“挣钱多少”来评论自己的“脸面”，而从事脑力劳动的人如教师、科学技术工作者，特别是从事国家治理和社会管理的公务人员，比较看重人格尊严和“面子”。他们多是中国传统社会所说的“劳心者”，其中不少人在看待利益关系上还特别推崇孟子所说的“富贵不能淫，贫贱不能移，威武不能屈”①的“大丈夫”精神。

理性看待利益关系对于职业自尊养成和矫正的基本要求是尊重自己，不论从事何种职业都应当把精神生活和人格方面的利益需求放在第一位，尊重自己作为人的“人的价值”和承担特定社会职责的“人生价值”，不应当视挣钱多少为评判“脸面”的主要标准甚至唯一标准，斤斤计较物质利益上的得与失。

二是理性看待同事关系，尊重同行。同事关系是职业活动中人际关系的主体，对职业自尊的自我养成与矫正具有根本性的影响。理性看待同事关系，最重要的是要克服“同行是冤家”的传统旧观念，自觉培养“同心同德”和“齐心合力”的职业共同体意识。培养的基本途径，就共同体而言是提倡和实行互相尊重，就执业者个体而言是自觉尊重同行。立足于尊重同行，自然就会逐渐养成职业的尊严感和自信心，并在其间矫正可能出现失常的自尊心。

十根指头伸出来不一般齐。在任何职业岗位上，都会碰到“不值得尊重的人”，这对职业自尊的自我养成与矫正是一种考验，不过，其实也是

①《孟子·滕文公下》。

一种机遇。一个人，若是能够做到尊重“不值得尊重的人”，他的做法就既有益于自己养成和矫正职业自尊，也有助于促使“不值得尊重的人”可能转变为值得尊重的人。尊重，是帮助“不值得尊重的人”的最有效的方式。轻视以至于蔑视“不值得尊重的人”，会从根本上毁掉缺乏自尊心的人。

三是理性看待管理关系，尊重集体和领导。自尊的人，一般都会尊重集体，但不一定能够做到同时尊重领导，在有些职业部门如高等学校和科研院所，这种情况司空见惯。职业部门或单位的领导如果是称职的，就能够体现集体的意志，代表集体的利益，因而是集体的代表者，尊重领导也就是尊重集体，不应该将两者对立起来。尊重领导，主要体现在尊重职业部门和单位的发展战略和实施规划与工作计划，包括日常工作纪律和岗位操作规程等。能够做到这样，其实也是从业者尊重自己的表现，久之就自然而然养成职业自尊心，矫正不正常的自尊心态。

由于受到各种非主流价值观的影响，加上管理工作不到位，如今在不少职业部门包括一些单位，都存在一些不尊重领导的现象。当然，在处理与领导的关系维护职业自尊的问题上，领导也应注意尊重员工。作为领导者，要注意经常倾听员工的意见和建议，在员工有错、需要进行批评教育乃至给予必需处罚的情况下，也不可以侮辱人格的方式进行。

领导尊重员工、维护员工必需的人格尊严，也是尊重自己所领导的集体的表现。有学者曾就此向职业部门的领导者提了尊重员工的38条建议，如“邀请员工对你作为管理者的形象提供反馈意见”，批评员工时“要保持尊重和礼貌的口气，自己要注意不可以流露出居高临下、挖苦、责备的口气”，“对员工们展示的各种理念和行为予以奖励”等[①]。不难想见，这些建议若是能够成为领导者的自觉行动，无疑有助于员工职业自尊的自我养成和矫正。

上述三种职业关系，只能作相对的区分和看待。实际上，三种关系在职业活动中通常是融合在一起的，认识和把握贯通三种关系的基本原则就

① 引自魏运华：《自尊的心理发展与教育》，北京：北京师范大学出版社2004年版，第218—221页。

是共同体精神，基于共同体的客观要求看待各种利益关系、同事关系以及个人与领导的关系。虽然，共同体与共同体精神都是历史范畴，也都是国情范畴，不同历史时代不同国家的职业共同体不一样，对共同体精神的要求也不一样，但是，在看待和处理三种职业关系上的基本要求是一样的。

从自尊的自我养成与矫正的需要看，理解和把握上述三种职业关系，最重要的是要尊重自己。不论干哪一行，既应视其为获取物质利益以求谋生的手段，也应视其为实现自己的人生价值、满足自尊需要的平台。不仅如此，还应有“行行出状元”的雄心壮志，在自己的职业岗位上自立自强，追求一流，勇往卓越。

当代中国是社会主义国家，在调整从业者个人与职业共同体的关系问题上遵循全社会倡导的集体主义原则，主张在一般情况下要以相协调的方式看待从业者个人与职业共同体的关系，在特殊情况下从业者要乐于为职业共同体“让步”乃至必要的牺牲。集体主义原则是社会主义中国所有行业的劳动者养成和矫正职业自尊心的基本原则。

总而言之，自尊在职业岗位上的自我养成与矫正，以维护和保持正常和健康的职业自尊心，应从两个方面理解和把握。就从业者而论归根结底是要努力工作，做出让自己满意的实际业绩，充分实现自己的人生价值；就职业部门或单位的管理者而论，注意规范职业岗位的执业行为，实行正确的舆论导向，对于职业自尊的自我养成和矫正，也是十分必要的。

后　记

总结和提炼是人们成就事业的重要方法和手段，是推动事物发生质变的重要环节，任何人都概莫能外。通观钱老师的这套文集，也正是在总结和提炼的基础上形成的重大成果。从微观看，老师在伦理学、思想政治教育、辅导员工作等领域的研究，多是以总结的方式用专业的话语表达出来的。从宏观看，老师的总结和提炼站位高远、视野宽阔、格局恢弘。这又成就了老师在理论上的纵横捭阖、挥洒自如，呈现出老师深厚的学术底蕴和坚实的理论功底。

比如在谈到思想政治教育整体有效性问题的时候，老师说：马克思主义认为，世界是不同事物普遍联系的整体，某一特定的事物也是其内部各要素之间普遍联系的整体，事物内部各要素之间的关系是怎样的，事物的整体就是怎样的。恩格斯说："当我们通过思维来考察自然界或人类历史或我们自己的精神活动的时候，首先呈现在我们眼前的，是一幅由种种联系和相互作用无穷无尽地交织起来的画面。"[①]为了"足以说明构成这幅总画面的各个细节"，"我们不得不把它们从自然的或类似的联系中抽出来"[②]。就是说，人们只是为了细致分析和把握事物某部分的个性，也是为了进而把握事物的整体，才"不得不"在许多情况下把事物某部分从整体关联中"抽出来"。然而，这样的认识规律却往往给人们一种错觉和误

①《马克思恩格斯文集》第9卷，北京：人民出版社2009年版，第385页。

②《马克思恩格斯文集》第3卷，北京：人民出版社2009年版，第539页。

导：轻视以至忽视从整体上把握事物内在的本质联系，惯于就事论事，自说自话。这种缺陷，在思想政治教育有效性的研究中也曾同样存在。

20世纪80年代初，中国改革开放和社会转型的序幕拉开后，由于受到国内外各种因素的影响和激发，人们特别是青年学生的思想道德和政治观念发生着急剧的变化，传统的思想政治教育面临严峻挑战，受到挑战的核心问题就是思想政治教育的“缺效性”以至“反效性”问题。思想政治教育作为一门科学、进而作为一种特殊专业和学科的当代话题由此而被提了出来。因此，在这种意义上完全可以说，推进新时期思想政治教育走向科学化的原动力，正是思想政治教育有效性问题的研究。然而，起初的思想政治教育有效性问题的研究只是围绕思想政治工作展开的，关注的问题只是思想政治教育实际工作的原则和方法，缺乏从思想政治教育专业和学科整体上来把握有效性问题的意识。而当思想政治教育作为一门学科的“原理”基本建构起来之后，关于思想政治工作有效性问题的学术话语却又多被搁置在“原理”之外，渐渐地被人们淡忘，以至于渐渐退出学科的研究视野。不能不说，这是一种缺憾。

推进思想政治教育科学化是解决这一问题的根本途径。思想政治教育科学化本质上反映的是全面贯彻党和国家的教育方针，培养和造就一代代社会主义事业的合格建设者和可靠接班人提出的理论与实践要求，具体表现为大学生思想政治素质的全面发展、协调发展和可持续发展，即凸显整体有效性。这种整体有效性，不只是大学生思想政治教育单个要素的有效性，也不是各个要素有效性的简单相加，而是思想政治教育要素、过程和结果的整体有效性；大学生思想政治教育要素、过程和结果的整体有效性不是静态有效，也不是各个阶段有效性的简单叠加，而是各个要素在各个阶段有效性的有机统一，是整体有效性的全面协调可持续提升。

…………

当我们合上老师的文集，类似的宏论一定会在我们的脑海里不断涌现，或似深蓝大海上的朵朵浪花，或似微风吹皱的湖面上的粼粼波光，令人醍醐灌顶、振聋发聩。

在老师的文集付梓之际，我们深深感谢为此付出过辛勤劳动的同学们。在整理文稿期间，一群活泼阳光的思想政治教育专业的同学通过逐字逐句的阅读、录入和校对，为文集的出版做了大量的最基础的工作。

感谢安徽师范大学副校长彭凤莲教授为文集的出版所做的大量努力。

感谢安徽师范大学马克思主义学院领导给予的高度关注和大力支持。

感谢安徽师范大学出版社，在文集出版的过程中，从策划、编校到设计、印制，同志们付出了许多的心血。

感谢我们的师母，在老师病重期间对老师的温暖陪伴和精心呵护。一个老人是一个家庭的精神支柱，一个老师是一个师门的定盘星。我们衷心祝福老师健康长寿，带着愉悦的心情看到自己的理论成果在民族复兴的伟大征程中发光发热，能够在中华民族伟大复兴即将来临之际，安享晚年。

执笔人　路丙辉

二〇二二年八月